Informatik & Praxis

Stefan Traub
Verteilte PC-
Betriebssysteme

Informatik & Praxis

Herausgegeben von
Prof. Dr. Helmut Eirund, Fachhochschule Harz
Prof. Dr. Herbert Kopp, Fachhochschule Regensburg
Prof. Dr. Axel Viereck, Hochschule Bremen

Anwendungsorientiertes Informatik-Wissen ist heute in vielen Arbeitszusammenhängen nötig, um in konkreten Problemstellungen Lösungsansätze erarbeiten und umsetzen zu können. In den Ausbildungsgängen an Universitäten und vor allem an Fachhochschulen wurde dieser Entwicklung durch eine Integration von Informatik-Inhalten in sozial-, wirtschafts- und ingenieurwissenschaftliche Studiengänge und durch Bildung neuer Studiengänge – z. B. Wirtschaftsinformatik, Ingenieurinformatik oder Medieninformatik – Rechnung getragen.

Die Bände der Reihe wenden sich insbesondere an die Studierenden in diesen Studiengängen, aber auch an Studierende der Informatik, und stellen Informatik-Themen didaktisch durchdacht, anschaulich und ohne zu großen „Theorie-Ballast" vor.

Die Bände der Reihe richten sich aber gleichermaßen an den Praktiker im Betrieb und sollen ihn in die Lage versetzen, sich selbständig in ein in seinem Arbeitszusammenhang relevantes Informatik-Thema einzuarbeiten, grundlegende Konzepte zu verstehen, geeignete Methoden anzuwenden und Werkzeuge einzusetzen, um eine seiner Problemstellung angemessene Lösung zu erreichen.

Verteilte PC-Betriebssysteme

Von Dr. rer.nat. Stefan Traub, Ulm

 B. G. Teubner Stuttgart 1997

Dr. rer.nat. Stefan Traub

Geboren 1963 in Ulm. Von 1983 bis 1988 Studium der Informatik an der Universität Stuttgart. 1989 Mitarbeiter der Firma TechniDATA GmbH in Fischbach. Von 1990 bis 1996 wiss. Mitarbeiter an der Universität Ulm in der Abteilung für „Verteilte Systeme". 1996 Promotion zum Dr. rer.nat. über „Speicherverwaltung und Kollissionsbehandlung in transaktionsbasierten verteilten Betriebssystemen". Seit 1997 Mitarbeiter der Firma TechniDATA GmbH in Markdorf.

Die Deutsche Bibliothek – CIP-Einheitsaufnahme

Traub, Stefan:
Verteilte PC-Betriebssysteme / von Stefan Traub. – Stuttgart :
Teubner, 1997
 (Informatik & Praxis)

 ISBN-13:978-3-519-02997-7   e-ISBN-13:978-3-322-84831-4

 DOI: 10.1007/978-3-322-84831-4

Einband: Peter Pfitz, Stuttgart

Vorwort

Zu Beginn der PC-Entwicklung wurden PC's hauptsächlich zum Zwecke des gemeinsamen Nutzens von Dateien und Druckern vernetzt. Nicht zuletzt durch den Einfluß des Internets werden mit Hilfe von PC's immer mehr client-/serverbasierte Infrastrukturen aufgebaut. Die auf den PC's verfügbaren Betriebssysteme bieten dazu unterschiedlichste Unterstützungen zum Aufbau eines verteilten Systems.

Das vorliegende Buch beschreibt dazu die wichtigsten auf PC's verfügbaren Betriebssysteme und deren Fähigkeiten zum Aufbau eines verteilten Systems. Der Schwerpunkt des Buches liegt dabei eindeutig auf Windows-NT, da dieses System die meiste Unterstützung zum Aufbau eines verteilten Systems bietet. Angeprochen werden aber auch andere Systeme von MS-DOS, Novell über Apple-Macintosh bis Linux. Es werden die wichtigsten Prinzipien von Kommunikationsdiensten, Remote-Procedure-Calls bis zu DCOM beschrieben. Ergänzt wird das ganze durch die Integration des Internets in die verschiedenen Systeme, inklusive der Nutzung neuerer Technologien wie Java und Active-Server-Pages. In jedem Kapitel finden sich entsprechende Beispielprogramme, um die aufgezeigten Techniken praktisch anzuwenden.

Zielgruppe des Buches sind alle, die sich mit den Möglichkeiten zum Aufbau von verteilten Systemen auf Basis von gängigen PC-Betriebssystemen beschäftigen wollen. Der Schwerpunkt liegt dabei auf der Programmierung solcher Systeme. Das Buch entand auf Grund meiner gleichnamigen Vorlesung an der Universität Ulm und an der Fachhochschule Ulm. Als Voraussetzung zum Verständnis sind Kenntnisse in C, C++ und in Grundlagen von Betriebssystemen empfehlenswert.

Noch ein kleiner Hinweis. Die im Text abgedruckten Codebeispiele sind alle so weit abgespeckt, daß nur noch die wesentlichen Teile übrig bleiben. Einige Codebeispiele sind aber im Anhang zu finden.

Jedes Kapitel schließt mit einer kurzen Liste von Literaturangaben, die zum Kapitel passen. Interessierte Leser können die Beispielprogramme, sowie weitere Übungsaufgaben unter folgenden WWW-Adressen im Internet abrufen:

http://www.technidata.de/vpcbs oder

http://www-vs.informatik.uni-ulm.de/vpcbs

Mein Dank gilt an dieser Stelle all denen, die mich in der einen oder anderen Form bei der Erstellung dieses Buches unterstützt haben: Carlo Bevoli, Angelika Hailer, Klaus Murmann, Petra Nietzer, Michael Schöttner, Ruth Zopp.

Ulm, im Herbst 1997   Stefan Traub

Inhaltsverzeichnis

1 Überblick

Die Entwicklung der PC-Betriebssysteme begann Ende der 70er, Anfang der 80er Jahre. Die ersten PC's waren noch nicht standardisiert, hatten jedoch einige Gemeinsamkeiten, so daß die Entwicklung von universellen PC-Betriebssystemen möglich wurde. Einer der bekanntesten Prozessoren war damals der 8080 oder der Z80. Das Betriebssystem CP/M war eines der ersten Standardbetriebssysteme. Aus dieser Zeit stammt auch noch die fast bis heute erhaltene 8+3 Namenskonvention bei Dateinamen. CP/M konnte sehr leicht auf die Bedürfnisse der einzelnen Rechnertypen angepaßt werden.

Mit der Entwicklung des IBM-PC's wurde dann von IBM ein Industriestandard gesetzt, der sich teilweise bis heute noch hartnäckig hält. Für diesen PC wurde aber nicht CP/M portiert, sondern ein neues Betriebssystem entwickelt. Den Auftrag dazu erhielt die damals noch sehr kleine Firma Microsoft. Sie entwickelte MS-DOS, das seine Verwandtschaft mit CP/M jedoch nicht verleugnen konnte. In späteren Versionen (ab Version 3.0) machte sich der Einfluß von anderen Betriebssystemen wie Unix deutlich bemerkbar.

1.1 MS-DOS

MS-DOS ist das klassische Realmode Betriebssystem auf der Hardwarebasis des IBM-PC. "Realmode" bezieht sich auf die Arbeitsweise des Prozessors, der MS-DOS ausführt. Im Realmode verhält sich ein Intel Prozessor, egal ob 486er oder Pentium, immer noch wie ein alter 8086-Prozessor mit allen daraus resultierenden Beschränkungen, wie z.B. maximal 1MB adressierbarer Hauptspeicher. Diese 1MB ergeben sich als Kombination von 16-Bit Segment, das mit 16 multipliziert zum 16-Bit Offset einer Adresse addiert wird. Daraus ergibt sich eine maximale Adresse von 10FFFF. Der 8086 hatte nur 20 Adressleitungen, was dazu führte, daß die obersten 64 KB nicht angesprochen werden konnten. Um einen "echten" 8086 zu simulieren, wurde in der IBM-PC Hardware sogar eine Logik eingebaut, welche die Adreßleitung A20 bei höheren Prozessoren (ab 8026) ausblendete, um den gleichen Effekt wie beim 8086 zu erzielen.

Die Speicheraufteilung von MS-DOS ist in Abb. 1-1 zu sehen.

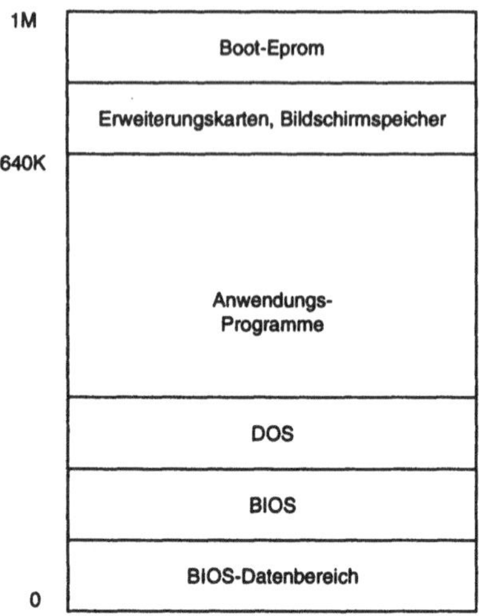

Abb. 1-1 MS-DOS Speicheraufteilung

Im untersten Adreßbereich befindet sich ein Bereich, der verschiedene Variablen des BIOS aufnimmt. Darin befindet sich z.B. der Speicher für den Tastaturpuffer oder die Variablen der Systemzeit. Daraufhin folgt das eigentliche BIOS, das die Grundfunktionen des Rechners (Tastatur, Disk IO) zur Verfügung stellt. Darauf folgt das eigentliche DOS, das die höheren Funktionen, wie z.B. das Dateisystem implementiert. Über diesen beiden Modulen werden die eigentlichen Anwendungsprogramme geladen. Die maximale Adresse, bis zu der RAM verfügbar ist, beträgt 640K. Über dieser Grenze wurden die Speicheradressen von Erweiterungskarten (Videospeicher, Netzwerkpuffer usw.) eingeblendet. Am oberen Ende schließlich befindet sich das Boot-ROM.

MS-DOS kennt erstaunlicherweise sogar den Begriff des Prozesses, was allerdings lediglich bedeutet, daß ein Programm nach dessen Start im Speicher verbleiben kann und ein anderes Programm auf einer höheren Adresse nachladen kann. Wenn das nachgeladene Programm beendet wird, wird das erste Programm wieder fortgesetzt.

Eine weitere Technik, die bei MS-DOS eingeführt wurde, die in sehr starkem Maße vor allem von Netzwerktreibern genutzt wurde, ist bekannt als TSR-Programm. Dabei steht TSR für (Terminate and Stay Resident), was bedeuten soll, daß ein Programm nach dessen Beendigung wie üblich zum aufrufenden Programm zurückkehrt, ohne danach allerdings aus dem Speicher entfernt zu werden. Um ein derartig beendetes TSR-Programm wieder zu aktivieren, mußte das TSR-Programm beim erstmaligen Starten eine Interruptfunktion für sich registrieren. Wird dazu beispielsweise der Zeitgeberinterrupt genutzt, so wird das Programm mit einer Frequenz von 18,2 Herz zyklisch aufgerufen. Da dieser Aufruf asynchron zum normalen Programmablauf erfolgt, muß ein TSR-Programm alle veränderten

CPU-Register sichern und bei der Rückkehr wieder herstellen. Ein TSR-Programm ist wie eine Interruptfunktion zu implementieren. Basierend auf dieser Technik wurde eine ganze Reihe von Systemerweiterungen implementiert, welche die Funktionalität von MS-DOS erweiterten. Das Problem, das sich dabei aber ergibt ist, daß mit jedem Laden eines TSR-Programmes der Speicher immer voller wurde. Da MS-DOS das Prinzip des Paging nicht kannte, bestand keine Möglichkeit, nicht genutzte Teile im Hauptspeicher auf einen Hintergrundspeicher auszulagern.

In den Anfangszeiten des PC's reichte der verfügbare Hauptspeicher von 640KB aus. Nachdem die Programme dann aber immer größer wurden und eine Auslagerung wegen fehlender virtuellen Adressierung nicht möglich war, wurde nach Auswegen aus dem Speicherproblem gesucht. Eine erste, ziemlich unbefriedigende Lösung bestand darin, Speicherkarten zu bauen, die mehr als 1MB Speicher aufnehmen konnten und diesen zusätzlichen Speicher in einzelne Rahmen zu unterteilen und stückweise im Adreßbereich unter 1MB einzublenden.

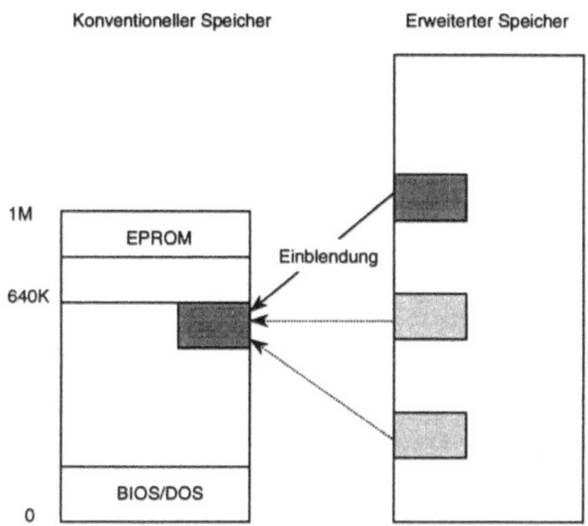

Abb. 1-2 EMS-Speicher

Mit Hilfe dieser als EMS (Extended Memory Specification) bekannten Technik konnte das Vorhandensein von mehr Speicher genutzt werden. Problematisch war jedoch die ziemlich mühsame Umschaltung der einzelnen Speicherrahmen, von denen immer nur einer zur Zeit aktiv sein konnte. Mit dem Aufkommen des 80286-Prozessors konnte die EMS-Hardware softwaremässig simuliert werden, indem der Prozessor kurz in den Protectedmode wechselte, bei dem der adressierbare Speicher 16MB beträgt, und der einzublendende Speicher einfach kopiert wurde. Eine allerdings auch nicht sehr glückliche Lösung.

Erst die Entwicklung des 80386 brachte eine bessere Lösung. Dieser Prozessor hatte zum ersten mal in der Intel Prozessorreihe eine seitenbasierte Speicherverwaltungseinheit (Paging). Beim Paging werden die Adressen eines Programmes zunächst als logische

Adressen betrachtet, die mit Hilfe von Seitentabellen in physikalische Adressen umgesetzt werden. Günstigerweise konnte das Paging auch für den Realmodus aktiviert werden. Somit war es möglich, beliebige Teile des physikalischen Speichers an vorgegebenen Stellen des logischen Adreßraumes einzublenden.

1.2 Windows 3.1

Windows war eines der ersten auf der IBM-PC Hardware verfügbaren graphischen Oberflächen. Die Idee (die von Xerox PARC stammte) war, die Bedienung eines PC so zu vereinfachen, daß ein Benutzer mit Hilfe einer Maus Dateien auswählen kann, anstatt sie mühsam einzutippen oder Kommandos in Form von Menüs präsentiert bekommt, anstatt kryptische Kommandos zu lernen. Windows war allerdings erst ab der Version 3.1 einigermaßen brauchbar. Ein wesentlicher Unterschied zwischen DOS und Windows besteht darin, daß Windows im „Protected Mode" läuft. Der „Protected Mode" ist ein Prozessormodus, der seit dem 80286-Prozessor von Intel existierte. Dieser Modus unterscheidet sich vom „Realmode" im wesentlichen dadurch, daß eine segmentierte Speicherverwaltung vorhanden ist, die vier Privilegebenen unterstützen. Mit Hilfe dieser Speicherverwaltung konnte ein Adreßraum von bis zu 16MB angesprochen werden. Im Realmode waren es lediglich 1 MB.

Die Netzwerkanbindung von Windows 3.1 war aber schlecht bis nicht vorhanden. Um überhaupt eine Netzwerkkommunikation zu ermöglichen, mußte die von DOS bekannte Struktur der verschiedenen Protokolle in Form von TSR-Programmen genutzt werden. Da diese Treiber aber nichts vom Protectedmode wußten, wurde mühsam beim Aufruf dieser Treiber in den Realmode zurückgeschaltet.

Mit der Einführung von Windows for Workgroups änderte sich die Situation etwas. Die wichtigsten API's, um beispielsweise auf eine Ressource im Netz zuzugreifen, standen auch unter Windows im Protectedmode zur Verfügung. Außerdem implementierte Windows for Workgroups einen kleinen Dateiserver, so daß ein Rechner auf die Daten eines anderen Rechners zugreifen konnte. Damit wurden kleine „Peer to Peer" Netzwerke aufgebaut.

1.2.1 Grundstruktur

Allen Windows Varianten haftete immer noch das Problem an, daß viele Treiber im Realmodus liefen. Somit zeigte sich WfW in folgender Grobstruktur:

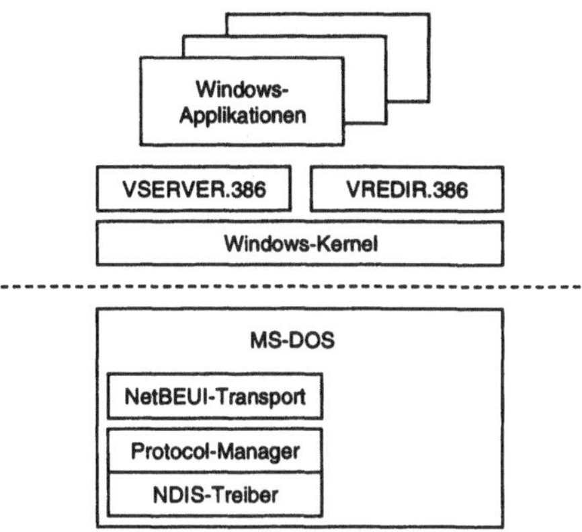

Abb. 1-3 Windows Struktur

Viele Treiber (NDIS, NetBEUI) usw. arbeiten immer noch im Realmodus, einige Teile wie z.B. der Server arbeiten im Protectedmodus. Der Windows Kernel übernimmt die Umschaltung zwischen Real- und Protectedmodus.

1.3 Novell

In der Entwicklung der PC's kam bald der Wunsch auf, diese miteinander zu vernetzen, um auf gemeinsame Ressourcen (Dateien usw.) zuzugreifen. Da MS-DOS kaum als Serverbetriebssystem geeignet ist, wurde nach Alternativen gesucht, jedoch keine gefunden. Novell entwickelte daraufhin ein eigenes Serverbetriebssystem.

1.3.1 Entwicklung und Ziele

Das Ziel, das bei der Entwicklung von Novell verfolgt wurde, war und ist ein anderes als bei den „normlen" PC-Betriebssystemen. Novell wurde von vornherein als reines Netzwerkbetriebssystem oder auch "Serverbetriebssystem" konzipiert. Es sollte nicht vernetzten, einzelnen Arbeitsstationen, die früher üblicherweise unter MS-DOS liefen, der Zugriff auf gemeinsame Ressourcen wie Dateien oder Drucker ermöglichen.

Novell ist im Gegensatz zu seinen Klientensystemen ein komplett neues Betriebssystem. Im Gegensatz zu Systemen wie Unix, die als Server und als Klientsysteme betrieben werden, wird das Betriebssystem Novell einzig und allein auf dem Server benutzt. Das Betriebssystem der Klienten ist fast ohne Bedeutung. Diese Entwicklungsentscheidung war damals sicher richtig, da Systeme wie MS-DOS sicher nicht als Serverbetriebssysteme geeignet sind, obwohl auch dies vereinzelt versucht wurde.

Diese Designentscheidung von Novell ist einerseits der größte Vorteil von Novell und gleichzeitig sein größter Nachteil. Wenn ein Betriebssystem nur auf dem Server ausgeführt wird, muß es sich nicht um Probleme wie Benutzerinterface oder das Ausführen unsicherer oder fehlerhafter Programme kümmern. Somit kann das System speziell auf Durchsatz bei der Beantwortung Klientenanfragen optimiert werden. Dies ist auch einer der Gründe, weshalb Novell im Vergleich mit anderen Universalbetriebssystemen wie Unix oder Windows-NT immer noch im Vorteil ist.

Der große Nachteil dabei ist jedoch, daß auf dem Server nur spezielle, für den Server programmierte Applikationen ausgeführt werden können. Wenn neben den reinen Datei oder Druckerdiensten weitere Dienste im Netz benötigt werden (dies könnten z.B. Datenbanken, Backupdienste o.ä. sein) so müssen diese speziell für das Betriebssystem Novell programmiert werden. Es wird daher eine neue Programmierumgebung benötigt. Neue Dienste auf einem Novellserver zu implementieren, ist daher aufwendiger als beispielsweise bei Unix, bei dem es oft reicht, ein Benutzerprogramm mit Hilfe des "&"-Operators im Hintergrund zu starten, um einen neuen Dienst zu erhalten.

Novell ist ein Multitasking Betriebssystem, das auf hohen Netzdurchsatz optimiert wurde. Um eine schnelle Beantwortung von Benutzeranfragen zu erreichen, wurde Wert auf einen schnellen Prozeß bzw. Threadwechsel Wert gelegt. Um dies zu erreichen, arbeiten alle Prozesse bei Novell in einem einzigen Adreßraum. Ein fehlerhafter Prozeß hat somit die Möglichkeit, das gesamte System zum Absturz zu bringen. Man geht aber davon aus, daß die Dienste, die auf dem Server installiert sind, ausgetestet und wenig fehlerhaft sind.

Nahm Novell früher bei den PC-Betriebssystemen eine dominierende Rolle ein, so wird es in letzter Zeit mehr und mehr von anderen Betriebssystemen verdrängt. Dies ist vor allem auf folgende Tatsachen zurückzuführen:

- Die Prozessoren werden immer schneller.

  Je schneller Prozessoren im Vergleich zur Netzhardware werden, desto weniger fällt der durch die Universalität der Betriebssysteme verursachte Performanceverlust ins Gewicht.

- Es werden immer mehr Dienste im Netz benötigt.

  Je mehr Dienste im verteilten System benötigt werden, desto aufwendiger wird es, diese als speziellen Dienst im Betriebssystem Novell zu implementieren. Für den Programmierer und den Systemadminstrator ist es einfacher, ein Serverbetriebssystem zu bedienen, das er auch auf seinem Arbeitsplatz verwendet.

- Homogene Umgebung.

  Es ist sicher immer einfacher auch auf dem Server das gleiche Betriebssystem wie auf den Klienten zu benutzen, dies vereinfacht den Administrationsaufwand. Dies gilt vor allem für grafisch geführte Oberflächen.

Es macht aber durchaus Sinn, sich mit der Architektur von Novell zu beschäftigen. Interessant sind vor allem für die seit der Version 4 eingeführten Novell-Directory-Services, die wir in Kapitel 9.1 noch ausführlicher behandeln werden.

1.3.2 Architektur von Novellnetzen

Zum Einsatz eines Novellnetzes benötigt man neben der reinen Hardwareverbindung (Ethernet o.ä.), immer zwei Teile: Das eigentliche Serverbetriebssystem und die betriebssystemspezifischen Klientenmodule. Lokale Wirts-Betriebssysteme wie MS-DOS werden durch zusätzliche Module erweitert, mit denen sie Kontakt zum Server aufnehmen können, um dessen Dienste in Anspruch zu nehmen.

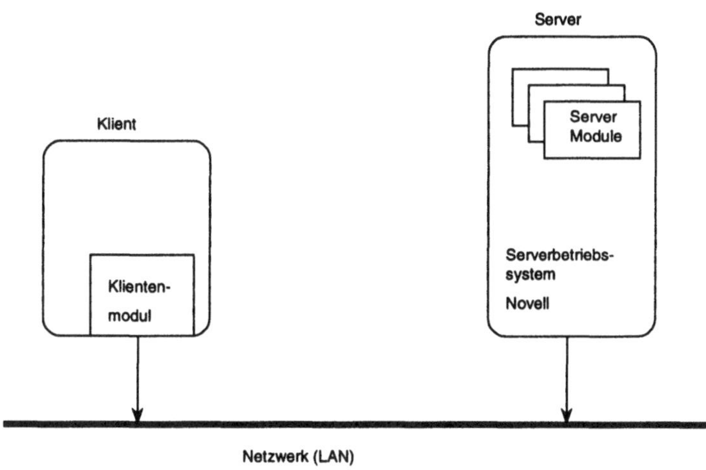

Abb. 1-4 Novellserver

Die Einbindung der Klientenmodule ist natürlich sehr betriebssystemspezifisch. Unter MS-DOS werden diese beispielsweise als TSR-Programm geladen. Diese Klientenmodule leiten alle Lese- und Schreiboperationen, die Dateien auf dem Server betreffen, an den Server weiter.

Der eigentliche Novellserver stellt ein eigenständiges Betriebssystem dar. Zum Starten eines Betriebssystems unter der IBM-PC Hardware gibt es prinzipiell zwei Möglichkeiten. Entweder wird ein Betriebssystem auf eine neue Partition der Festplatte kopiert oder es wird ein Wirtssystem genutzt, um ein anderes System zu booten. Bis zur Version 2 von Novell wurde der erste Weg gewählt. Die Installation von Novell erforderte das Konfigurieren von Novell für die spezifische Hardware auf der es lief, und das Speichern in einer neuen Partition. Dieser Weg war ziemlich mühsam. Seit der Version 3 wird MS-DOS als Wirtssystem zum Booten genutzt. Dieser Weg ist wesentlich angenehmer bei der Installation. Aus Sicht von MS-DOS wird Novell als "normales" EXE-Programm gestartet, das dann aber die vollständige Kontrolle über die Hardware übernimmt. MS-DOS verbleibt inaktiv im Hauptspeicher. Daher kann nach Beendigung von Novell auch wieder zu DOS zurückgekehrt werden.

Nach dem Start von Novell werden die ersten Konfigurationsdaten aus einer Startupdatei (Startup.ncf) auf der DOS-Partition gelesen, von der aus Novell gestartet wurde. Diese

Datei enthält im wesentlichen Angaben über die zu aktivierende Systempartition von Novell. Die Systempartition ist eine weitere Partition auf der Festplatte, die mit dem novelleigenen Format angelegt wird. Von dieser Partition wird dann eine weitere Initialisierungsdatei (Autoexec.ncf) geladen, die alle weiteren Startinformationen enthält. Sehr angenehm seit der Version 3 ist die Möglichkeit, Hardwaretreiber oder Systemzusätze dynamisch nach dem Start nachzuladen. Diese Systemerweiterungen werden NLM (Netware Loadable Module) genannt. Für jeden zusätzlichen Serverdienst, wie z.B. Mailsystem, wird ein eigenes NLM geladen, das sich die Ressourcen auf dem Server mit den anderen Systemkomponenten teilt. Zur Erstellung dieser NLM ist allerdings ein eigenes Softwareentwicklungskit und ein eigener Compiler notwendig.

Zur Administration eines Novellservers gibt es eine ganze Reihe von Modulen, die auch auf dem Server als NLM geladen werden können. Zum Lieferumfang gehört ein Monitor zum Überwachen der Systemfunktionen oder ein Installationsprogramm zum Konfigurieren des Systems. Diese Tools, die auf dem Server als NLM laufen, können allerdings nicht auf einer Workstation ausgeführt werden. Für manche Tools gibt es daher zwei Varianten, eine zur Ausführung auf dem Server als NLM und eine als normales DOS oder Windows Programm.

1.4 Macintosh OS

Die Computer der Macintoshfamilie waren schon immer etwas besonderes. Die Firma Apple entwickelte als einer der ersten einen Computer mit grafischer Bedieneroberfläche, wie sie von Xerox PARC vorgeschlagen wurde. Die Bedienung von PC's und auch Großrechnersystemen war bis zu diesem Zeitpunkt hauptsächlich auf ASCII-Terminals ausgelegt. An grafische Oberflächen, wie sie heute selbstverständlich sind, dachte damals noch niemand. Nur Apple wagte mit seiner Macintosh-Familie[1] den Vorstoß und entwickelte das grafisch orientierte Betriebssystem Mac-OS. Dieses System fand vor allem bei Grafikern und im Desktop-Publishing Bereich schnell viele Anhänger. Durch eine ungeschickte Preispolitik blieb den Macintosh Rechnern der große Erfolg am Massenmarkt verwehrt, trotz technologisch besseren Konzepten. Die erste grafische Oberfläche, die mit der von Mac-OS vergleichbar ist, ist die von Windows-95 oder Windows-NT 4.0. Alle anderen Vorgängersysteme wie z.B. Windows 3.1 lagen in der Bedienerergonomie deutlich hinten an.

Die innere Struktur des Macintosh-OS hat durchaus einige Ähnlichkeit mit der von Windows 3.1. Der Adreßraum ist dank der 68000er Familie ein 32-Bit linearer Adreßraum, in dem die Applikationen geladen werden. Im Speicher können mehrere Applikationen gleichzeitig geladen sein, wobei jeder Applikation ein fester Teil des Gesamtspeichers zur Verfügung steht. Das Mac-OS arbeitet genau wie Windows 3.1 mit kooperativem Multitasking. Dies bedeutet, daß zwar mehrere Applikationen gleichzeitig aktiv sein können,

---

[1] Die Macintoshfamilie basierte auf dem von Motorola entwickelten Prozessor 68000 bis 68040 und später auf dem Power-PC Prozessor

das Umschalten von einer Applikation zur anderen erfolgt in Kooperation der Applikationen untereinander.

Näheres zum Thema kooperatives Multitasking findet sich in Kapitel 4.

1.5 OS/2

Seit der Entwicklung des 80286 bestand die Notwendigkeit, ein neues Betriebssystem zu entwickeln, das MS-DOS ablösen sollte. Das „neue" System sollte im Protectedmode des 80286 laufen, und somit die 640K Grenze von MS-DOS überwinden und außerdem Unterstützung für preemptives Multitasking bieten. Microsoft begann in Zusammenarbeit mit IBM mit der Entwicklung von OS/2. In der Version 1 hatte OS/2 lediglich ein textbasiertes Benutzerinterface, ähnlich MS-DOS. Mit der Version 2 kam dann ein grafisches Benutzerinterface, der sog. Presentationmanager hinzu. Die Bedienoberfläche des Presentationmanager war zwar an die von Windows angelehnt, mit dieser jedoch nicht kompatibel. Dies bedeutete, daß Programme für den Presentationmanager neu entwickelt werden mußten. Windows-Programme waren nicht lauffähig. Dies ist sicher auch einer der Hauptgründe, warum sich OS/2 gegen Windows lange Zeit nicht durchsetzen konnte.

Nach der Version 2 stellte Microsoft schließlich die Entwicklung von OS/2 ein und übergab die Weiterentwicklung an IBM. Microsoft entwickelte daraufhin Windows-NT 3.1. IBM trieb aber trotz der anfänglichen Mißerfolge die Entwicklung von OS/2 voran. Um die Kompatibilität zu Windows einigermaßen sicherzustellen, wurde für OS/2 eine spezielle Windows-Version entwickelt, die auf OS/2 aufgesetzt wurde. Die weitere Entwicklung von OS/2 war durchaus von einigen Innovationen geprägt, wie z.B. die Workplaceshell oder die seit Warp-4 (Warp ist der neue Name von OS/2) verfügbare Spracheingabe. Für verschiedene Branchen wurden in der Zwischenzeit durchaus einige Softwarelösungen entwickelt. In diesen Bereichen hat sich OS/2 etabliert. Der große Erfolg am Massenmarkt blieb jedoch aus.

1.6 Linux

Linux stellt schon lange eine ernst zu nehmende Konkurrenz zu den kommerziellen Betriebssystemen dar. Es lohnt sich auf alle Fälle sich mit Linux näher zu beschäftigen.

1.6.1 Geschichtliches

Die Entstehungsgeschichte von Linux ist sehr erstaunlich:

Linux stammt, wie der Name schon vermuten läßt, von Unix ab. In der Anfangszeit von Unix, als es sich dabei noch um ein experimentelles Betriebssystem für eine Digital PDP handelte, waren die gesamten Quelltexte frei verfügbar. Bald erkannten jedoch einige Institutionen den kommerziellen Nutzen des neu entwickelten Betriebssystems und begannen mit dessen Vermarktung. Von da an waren die Quelltexte natürlich nicht mehr für jedermann zugänglich. Im Laufe der Jahre entwickelten sich ganze Familien von Unix-Derivaten. Die Hauptlinien waren wohl SystemV oder BSD-Unix.

Unix war ursprünglich mit dem Anspruch angetreten, zwischen unterschiedlichen Hardwareplattformen kompatibel zu sein, um Anwendern eine einheitliche Schnittstelle zu bieten. Dieser Wunschtraum wurde aber trotz vielfacher Normierungsbestrebungen im Laufe der Zeit nie vollständig erreicht.

In der Lehre konnte Unix auch nicht mehr in dem Maße eingesetzt werden, wie in der Anfangsphase, da, wie erwähnt, die Quelltexte nicht mehr verfügbar waren. Um Studenten dennoch die Möglichkeit zu geben, die Internas von Betriebssystemen zu studieren, wurde von Andrew Tanenbaum ein kleines System Namens MINIX entwickelt. Dieses System sollte Unix kompatibel sein. Die Quelltexte des System stellte Herr Tanenbaum interessierten Studenten frei zur Verfügung. Der Ansatz von Minix war schon sehr fortschrittlich, da es sich um ein Mikrokernel Betriebssystem handelte. Die Entwicklung von Minix kam allerdings ein paar Jahre zu früh, da die Prozessorleistung zum damaligen Zeitpunkt kaum ausreichte, um ein Mikrokernelsystem sinnvoll zu unterstützen. Außerdem war die damalige Prozessorarchitektur des 8086 kaum geeignet, ein vernünftiges Betriebssystem zu implementieren.

Mit der Entwicklung des 80386 stand dann erstmals ein Prozessor zur Verfügung, der als sinnvolle Plattform für einen Betriebssystementwicklung betrachtet werden kann. Der 80386 war einer der ersten Prozessoren der der INTEL-Familie, der ein seitenbasiertes Paging implementierte, eine notwendige Voraussetzung zur Realisierung einer virtuellen Adreßverwaltung, wie sie von modernen Betriebssystemen gefordert wird. Zu diesem Zeitpunkt kam ein Student namens Linus Torwalds auf die Idee, mit Hilfe der 80386 Architektur den Minix-Kern zu verbessern.

Er programmierte daraufhin den ersten Kernel für Linux, der auch schon ein Dateisystem nach Unix-Art unterstützte. Im Gegensatz zu Minix handelt es sich bei Linux allerdings wieder um ein monolithisches System. Linus Torwalds stellte sein Linux nicht kommerziellen Nutzern frei zur Verfügung.

Zur gleichen Zeit gab es auch Anstrengungen, C-Software für nicht kommerzielle Anwendungen frei zur Verfügung zu stellen. Im sogen. GNU Projekt wurden im Laufe der Zeit viele nützliche Tools (Compiler, Editor usw.) entwickelt, die frei zur Verfügung standen. In der Folgezeit nahmen Heerscharen von Programmierern, meist Studenten, sich der Aufgabe an, GNU-Programme und Linux-Tools weiter zu entwickeln. Eine große Triebfeder dieser Aktionen war sicher die Tatsache, daß die IBM-PC Hardware in der Zwischenzeit relativ erschwinglich war, so daß auch Studenten sich einen eignen PC leisten konnten. Das einzige damals verfügbare Betriebssystem MS-DOS konnte keinesfalls als zufriedenstellend bezeichnet werden, so daß nach Alternativen Ausschau gehalten wurde. Linux kam da gerade recht. Komplettiert wurde Linux schließlich noch mit den ebenfalls frei verfügbaren X-Windows Quellen und es entstand ein ernst zu nehmendes Betriebssystem, das in keinster Weise anderen kommerziellen Unix-Systemen nachsteht.

Im Laufe der Zeit wurde dann der Kernel und die Tools von Linux auch auf andere Prozessorarchitekturen portiert. Beispiele sind Alpha, Power-PC usw. Linux hat es somit zum ersten mal in der Geschichte der Unix-System geschafft, auf unterschiedlichen Hardware-plattformen kompatibel zu sein.

Inzwischen haben sogar kommerzielle Softwareunternehmen die Bedeutung von Linux erkannt und beginnen damit, ihre eigene kommerzielle Software auf das frei verfügbare Linux-System zu postieren. Es macht also auf jeden Fall Sinn, sich mit der Architektur und den Möglichkeiten von Linux zu beschäftigen.

1.6.2 Architektur

Bei Linux handelt es sich, wie bei fast allen Unix-Varianten, um ein klassisches monolithi-sches Betriebssystem. Der Kernel und seine Zusatzmodule liegen bei Linux als Quelltext vor. Der Kernel wird vor dessen Übersetzung konfiguriert. Ein spezielles Dienstprogramm (make) führt den Benutzer vor der Übersetzung durch eine Reihe von Fragen, bei denen die einzelnen Komponenten des Kernels angewählt und konfiguriert werden können. Bei-spielsweise können alle notwendigen Treiber ausgewählt werden. Mit der durch diesen Dialog erstellten Konfigurationsdatei wird der Kernel schließlich übersetzt. Das Ergebnis dieses Übersetzungsvorganges ist eine Datei[2], die den kompletten Kernelcode enthält. Beim Start von Linux wird diese Datei entweder von Floppy-Disk, meist aber von der Festplatte in den Arbeitsspeicher geladen und ausgeführt. Der Kernel startet sodann einen ersten Prozeß mit dem Namen „init", der alle weiteren Initialisierungen vornimmt.

Mit zunehmendem Funktionsumgang von Linux wurde der Kernel immer größer. Dies ist natürlich vor allem für Systeme mit wenig Speicher problematisch. Übrigens ist Linux erfreulicherweise eines der wenigen Multitasking- Multiuser-Systeme, die schon mit 4MB Hauptspeicher vernünftig arbeiten.

Um den Kernel wieder zu verkleinern, wurden Kernelmodule eingeführt. Ein Kernelmodul ist, ähnlich wie eine DLL, ein Stück Code, das während der Laufzeit dem Kern hinzuge-fügt werden kann. Der Kernel enthält beim Start zunächst keine Kernelmodule. Diese wer-den dann je nach Bedarf, um beispielsweise ein zusätzliches Dateisystem anzusprechen, manuell oder automatisch hinzugeladen und mit dem Kernel verbunden. Bei vielen Kom-ponenten des Kernels bietet das Dienstprogramm zum Übersetzen des Kernels die Mög-lichkeit, diese entweder direkt zu linken, oder als Kernelmodule während der Laufzeit hin-zuzufügen. Der Kernel enthält dann nur die während der Laufzeit wirklich benötigten Tei-le. Diese Technik macht den Einsatz von Linux auch in Systemen mit wenig Arbeitsspei-cher interessant.

---

[2] Diese Datei wird meist als `vmlinux` im Hauptverzeichnis abgepeichert.

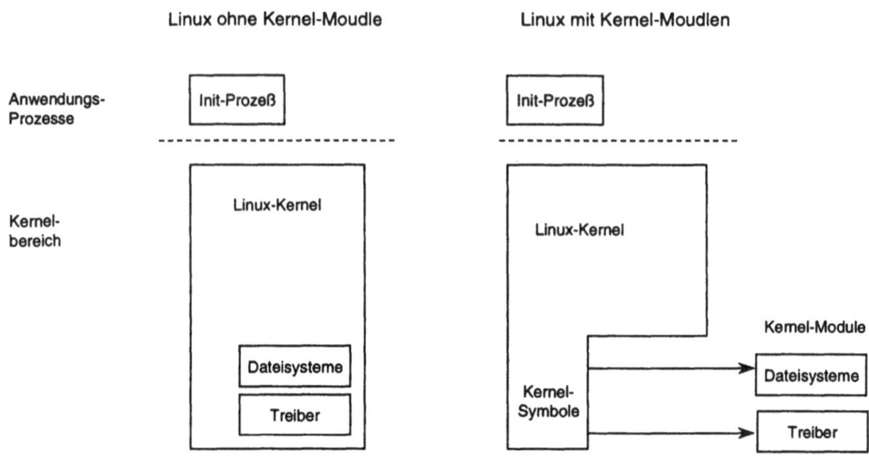

Abb. 1-5 Linux-Architektur

Neben dieser Standard-Architektur ist man inzwischen auch bemüht, Linux auf andere Architekturen zu portieren. Beispiele sind die Erweiterung auf symmetrisches Multiprozessing und auf eine Mikrokernelarchitektur.

1.7 Windows 95

Windows 95 sollte die Ablösung von Windows 3.1 sein. Es zielt dabei vor allem auf den privaten Bereich. Windows-95 hat einige Eigenschaften von Windows-NT wie z.B. 32-Bit Programmierschnittstelle und preemptives Multitasking. Da bei Windows 95 aber vor allem die Kompatibilität mit Windows 3.1 im Vordergrund stand, mußten einige Abstriche gemacht werden. Eines der Hauptprobleme ist die Unterstützung alter Hardwaretreiber. Treiber, die für DOS und/oder Windows 3.1 geschrieben wurden. Diese laufen unter Windows-95, nicht aber unter Windows-NT. Windows-95 ist ein Einbenutzersystem ohne jegliche (sinnvolle) Sicherheitsfunktion. Das genutzte Dateisystem ist im wesentlichen noch das alte FAT mit einigen Erweiterungen zur Unterstützung langer Dateinamen. Windows-95 kann daher nur als Übergangslösung betrachtet werden und findet in der Industrie sicher nicht die von Microsoft erwartete Resonanz. Es zeigt sich, daß Windows-95 vor allem im privaten Bereich genutzt wird, während die Industrie von Windows 3.1 direkt auf Windows NT umsteigt.

1.8 Windows-NT

Wegen der zunehmend größeren Bedeutung von Windows-NT wollen wir im folgenden die Architektur von Windows-NT im Detail genauer untersuchen.

Bei der Entwicklung von Windows-NT standen folgende Entwicklungsziele im Vordergrund:

- Portabilität.

  Um nicht langfristig auf die INTEL-Prozessoren beschränkt zu bleiben, wurde die Grundstruktur von NT so angelegt, daß bei einem Prozessorwechsel nur ein kleiner prozessorabhängiger Teil des Kernels (der HAL) ausgetauscht werden muß.

- Mehrprozessorbetrieb (SMP)

  Die zunehmende Verfügbarkeit von Prozessoren, die schon für den Mehrprozessorbetrieb ausgelegt sind (Beispiel Pentium-PRO) macht es notwendig, daß moderne Systeme auch sinnvoll auf Mehrprozessormaschinen skalieren. Diese Unterstützung wurde in NT bereits eingebaut.

- Netzintegration

  Eine der wichtigsten Gründe für den Umstieg auf Windows-NT ist die gute Integration verschiedener Netzwerkprotokolle. Mit Hilfe von klar definierten Schnittstellen nach unten (zur Netzwerkhardware) in Form der NDIS Schnittstelle und nach oben in Form der TDI-Schnittstelle, können quasi beliebige Protokollstapel geladen werden.

- Distributed Computing

  Eng verbunden mit der Netzwerkintegration ist die Unterstützung für „Distributed Computing". Die Entwicklung von Client-Server Lösungen ist Dank der Integration von DCE-RPC's und DCOM sehr leicht möglich.

- POSIX-Kompatibilität

  Dies ist eigentlich ein Überbleibsel aus der Forderung, daß Rechner-Neuinstallationen bei US-Regierungsbehörden laut deren Bestimmung posix-kompatibel sein müssen. Dank der einfachen Erweiterbarkeit von NT kann die Posix-Kompatibilität mit Hilfe eines eigenen Subsystems erreicht werden. Die angenehme Folge davon ist, daß die wichtigsten Unix-Programme (z.B. GNU-Tools) nach einer Neuübersetzung auch unter NT laufen.

- C2-Sicherheit

  NT war von Anfang an auch schon immer als Serversystem konzipiert. Dabei spielt der Gesichtspunkt der Sicherheit natürlich eine zentrale Rolle. Bei NT wurde dabei die Sicherheitsstufe C2 (nach Orange-Book) realisiert[3]. Dies ist übrigens auch eine der Hauptunterscheidungsmerkmale, mit denen sich Windows-NT von OS/2 abgrenzt.

- Erweiterbarkeit

  Das System sollte von Grund auf so angelegt sein, daß es für zukünftige Erweiterungen offen bleibt. Ein Beispiel dafür ist das oben genannte Posix-Subsystem.

---

[3] Die C2-Sicherheit gilt allerdings nur unter bestimmten Voraussetzungen. Beispielsweise darf keine Netzwerkkarte installiert sein.

- Kompatibilität zu Windows-3.1

  Nicht zuletzt ist vor allem die Kompatibilität zu den Vorgängerversionen von Windows von ganz entscheidender Bedeutung. Erstens können alle „alten" Programme nach wie vor weiter genutzt werden und zweitens ist für den Anwender die „Bedienung" des Systems mit Windows 3.1 nahezu identisch. Anwender müssen nicht umgeschult werden. Beides stellt einen erheblichen Investitionsschutz dar und ist maßgeblich Ursache vom Erfolg von Windows-NT.

Um die soeben aufgestellten Ziele zu erreichen, wurde die folgende Systemstruktur gewählt:

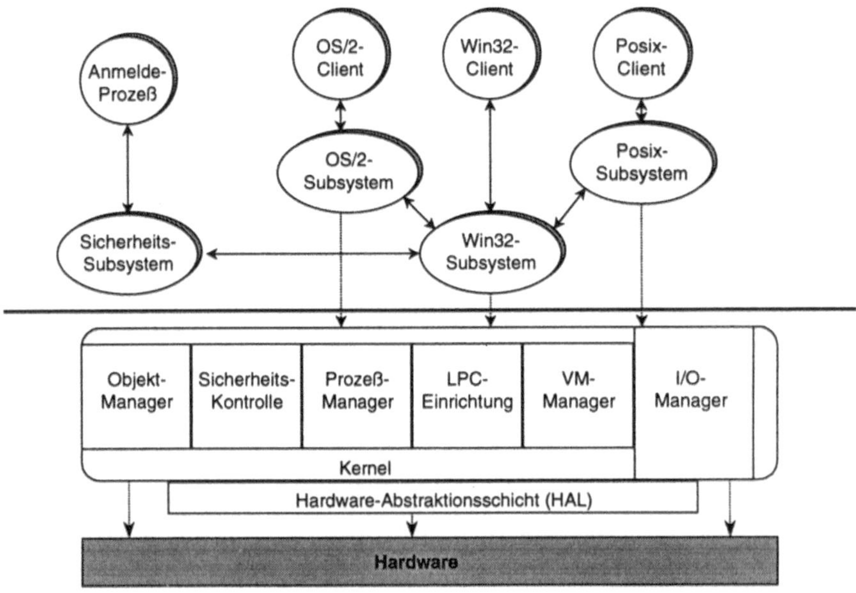

Abb. 1-6 Windows-NT Systemstruktur

1.8.1 Hardwareabstraktionsschicht

Die unterste Schicht in jeder NT-Installation ist die Hardwareabstraktionsschicht (Hardware Abstraction Layer HAL). Diese Schicht dient dazu, möglichst viele prozessorspezifischen Merkmale zu verbergen und den weiter obenliegenden Schichten die Illusion eines „virtuellen Prozessors" zu geben. Bei einer Portierung von NT auf eine neue Hardwareplattform sollte dies die einzige Schicht sein, die angepaßt werden muß. Leider ist dieses Ziel in der Praxis nicht vollständig erreichbar, denkt man beispielsweise an unterschiedliche Zahlendarstellungen (big- und little endian), die sich bis in die Anwendungsprogramme bemerkbar machen. Einige Charakteristika von Prozessoren lassen sich jedoch sehr gut kapseln, da diese bei nahezu allen modernen Prozessoren zu finden sind. Folgende Beispiele seien hier genannt:

- Interrupts

- Supervisormodi

- Pagingtabellen

Das Konzept der Interrupts ist sicher bei allen Prozessoren vorhanden. Interrupts lassen sich sperren, freigeben und einem Interrupt kann eine Servicefunktion zugeordnet werden. Wie auch immer diese Funktionen konkret realisiert sind, so sind sie doch sicher vorhanden.

Supervisormodi sind auch bei allen modernen Prozessoren implementiert. Manche Prozessoren, wie z.B. der 80386 (und Nachfolger) besitzen teils mehrere Privilegstufen, davon werden bei NT immer nur zwei genutzt. Es gibt den Kernelmodus, bei dem der Zugriff auf die komplette Prozessorhardware, einschließlich der Ausführung privilegierter Instruktionen, gestattet ist. Weiter gibt es den User-Modus, der nur sehr eingeschränkte Rechte bezüglich der Prozessorhardware und Ein/Ausgabeoperationen besitzt. Der Übergang vom Benutzermodus in den Kernelmodus ist stark reglementiert und üblicherweise nur durch Traps oder Call-Gates möglich.

Pagingtabellen findet man ebenfalls bei fast allen Prozessoren. Die Implementierung von Paging unterscheidet sich dabei üblicherweise in der Größe der virtuellen Speicherseiten und der Anzahl der Stufen, die zum Auflösen einer virtuellen Adresse notwendig sind.

All diese Grundprinzipien, die allen modernen Prozessoren gemeinsam sind, werden in der Hardwareabstraktionsschicht zusammengefaßt.

1.8.2 Executive

Der Executive bildet mit seinen Teilmodulen (Objektmanager, Sicherheitskontrolle, Lokale Nachrichtenschnittstelle, Prozeßmanager, Speichermanager, Ein-/Ausgabemanager) den eigentlichen Kern von Windows-NT. Der Executive läuft im Kernelmodus und stellt die grundlegenden Funktionen eines Mikrokernelsystems zur Verfügung.

1.8.2.1 Objektmanager

Im Executive dient der Objektmanager als Verwalter für alle anderen Objekte. Objekte in diesem Sinne sind beispielsweise Prozesse, Threads, Dateien, Speicherabschnitte usw. Der Zugriff auf alle diese Objekte wird vom Objektmanager geregelt. In der Sprechweise der objektorientierten Programmierung verwaltet er die Basisklasse, von dem alle anderen Objekte abgeleitet sind. Sicherheits-ID's oder Quotas sind Beispiele für Eigenschaften, die allen Objekten gemeinsam sind. Der Zugriff auf die Executive-Objekte wird mit Hilfe von Sicherheits-ID kontrolliert, die angeben, ob ein Zugriff überhaupt erfolgen darf, und mit Hilfe von Quotas, die angeben, wieviele Objekte eines Typs genutzt werden dürfen. Dieser objektorientierte Ansatz erklärt auch, warum der Zugriff auf die unterschiedlichsten Typen von Objekten immer mit Hilfe von Handles gleichen Typs (=> Basistyp) realisiert wird.

1.8.2.2 Sicherheitskontrolle

Windows-NT ist von vornherein darauf ausgelegt, dem C2-Sicherheitsstandard (nach Orange-Book DoD) zu genügen. Der C2-Sicherheitsstandard legt folgende Sicherheitsrichtlinien fest:

- Jeder Benutzer des Systems muß sich gegenüber dem System ausweisen.

- Der Zugriff auf alle sicherheitsrelevanten Systemresourcen muß kontrollierbar und beschränkbar sein.

- Jeder unberechtigte Zugriff muß protokollierbar sein.

Um diesen Forderungen zu genügen wird bereits im Kernel konsequent mit Sicherheits-ID's und Zugriffskontrollisten gearbeitet. Dies ist übrigens auch einer der Hauptunterschiede, in denen sich Windows-NT beispielsweise von Windows-95 oder OS/2 unterscheidet.

Meldet sich ein Benutzer am System an, so wird für diese Sitzung ein Sicherheitstoken angelegt. Dieses Sicherheitstoken dient als Schlüssel, mit dem sich der Benutzer bei allen folgenden Operationen gegenüber dem Betriebssystem ausweist. Das Sicherheitstoken beinhaltet eine Sicherheits-ID für den Benutzer und eine Sicherheits-ID für alle Gruppen, denen er angehört. Sicherheits-ID's sind 128-Bit lange Schlüssel, die einen Benutzer eines Kontos einer NT-Installation eindeutig kennzeichnen. Es ist wichtig zu vermerken, daß beispielsweise ein Benutzer namens „Mayer" auf verschiedenen Installationen von NT unterschiedliche ID's erhält. Dies gilt sogar für den Fall, daß auf ein und demselben Rechner zwei Neuinstallationen von NT durchgeführt werden. Ausnahmen hiervon bilden lediglich die beiden Spezialgruppen „Everyone" und „Administrator", die allen NT-Installationen gemeinsam sind.

Jedes Objekt der Executive besitzt eine Zugriffskontrollliste, mit Hilfe derer vor einem Zugriff geprüft wird, ob ein Benutzer (Prozeß) berechtigt ist, die gewünschte Operation durchzuführen. Eine Zugriffskontrollliste (Access-Control-List) ist eine Liste von Sicherheits-ID's, bei der bei jeder Sicherheits-ID die Art des Zugriffs vermerkt ist, der erlaubt oder verboten ist. Die Zugriffskontrolllisten werden von der Sicherheitskontrolle verwaltet, und sind für den Benutzer natürlich nicht zugänglich.

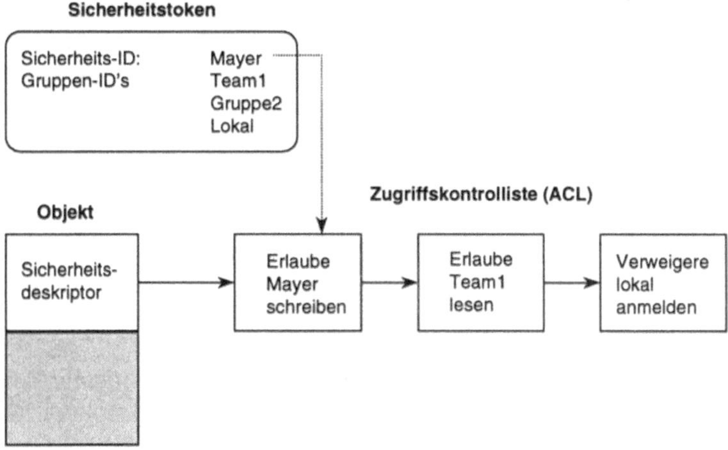

Abb. 1-7 Sicherheitstoken

1.8.2.3 Lokale Nachrichtenschnittstelle

Die zwei wichtigsten Funktionen, die jedes Mikrokernelsystem bereitstellen muß, ist die Prozeßverwaltung und die Interprozeßkommunikation. Die zur Interprozeßkommunikation genutzte lokale Nachrichtenschnittstelle orientiert sich an den bereits in Mach[4] eingeführten Konzept der Ports. Ein Port ist ein lokaler Kommunikationsendpunkt mit einer Eingangswarteschlange. Nach dem Anlegen eines neuen Ports kann ein Prozeß aus dem Port Nachrichten empfangen und andere Prozesse können Nachrichten an diesen Port senden. NT unterscheidet dabei zwei Arten von Ports: „benannte" connection-ports und „unbenannte" private Ports. Connection-Ports haben systemweit eindeutige Namen und dienen dem Verbindungsaufbau. Ist ein Verbindungswunsch eines Prozesses einem anderen Prozeß über einen „Connection-Port" mitgeteilt worden, so erzeugt der angesprochene Serverprozeß zwei private Ports. Einen für den Klienten und einen für sich selber. Diese Ports dienen von da an als Kommunikationsschnittstelle.

Eines der Hauptprobleme bei Mikrokernelsystemen ist die geringe Performance wegen der aufwendigen Interprozesskommunikation. Aus Sicht der Theorie ist es zwar sehr elegant, abgeschlossene Funktionsblöcke, wie z.B. das Dateisystem, in eigene Serverprozesse zu packen und nur über Nachrichten zu kommunizieren. Gerade dieser Nachrichtenverkehr zwischen den Prozessen kostet jedoch viel Zeit. Wenn eine Nachricht von einem Prozeß zu einem anderen übertragen wird, so muß die Nachricht zunächst in den Eingangspuffer der Zielports kopiert werden, danach findet ein Prozeßwechsel zum Serverprozeß statt und dieser muß dann seinerseits die Nachricht wieder aus dem Port-Puffer herauskopieren.

---

[4] Mach ist das erste Mikrokernelbetriebssystem. Es wurde von der CMU in einer Studie entwickelt.

Um diesen Flaschenhals eines Mikrokernelsystems etwas zu mildern, wurden bei NT einige Anstrengungen unternommen:

Als erstes wird zwischen kurzen und langen Nachrichten unterschieden. Eine lange Nachricht hat eine Länge von mehr als 256-Bytes. Es ist klar, daß das unnötige Umkopieren von Puffern bei langen Nachrichten besonders ins Gewicht fällt. Kurze Nachrichten werden ganz normal über die Portschnittstelle kopiert. Bei langen Nachrichten bedient man sich jedoch der Technik des gemeinsamen Speichers. Ein langes Datum, das von einem Prozeß zu einem anderen übertragen werden soll, wird zuerst in den gemeinsamen Speicherbereich kopiert und dann per Port lediglich die Tatsache des Vorhandenseins von neuen Daten übertragen. Um noch etwas schneller zu sein, wurde der Quick-LPC eingeführt. Dabei handelt es sich im wesentlichen um das gleiche Prinzip wie bei langen Nachrichten, lediglich die Synchronisation des Datenaustausches erfolgt nicht mehr über die Portschnittstelle sondern in Eigenregie der beteiligten Prozesse mit Hilfe von elementaren Sychronisationsprimitiva.

Neben einer möglichst effektiven und schnellen lokalen Kommunikation kann auch das Nachrichtenaufkommen an sich reduziert werden. Dies wird mit Hilfe von Frontend-DLL's erreicht. Zu einem Subsystem, wie z.B. win32ss kann eine Frontend-DLL existieren. Diese DLL's implementieren bereits einige der Funktionen eines Subsystems, allerdings eben als DLL und damit im Adreßraum des Klienten. Zusätzlicher Speicherbedarf entsteht dabei nicht, da DLL ja gerade zwischen mehreren Prozessen geteilt werden. In diesen Frontend-DLL können alle Funktionen eines Serverprozesses implementiert werden, die den Zustand des Servers nicht ändern. Eine weitere Optimierung ergibt sich, wenn man nicht jeden Aufruf an einen Server sofort als eigene Nachricht übergibt, sondern mehrere Nachrichten zu Blöcken zusammenfaßt. Ob dies jeweils möglich ist, hängt natürlich stark von der Semantik der aufzurufenden Funktionen ab.

1.8.2.4 Prozessmanager

Der Prozeßmanager ist für die Verwaltung des Softwarekontextes der einzelnen Prozesse zuständig. Zum Softwarekontext eines Prozesses gehören u.a. das Access-Token, eine Liste von Adressraumdeskriptoren, die auf den Code und die Daten des Prozesses zeigen und eine Liste von Handles, die ihrerseits wiederum auf verschiedene Executive-Objekte verweisen. Prozesse sind unabhängige Einheiten und stehen in keiner Beziehung zueinander. Spezielle Subsysteme, wie das Posix-Subsystem, können natürlich eine Hierarchie einführen, um beispielsweise die bekannte Prozeßsemantik von Unix nachzubilden.

Jeder Prozeß muß mindestens einen Thread enthalten, um überhaupt irgendeine Aktivität zu zeigen. Mehrere Threads pro Prozeß sind möglich. Die Einheiten des Schedulings sind die Threads. Das Umschalten zwischen den Threads erfolgt auf Grund von Prioritäten bzw. auf Ebene gleicher Prioritäten im Zeitscheibenverfahren. Bei den Prioritäten unterscheidet NT zwischen Prozeß und Threadprioritäte. Eine Prozeßpriorität kann folgende Werte annehmen:

- Idle (für alle Hintergrundaktivitäten)
- Normal (für normale Anwenderprozesse)
- High (für dringende Prozesse, die vor anderen Prozessen bevorrechtigt sein müssen)
- Realtime (für Echtzeitprozesse)

Innerhalb dieser groben Prioritäten können die Threads eines Prozesses folgende Threadprioritäten einnehmen:

- Highest
- Above Normal
- Normal
- Below Normal
- Idle

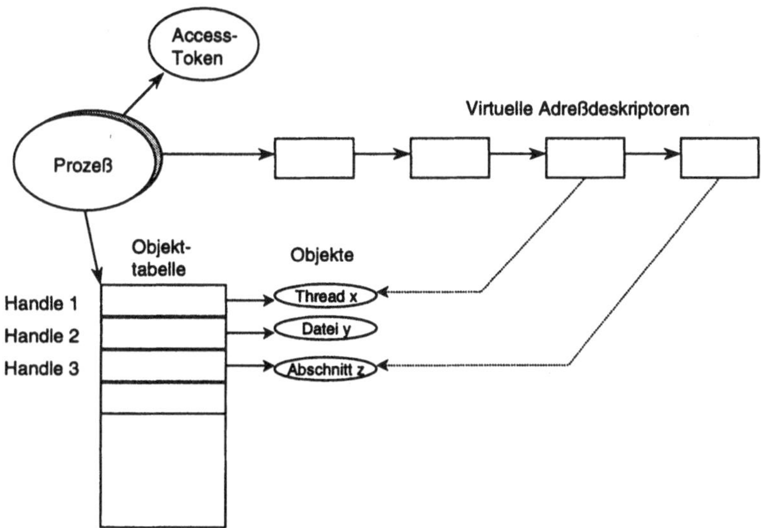

Abb. 1-8 Prozeßkontext

1.8.2.5 Virtuelle Speicherverwaltung

Windows-NT arbeitet mit einem linearen Adreßraum von 32-Bit. Für die Verwaltung des Adreßraumes ist die virtuelle Speicherverwaltung verantwortlich. Dabei werden die üblichen Funktionen, wie das Zuweisen von physikalischem Speicher zu logischen Adressen oder das Abbilden von Dateien in den Adreßraum eines Prozesses unterstützt. Die logischen Speicherseiten eines Prozesses werden ebenfalls als ein Typ eines Executive-Objektes behandelt. Um nicht jede einzelne logische Seite als eigenständiges Objekt zu verwalten, werden mehrere aufeinanderfolgende logische Seiten, die gleiche Attribute besitzen, zu Abschnitten zusammengefaßt. Der Objektmanager verwaltet diese Abschnittsobjekte.

1.8.2.6 Objektverzeichnis

Der Executive verwaltet ein Verzeichnis, in dem alle Objekte mit Namen verzeichnet sind. Dies entspricht in etwa dem, was bei Unix im Spezialverzeichnis „/dev" zu finden ist. Hier werden neben der Wurzel von Dateisystemen alle Treiber, Kommunikationsobjekte usw. verzeichnet. Symbolische Links, wie sie bei Unix bekannt sind, werden hier ebenfalls unterstützt. Sie dienen unter anderen zur Aufrechterhaltung der Kompatibilität zu alten DOS-Programmen. Ein Beispiel mag dies verdeutlichen:

Wird dem Win32-Subsystem der Dateiname „A:\SubDir\FileA" übergeben, so wandelt es diesen Namen zuerst in „\DosDevices\A:\SubDir\FileA". Dieser Namen wird daraufhin dem Executive zur Namensauflösung übergeben. Bei Durchwandern des Namensbaums wird der symbolische Link „\Device\Floppy0" entdeckt, worauf die Namensauflösung mit dem String „\Devices\Floppy0\SubDir\FileA" wieder von vorne beginnt. Der Executive löst den Namen bis zu „\Devices\Floppy0" auf und übergibt den Rest des Namens „\SubDir\FileA" zur weiteren Bearbeitung dem Dateisystemtreiber, der im Moment für die „Floppy0" zuständig ist. I.a. wird dies ein FAT-Treiber sein.

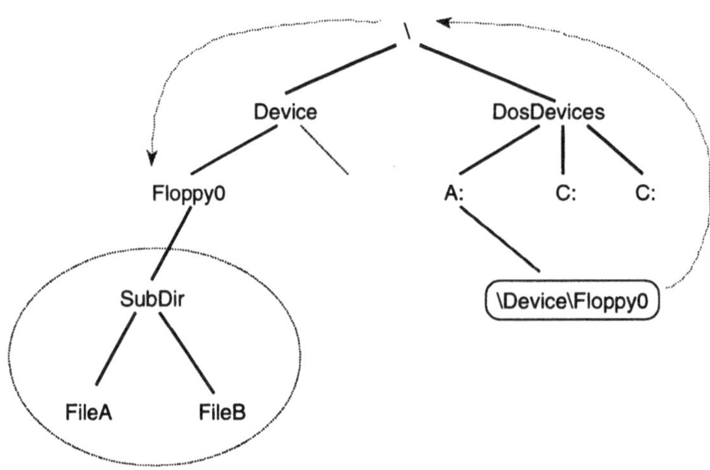

Abb. 1-9 Objektverzeichnis

1.8.3 Ein-/Ausgabe

Der Ein-/Ausgabemanager ist für das korrekte Aufrufen der Treiber zuständig. Folgende Ziele standen bei der Entwicklung des Ein-/Ausgabemanagers im Vordergrund:

- Unterstützung für installierbare Dateisysteme

- Einfache Treiberentwicklung, Unterstützung von höheren Programmiersprachen

- Möglichkeit Treiber dynamisch während der Laufzeit zu installieren

Der erste Punkt macht bereits deutlich, daß unter NT Dateisysteme ebenfalls als Treiber behandelt werden. Somit ist es sehr leicht möglich, zukünftige Dateisysteme für neue Medien zu unterstützen, indem einfach ein passender Treiber geladen wird. Die Möglichkeit Treiber dynamisch während der Laufzeit zu installieren und wieder zu entfernen ist eine sehr angenehme Möglichkeit um neu entwickelte Treiber zu testen, ohne gleich das ganze System neu starten zu müssen.

1.8.3.1 Treibermodell

Um die oben aufgestellten Forderungen zu erfüllen, wurde bei NT ein geschichtetes Treibermodell zugrundegelegt. Ein übergeordneter Treiber nutzt die Funktionalität einer darunterliegenden Schicht. So nutzt ein Dateisystemtreiber die Dienste eines Floppy Disk Treibers, um seine Aufgaben zu erfüllen.

Um die Funktionen eines Treibers anzusprechen, wird ein „Request-Paket" aufgebaut. Dieses Paket wird dem IO-Manager übergeben, der es wiederum an den richtigen Treiber weiterleitet. Dieser kann nun seinerseits neue Request-Pakete, aufbauen um weiter unten-liegende Treiber aufzurufen. Der IO-Manager sorgt für die korrekte Zustellung der Pakete an den richtigen Treiber.

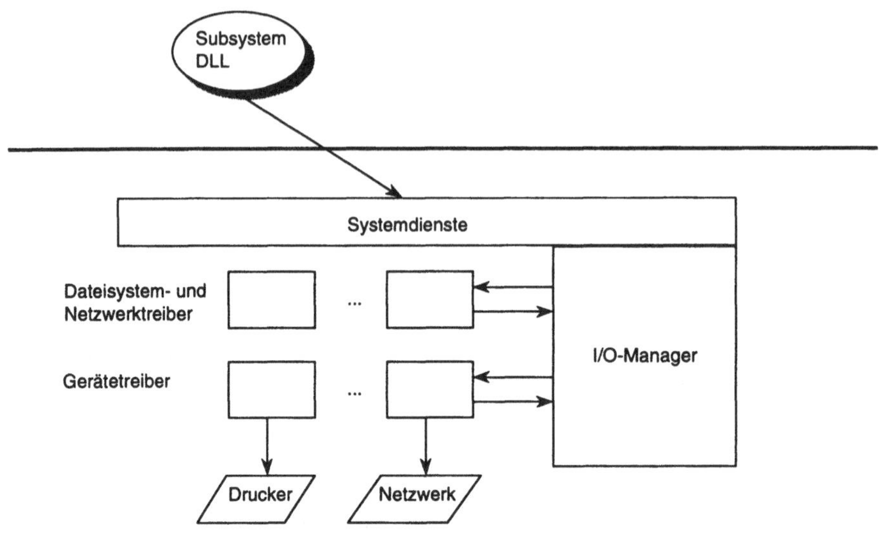

Abb. 1-10 geschichtetes Treibermodell

Eine weitere wichtige Aufgabe, die der Ein-/Ausgabemanager übernimmt, ist die Unterstützung von asynchronen Ein-/Ausgabeoperation. Wird eine asynchrone Ein-/Ausgabeoperation angestoßen, so wird die Operation in eine Warteschlange eingetragen. Sobald der Treiber bereit ist, wird die Operation durchgeführt. Die Beendigung einer Ein-/Ausgabeoperation wird meist durch Auslösen eines Interrupts angezeigt. Der Kernel ruft dazu die zugehörige Interrupt-Service-Routine des Treibers auf. Der Treiber sollte danach so schnell wie möglich den Interrupt abstellen um das Interruptsystem so kurz wie möglich zu blockieren. Die weitere Bearbeitung des Interrupts erfolgt mit Hilfe von „Deferred Procedure Calls". Im Interrupt wird lediglich eine Funktion angegeben, die für die weitere Behandlung des Gerätestatus zuständig ist. Sobald der Kernel dazu bereit ist, wird diese verzögerte Prozedur gerufen. Diese Vorgehensweise hat den Vorteil, daß ein großer Teil der Behandlung von Geräteoperation ohne Blockierung des Interruptsystems stattfindet.

1.8.3.2 Dateisystemtreiber

Dateisysteme sind im Sinne von Windows-NT auch „nur" Treiber. Durch das geschichtete Treibermodell läßt sich sehr leicht ein Treiber auf den anderen stapeln. Ein Dateisystemtreiber bedient sich nach unten der Funktionalität von Disk- oder Plattentreibern, die lediglich physikalische Sektoren lesen können, und stellt nach oben Funktionen wie z.B. das Öffnen und das Schließen von Dateien bereit. NT stellt Dateisystemtreiber für VFAT, NTFS oder CDROM zur Verfügung.

1.8.3.3 Hardwaretreiber

Hardwaretreiber bilden die unterste Ebene der Treiberhierarchie. Da es sehr viele unterschiedliche Treiber gibt, können hier nicht alle Möglichkeiten besprochen werden. Es sei hierzu auf das Windows-NT DDK und auf die Literatur [Baker] verwiesen.

1.9 Netzwerk-Computer

In letzter Zeit wurde eine ganz neue Kategorie von PC's entwickelt, die Network-PC's und die Network-Computer. Der Grund für diese Entwicklung sind vor allem die hohen Kosten, die bei der Administration eines PC's entstehen. Zu den Zeiten der alten Mainframe-Computer, bei denen alle Software zentral installiert war und bei den Nutzern nur dumme Terminals standen, war der Administrationsaufwand relativ gering. Mit dem Aufkommen der vernetzten PC's und den Client-/Serversystemen stiegen die Administrationskosten stark an, da jetzt ja alle PC's als eigenständige Computer gewartet werden mußten. Die sogen. TCO (Total Cost of Ownership), dies sind die Kosten, die ein PC während seiner Laufzeit verursacht, übersteigt bei weitem die reinen Anschaffungskosten des PC's. Schätzungen gehen davon aus, daß 50 bis 90% der TCO allein bei der Wartung des PC's anfallen. Ein PC der im Laden 5000DM kostet, verursacht während seiner gesamten Lebensdauer Gesamtkosten von bis zu 50000DM.

Diesem Trend entgegen stellt sich die Architektur von Network-PC's und Network-Computer, die vor allem seit Aufkommen der Sprache Java realisierbar ist.

Zur Zeit existieren zwei konkurrierende Architekturen. Der Net-PC ist ein abgespeckter „normaler" PC, auf dem ein traditionelles aber sicheres Betriebssystem (z.B. Windows-NT) läuft. Der Anwender eines Net-PC hat allerdings nur sehr eingeschränkte Möglichkeiten. Bei verschiedenen Ebenen von Net-PC's ist es ihm nur erlaubt, einen WWW-Browser oder nur eine bestimmte Applikation zu starten. Die Möglichkeit, die Konfiguration des PC zu ändern wird abgeschaltet.

Einen ganz anderen Weg geht der von Sun-Microsystems und Oracle propagierte Network-Computer. Die Entwicklung begann mit der Erfindung des World-Wide-Web (WWW). Mit Hilfe des WWW können Texte, Bilder und in zunehmendem Maße auch multimediale Inhalte über das Internet übertragen werden (siehe hierzu auch Kapitel 10). Um die WWW-Seiten nicht nur auf statische Inhalte zu beschränken, wurde von SUN die Programmiersprache Java erfunden.

Mit Java ist es möglich, an verschiedenen Stellen einer WWW-Seite ein Applet, d.h. ein kleines Programm laufen zu lassen, um so Animationseffekte zu erzeugen. Diese Applets werden, genau wie die anderen Daten einer HTML-Seite, über das Netz übertragen und dann auf dem lokalen Rechner ausgeführt. Damit war aber die Basis geschaffen, nicht nur kleine Animationen in Form von Applets, sondern ganze Applikationen, wie z.B. eine Tabellenkalkulation über das Netz zu übertragen. Der WWW-Browser bildet dann die Basis, auf der die Applikationen ausgeführt werden. Da Java außerdem plattformunabhängig ist, ist das Betriebssystem, auf dem der Browser ausgeführt wird, ohne Bedeutung. Warum also nicht ganz abschaffen? Dies war die Geburtsstunde der Network-Computer (NC). Ein Network-Computer arbeitet auf einem eigenen kleinen Betriebssystem (zum Großteil auch in Java implementiert), welches lediglich dazu da ist, einen WWW-Browser zu unterstützen. Alle Applikationen, die ein Benutzer anfordert, werden per Applet über das Netz übertragen. Der daraus resultierende Vorteil liegt klar auf der Hand: die TCO wird durch die wieder zentrale Datenhaltung wesentlich geringer.

Kritiker dieser Technologie halten dies für die Rückkehr zum alten Timesharingbetrieb mit dummen Terminals. Da die Applets aber gerade nicht „dumm" sind, sondern normale Programme sind, lassen sich mit dieser Technologie sehr einfach Client-/Server-Systeme realisieren. Sicher kann ein NC einen herkömmlichen PC nicht in allen Bereichen ersetzen. Es gibt aber durchaus einige Anwendungen, die sich mit NC's wesentlich einfacher und kostengünstiger realisieren lassen. Als Beispiel möchte ich hier Kassenterminals nennen, bei denen das Aufstellen eines PC's sicher nicht notwendig ist. Hier reicht ein NC allemal aus. Näheres zur Java-Technologie findet sich in Kapitel 7 und Kapitel 10.

1.10 Literatur

Verteilte Systeme allgemein:

[Goscinski]	A. Goscinski; Distributed Operating Systems, The Logical Design; Distributed Operating Systems, The Logical Design; 1991
[Mullender]	Sape Mullender; Distributed Systems; Distributed Systems; 1993
[Tan1]	Andrew Tanenbaum; Modern Operating Systems
[Tan3]	Andrew S. Tanenbaum; Distributed Operating Systems; Distributed Operating Systems; 1995

DOS, Windows

[Göbel]	Nieder, Göbel; DOS 4.0 für Insider; Markt und Technik
[Pietrek1]	M.Pietrek; Windows Internals; Addison Wesley, 1993
[Petzold]	Charles Petzold; Programming Windows 3.1; Microsoft Press, 1992

Windows95:

[Win95]	Programming Windows 95 unleashed; SAMS publishing 1995
[Pietrek2]	A. Pietrek; Windows-95 Programming Secrets; IDG Books

Windows-NT:

[Custer1]	Helen Custer; Inside Windows NT; Microsoft Press 1993
[Baker]	Art Baker; The Windows NT Device Driver Book; Prentice Hall 1997
[Dapper]	Dapper, Dietrich, Klöppel; Windows NT 4.0 im professionellen Einsatz; Hanser 1996
[Siyan]	Karanjit S. Siyan; Windows NT Server Professional Reference; New Riders 1995

Linux:

[Beck]	Michael Beck et.al; Linux-Kernel-Programmierung; Addison-Wesley 1997

2 Netzwerkintegration

Eine der wichtigsten Voraussetzungen, die ein Betriebssystem zum Aufbau eines verteilten Systems liefern muß, ist die Integration eines Netzwerkdienstes.

Die unterste Ebene bildet immer die Kommunikationshardware. Im Laufe der Zeit wurden sehr viele Kommunikationsmedien entwickelt. Ohne Anspruch auf Vollständigkeit, seien die wichtigsten Kommunikationsmedien im PC-Bereich genannt:

- **RS232**

  Die RS232-Schnittstelle ist die einfachste Kommunikationsverbindung eines PC. Diese serielle Schnittstelle wurde zur Ansteuerung von Modems definiert. Sie hat sich als quasi Standard etabliert und ist in jedem PC zu finden. Mit ihr lassen sich serielle Daten mit einer Geschwindigkeit von bis zu 115Kbits/sec übertragen. Mit Hilfe von sogen. Nullmodem-Kabeln läßt sich damit auch eine direkte Verbindung von einem PC zum anderen, ohne den Umweg über ein Modem, aufbauen.

- **Local-Talk**

  Diese Schnittstelle wird standardmäßig von allen Apple-Computern unterstützt. Über diese serielle Verbindung, die mit ca. 230Kbits/s betrieben wird, können Apple-Computer zu einem kleinen Netzwerk zusammengefaßt werden.

- **Arc-Net**

  Arc-Net war ein in der Anfangszeit der PC's wegen der damals relativ geringen Kosten der Karten, ein gerne genutztes Kommunikationsmedium. Arc-Net basiert auf dem Token-Bus Verfahren und arbeitet mit einer 70Ohm Koaxialleitung. Die ansprechbaren Knotenadressen erstrecken sich auf einen Bereich von 0-254 (8 Bit). Arc-Net überträgt mit einer Geschwindigkeit von 2,5Mbits/s.

- **Ethernet**

  Ethernet ist inzwischen sicher das am weitesten verbreitete Kommunikationsmedium im PC-Bereich. Anfangs waren Ethernetkarten noch sehr teuer, so sind sie aber inzwischen, dank der höheren Integrationsdichte, im Preis deutlich gefallen. Bei neueren PC's wird die Ethernetschnittstelle sogar schon auf der Grundplatine integriert. Ethernet überträgt in seiner Grundform mit einer Geschwindigkeit von 10Mbits/s. Inzwischen gibt es Normierungsbemühungen, um Ethernet auch für höhere Geschwindigkeiten zu nutzen. Realisiert sind inzwischen Geschwindigkeiten von 100Mbits/s, in Vorbereitung sind 1Gbits/s.

Andere Technologien, wie FDDI sind im PC-Bereich eher selten anzutreffen. In Zukunft werden sich jedoch sicher weitere Techniken wie Funk-LAN's, ISDN oder ATM dazugesellen. Für weitere Informationen zum Thema „Kommunikationsmedien" sei den interessierten Leser auf [Kauffels] verwiesen.

Aufbauend auf der zur Verfügung stehenden Hardware wird im PC-Bereich eine ganze Menge von Kommunikationprotokollen genutzt. Hierbei sind die wichtigsten:

- SLIP

- PPP

- NetBEUI

- IPX

- TCP/IP

- Apple-Talk

Jede Beschreibung von Kommunkationsprotokollen beginnt typischerweise mit der Erklärung und Behandlung des ISO/OSI.Modells.

Das ISO/OSI-Modell ist ein Referenzmodell, das in sieben Schichten die Funktionalität von Kommunikationsdiensten definiert. Eine Schicht nutzt dabei über klar definierte Schnittstellen die Funktionalität der darunter liegenden Schicht. Folgende Schichten werden durch das ISO-Modell definiert:

- Layer 1, physikalische Sicht
  Diese Schicht definiert alle physikalischen Eigenschaften einer Netzwerkverbindung. Angefangen von der Steckerbelegung, den Signalpegeln, bis zur Kodierung von 0 und 1 auf der jeweiligen Leitung. Für die nächste Schicht stellt der Layer 1 einen Strom von Nullen und Einsen zur Verfügung.

- Layer 2, Verbindungsschicht
  Diese Ebene ist für die Verbindung zwischen zwei direkt benachbarten Knoten im Netzwerk verantwortlich. Sie sorgt dafür, daß eine Datenverbindung von einem Knoten zum anderen aufrechterhalten wird. Diese Schicht wird gerne auch noch in zwei Unterschichten, nämlich in Schicht 2a „Media-Access" (verantwortlich für den Zugriff auf das eigentliche Transportmedium) und in 2b „Logical-Link-Control" (verantwortlich für die korrekte Verbindungsaufnahme von einem Knoten zum anderen) unterteilt.

- Layer 3, Netzwerkschicht
  In dieser Ebene werden alle Funktionen abgewickelt, die dazu dienen, ein Paket von einem Knoten über mehrere Zwischenstationen zu einem Zielknoten zu leiten. Dabei ist zum Beispiel die richtige Wegfindung (Routing) eines Paketes in Netz wichtig. Die Netzwerkschicht teilt jedem Knoten im Netz eindeutig eine Adresse zu.

- Layer 4, Transportschicht
  Die Transportschicht ist dafür verantwortlich, ein Paket sicher von einem Ende zum anderen Ende einer Verbindung zu transportieren. Man spricht daher auch von der Ende-zu-Ende Kontrolle. Beispielsweise sorgt diese Schicht dafür, daß sich ein schneller Sender auf einen langsameren Empfänger einstellen kann.

- Layer 5, Sitzungsschicht
  Diese Schicht ist für den Verbindungsaufbau zwischen zwei beteiligten Prozessen im Netz verantwortlich. Hier erfolgt z.B. das Anmelden im entfernten Rechner. Verbindungslose Dienste überspringen meist diese Ebene.

- Layer 6, Präsentationsschicht
  Mit Hilfe dieser Schicht werden die Daten den beteiligten Applikation in einer einheitlichen Weise präsentiert. Die Umwandlung von unterschiedlichen Zeichensätzen oder Dateninformationen gehört in diese Schicht.

- Layer 7, Applikationsschicht
  Dies ist schließlich die Ebene der Applikationen, die alle weiter untenliegenden Dienste nutzen. Ein Beispiel für eine Applikation ist die Übertragung einer Datei von einem Rechner zum anderen (FTP).

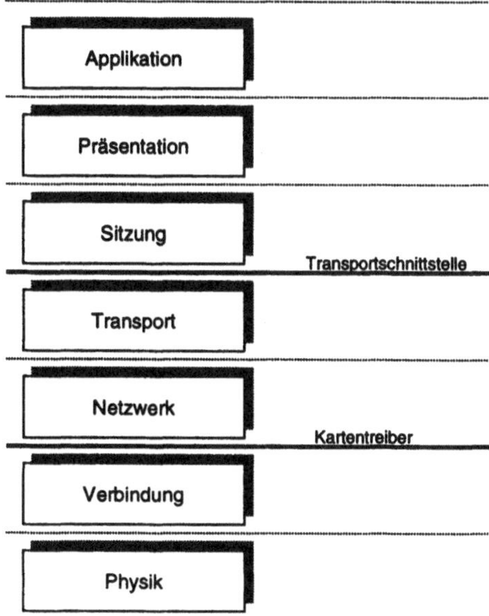

Abb. 2-1 ISO/OSI-Modell

Zwei Schnittstellen des ISO/OSI-Modells sind bei der Konfiguration von Betriebssystemen von besonderer Bedeutung. Dies ist einmal die Schnittstelle zwischen Layer 3 und Layer 2, da die Implementierung von Layer 1 (Hardware) und Layer 2 (Kartentreiber) vom Hersteller der Erweiterungskarten geliefert wird. Dies ist für die Integration von Karten unterschiedlicher Hersteller wichtig. Ähnliches gilt für die Transportschnittstelle zwischen Layer 5 und 4. Wenn die Transportschnittstelle genormt ist, lassen sich die Protokollstapel

einfach tauschen, um den Klienten eine protokolltransparente Kommunikation zu ermöglichen.

Die Beschreibung des ISO/OSI-Modells soll somit auch schon enden. Interessierte Leser
seien auch hier auf die Literatur verwiesen [Kauffels]. Ein Punkt erscheint jedoch noch
wichtig. Das ISO-Modell definiert zwar die Funktionalitäten der einzelnen Schichten, die
konkrete Realisierung der Schichten und vor allem auch der Schnittstellen zwischen den
Schichten bleibt den jeweiligen Implementierungen überlassen. Der Mangel an derartigen
normierten Schnittstellen war einer der Gründe, die zu Beginn der PC-Geschichte für
ziemliches Chaos sorgte. Die Protokolle hingegen waren schon sehr bald genormt.

2.1 MS-DOS

In MS-DOS wurden lediglich die Kartentreiberschnittstellen genormt. Hierbei existieren
jedoch auch drei konkurrierende Lösungen:

- NDIS von Microsoft

- ODI von Novell

- Packet-Schnittstelle als Public-Domain-Lösung

Die Aufgabe dieser Normen ist es, eine definierte Schnittstelle zur Verfügung zu stellen,
um von der Hardware zu abstrahieren. Hier finden sich Funktionen wie das Initialisieren
der Karten, das Senden und Empfangen von Paketen usw. Jeder Hersteller liefert zu seinen
Karten Treiber, die zu mindestens einer dieser Normen kompatibel sind.

Neben dem reinen Ansteuern der Kartenhardware besteht die Aufgabe dieser Schnittstellen
auch darin, ankommende Pakete zwischen den verschiedenen Protokollen zu multiplexen.
Ein ankommendes Ethernetpaket muß nach dessen Empfang dem richtigen Protokollstapel
zur weiteren Verarbeitung übergeben werden.

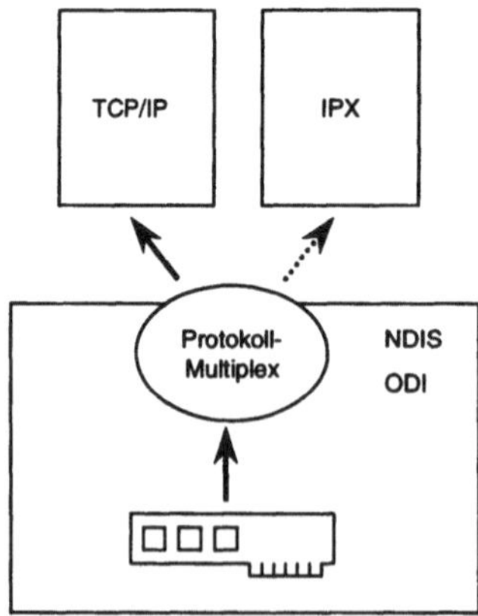

Abb. 2-2 Protokollmultiplex

Um dieses Multiplexen zu erreichen, gibt es zwei Möglichkeiten:

Ein ankommendes Paket wird soweit dekodiert, daß es bereits einem Protokollstapel direkt zugeordnet werden kann. Ist dies geschehen, so wird das Paket an den betreffenden Stapel weitergeleitet. Bei Ethernet kann die Unterscheidung und Zuordnung der Pakete zu Protokollen an Hand des Typfeldes geschehen. ODI und Paket arbeiten nach diesem Prinzip.

Die andere Möglichkeit besteht darin, ein ankommendes Paket reihum an alle installierten Protokollstapel weiterzuleiten, solange, bis einer der Protokollstapel das Paket erkennt und weiterverarbeitet. NDIS arbeitet nach diesem Prinzip.

Schnittstellen der höheren Ebenen sind in MS-DOS nicht definiert, so daß sich viele Standards nebeneinander bildeten. Das Chaos war nahezu vorprogrammiert.

2.2 Linux

Da es sich bei Linux um ein monolithisches Betriebssystem handelt, sind die Netzwerkschnittstellen nicht direkt nach außen sichtbar. Zwei Schnittstellen erscheinen mir wichtig:

1. Geräteschnittstelle: Wie alle Geräte unter Linux, sind auch die Netzwerkkarten über die Geräteschnittstelle ansprechbar. Im Gegensatz zu normalen Geräten erscheinen sie jedoch nicht im "/dev"-Verzeichnis, da Netzwerkgeräte nur angesprochen werden können, wenn die Initialisierungsfunktion die entsprechende Hardware gefunden hat.

2. Socket-Schnittstelle: Die für den Programmierer wichtigste Schnittstelle ist sicher die Socket-Schnittstelle. Diese unter UNIX-Systemen übliche Netzwerkschnittstelle wird natürlich auch von Linux unterstützt. Über Sockets können unterschiedliche Protokolle angesprochen werden. Da später in diesem Buch noch einige Beispiel zur Socketprogrammierung folgen, sei an dieser Stelle auf eine ausführlichere Darstellung verzichtet.

2.3 Macintosh

Die Rechner der Macintoshfamilie waren schon von Anfang an mit einer Netzwerkschnittstelle ausgerüstet. Jeder Macintosh verfügt über eine Local-Talk-Schnittstelle. Local-Talk ist eine serielle Schnittstelle mit einer Übertragungsgeschwindigkeit von ca. 230 Kbits/sec. Mit Hilfe dieser Schnittstelle konnten Rechner der Macintoshfamilie sehr leicht untereinander verbunden werden. Als Übertragungsprotokoll wird Apple-Talk genutzt.

2.3.1 Apple-Talk

Apple-Talk ist eine ganze Protokollfamilie für den Austausch von Daten, den Zugriff auf Drucker, das Öffnen von Dateien usw. Jeder Rechner der Macintoshfamilie verfügt standardmäßig über dieses Protokoll. Abb. 2-3 zeigt einen Überblick über die Apple-Talk Protokollfamilie.

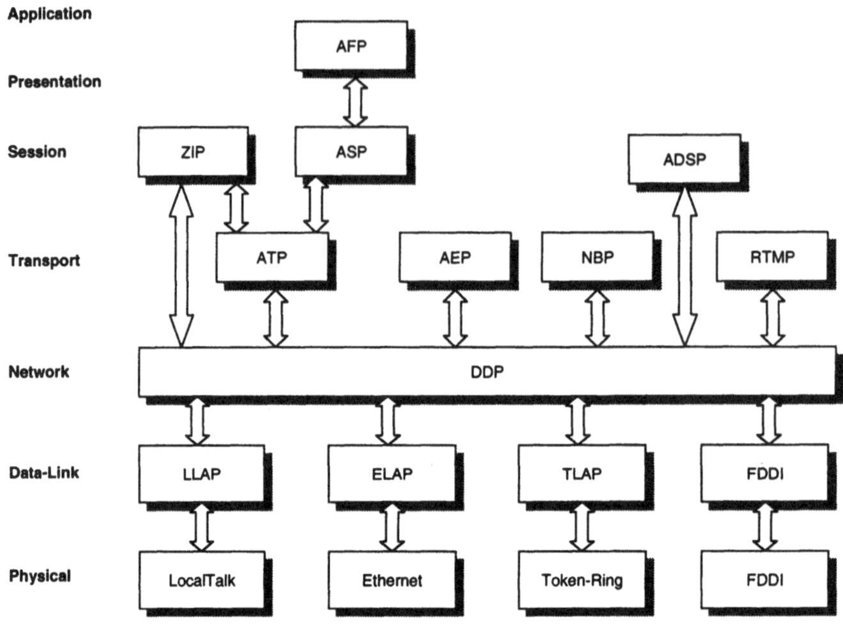

Abb. 2-3 Apple-Talk

Die unterste Ebene bilden bei Apple-Talk die Treiber des Data-Link-Layers. Für jeden Netzwerktyp existiert ein eigener Treiber. Dies ist beispielsweise der LLAP-Treiber (LLAP = Local-Talk Link Access Protocol) für die Ansteuerung der eingebauten Apple-Talk Schnittstelle. Der ELAP-Treiber (Ethernet Link Access Prototcol) übernimmt die Ansteuerung von Ethernetkarten usw. Über diesen Basistreibern befindet sich der DDP-Treiber (DDP = Datagram Delivery Protocol). DDP bildet den Basistransportdienst, auf dem alle weiteren Protokolle aufsetzen. Er ist auf der ISO-Netzwerkebene angesiedelt und deshalb vor allem für das Routing von Netzwerkadressen zuständig. Das DDP-Protokoll entspricht bei TCP/IP dem IP-Protokoll. Eine Netzwerkadresse hat bei Apple-Talk folgenden Aufbau:

```
Netzwerknummer : Knotennummer : Socketnummer
```

Die Netzwerknummer ist eine 16-Bit Zahl und identifiziert eindeutig ein komplettes oder ein Teil eines LAN-Segmentes. Ein LAN-Segment kann, wie bei anderen Protokollen auch, durch Repeater oder Bridges, nicht aber durch Router[5] unterteilt sein. Normalerweise

---

[5] Natürlich sind auch Router in einem Apple-Talk Netzwerk möglich. Dadurch entsteht aber ein neues Segment.

wird einem LAN-Segment nur eine einzelne Netzwerknummer zugewiesen[6], da eine Knotennummer bei Apple-Talk aber nur aus einer 8-Bit Zahl besteht, sind nur 254[7]-Rechnerknoten pro Netzwerk möglich. Dies kann unter Umständen etwas wenig sein. Daher kann einem LAN-Segment auch mehrere Netzwerknummern zugewiesen[8] werden. Ein Segment wird dadurch in logische Untersegmente unterteilt. Die einem physikalischen Netzwerk zugewiesenen Netzwerknummern müssen zusammenhängend sein. Beispielsweise könnte einem LAN-Segment der Nummernbereich 2:10 (Alle Nummern von 2 bis 10) zugewiesen werden.

Die Knotennummer besteht bei Apple-Talk aus einer 8-Bit Zahl. Daher sind nur 254 Knoten pro logischem Netzwerk möglich. Diese Netzwerknummer wird aber nicht wie bei anderen Protokollen üblich bei jedem Rechner umständlich konfiguriert, sondern die Knotennummer wird beim Einschalten eines Systems automatisch dynamisch konfiguriert. Apple-Talk nutzt dazu folgendes Verfahren:

Jeder Macintosh besitzt einen kleinen nichtflüchtigen Speicher, in dem die Grundparameter des Systems und auch die zuletzt genutzte Knotennummer gespeichert ist. Wird der Rechner neu eingeschaltet, so wird ein Rundspruchpaket an diese Netzwerknummer gesendet. Besitzt ein bereits aktiver Rechner die gleiche Knotennummer, so muß er dies zurückmelden. Findet innerhalb einer bestimmten Zeit keine Rückmeldung statt, so gilt die gespeicherte Knotennummer als registriert und wird dem neu eingeschalteten Rechner zugewiesen. Wird hingegen eine Antwort empfangen, so ist die Nummer bereits vergeben und es muß eine neue Knotennummer bestimmt werden. Der Rechner wählt daraufhin mit Hilfe eines Zufallsgenerators eine beliebige neue Nummer und wiederholt das Verfahren solange, bis kein anderer Rechner mehr „protestiert". Die Knotennummern der Macinstosh Rechner bleiben daher zwar üblicherweise konstant (durch die Speicherung im nichtflüchtigen Speicher), davon kann aber nicht in allen Fällen ausgegangen werden, so daß Dienste auf Rechnern immer mit Hilfe des Namebinding Protokolls gefunden werden müssen.

Um unterschiedliche Applikationen innerhalb eines Rechnerknoten anzusprechen, unterstützt auch Apple-Talk Socketnummern. Socketnummern bestehen aus einer 8-Bit Zahl. Es findet noch eine Unterscheidung in Benutzersockets und Serversockets statt. Benutzersockets werden beim Aufbau einer Kommunikation mit einem Server neu angelegt und liegen im Bereich von 0-127. Serversockets haben i.A. eine längere Lebensdauer, da sie zum Ansprechen von festen Diensten auf einem Server angelegt werden. Serversockets liegen im Bereich von 128-255. Im Gegensatz zu TCP/IP gibt es hier aber keine „well-known-sockets", d.h. Dienste wie z.B. der Druckerdienst kann auf unterschiedlichen Knoten durchaus auf unterschiedlichen Sockets zu finden sein. Diese dynamische Socketzu-

---

[6] Für die eindeutige Zuweisung von Netzwerknummern ist der Administrator des Netzes zuständig.

[7] Die Nummer 255 ist für Broadcast reserviert. Eine Knotenummer von 0 ist nicht erlaubt.

[8] Dies gilt allerdings nur für Apple-Talk Phase II

weisung ist deshalb möglich, weil die Dienste in Apple-Talk grundsätzlich mit Hilfe des Name-Binding-Protokolls gefunden werden (siehe Abschnitt 8.5).

Eine weitere Besonderheit bei Apple-Talk sind die „Zonen". Eine Zone ist der Name eines oder mehrerer logischer Netzwerke. Zonen sind im Gegensatz zu Netzwerknummern aber nicht auf ein einzelnes LAN-Segment beschränkt. Zonen können sich über Routergrenzen hinweg über mehrere Netzwerke erstrecken. Besitzt ein LAN-Segment mehrere Netzwerknummern, so kann ein physikalisches Netzwerksegment sogar mehrere Zonennamen besitzen.

Auf dem DDP-Protokoll basieren alle weiteren Protokolle. Von den höheren Protokollen seien nur die folgenden kurz erwähnt:

RTMP	Das Routing-Table Maintenance-Protokoll dient Apple-Talk Routern zum Austausch von Informationen über die Topologie des gesamten Netzwerkes. Die mit Hilfe dieses Protokolls gewonnen Informationen dienen den Routern zum Aufbau der internen Routingtabellen, die bei jedem Weiterleiten eines DDP-Paketes genutzt werden, um die kürzest mögliche Wegstrecke für ein Paket zu finden. In Workstations, die keine Routerfunktionalität haben, ist ein kleiner Teil des RTMP, der STMP-Stub implementiert. Diese Miniversion des RTMP dient den einzelnen Knoten dazu die eigene Netzwerknummer zu bestimmen. Sobald sich ein Router in einem LAN-Segment befindet, überträgt er die Netzwerknummer an alle angeschlossenen Knoten. Die Konfiguration der Netzwerknummer, wie bei anderen Protokollen üblich, entfällt damit.
NBP	Bei Apple-Talk werden alle Knoten- und Socketnummern dynamisch zugewiesen. Um einen Dienst, wie z.B. den Druckerdienst zu finden, ist daher ein Protokoll notwendig, das einen symbolischen Namen mit einer konkreten Netzwerkadresse verbindet. Diesem Zweck dient das Name-Binding-Protokoll. In Abschnitt 8.5 wird NBP noch genauer beschrieben.
AEP	Das Apple-Talk Echo-Protokoll dient, wie der Name bereits vermuten läßt, nur dem Zurücksenden von ankommenden Paketen. Mit Hilfe des AEP kann geprüft werden, ob ein Knoten noch verfügbar ist und wie lange ein Paket braucht, bis es einen Knoten erreicht hat.
ADSP	Das Apple-Talk Data-Stream-Protokoll realisiert einen verbindungsorientierten Datenaustausch zwischen Rechnerknoten. Beide Kommunikationspartner sind bei ADSP gleichberechtigt. Unterstützt wird auch ein „out-of-band signaling", d.h. die Übertragung von zusätzlichen Signalisierungsinformationen neben dem normalen Datenaustausch. ADSP ist mit TCP bei TCP/IP vergleichbar.
ZIP	Das Zone Information Protokoll wird von den einzelnen Rechnerknoten genutzt, um Information über die im Netzwerk vorhandenen Zonen zu erhalten.
ATP	Das Apple-Talk Transaction Protokoll implementiert die typische Semantik einer aufgabenorientierten Kommunikation. Ein Klient stellt eine Anfrage

(Request) an einen Server, die von diesem mit einem oder mehreren Antwort-paketen (Response) beantwortet wird. Bei ATP handelt es sich zwar im Prinzip um eine verbindungslose Kommunikation, allerdings garantiert ATP im Gegensatz zu DDP (oder anderen Datagrammdiensten wie bei UDP des TCP/IP Protokollstapels) die korrekte Übertragung der Daten und dies vor allem in beiden Richtungen, d.h. es garantiert die komplette Transaktion.

ASP   Das Apple-Talk Session Protokoll basiert auf dem ATP-Protokoll. Im Gegensatz zum ATP implementiert ASP eine Sitzungssemantik. Beim Aufbau einer Verbindung zu einem Server, wird jeder dieser Serververbindungen eine eindeutige Sitzungsnummer zugeordnet. Dieses Protokoll wird immer dann genutzt, wenn zustandsbehaftete Server[9] implementiert werden sollen.

AFP   Das Apple-Talk Filing Protokoll ist schließlich das Protokoll, mit dem ein Rechner auf die Dateien eines Servers zugreifen kann. AFP nutzt als Basis das ASP-Protokoll.

Damit soll der kleine Ausflug nach Apple-Talk auch schon beendet sein. Nähere Informationen sind in [Apple] zu finden. Im nächsten Abschnitt wenden wir uns nun der Netzwerkintegration bei Windows-NT zu.

2.4 Netzwerkintegration bei Windows-NT

Eine der wichtigsten Entwicklungsziele von Windows-NT war sicher die Netzintegration. Im Gegensatz zu MS-DOS wurde bei NT neben einer Kartentreiberschnittstelle auch eine klare Transportschnittstelle definiert. Dadurch ist es sehr leicht möglich, Dienste auf einem NT-Rechner unter verschiedenen Protokollen anzusprechen. Außerdem wird die Bindungskontrolle (welcher Dienst welches Transportprotokoll nutzt) wesentlich vereinfacht. Die Kommunikation von NT-Klienten mit einem NT-Server kann prinzipiell über jedes beliebige installierte Protokoll stattfinden.

2.4.1 ISO/OSI

Abb. 2-4 zeigt einen Überblick über die Integration der unterschiedlichen Protokolle in Windows-NT. Nicht ganz zufällig ist diese Integration an den bekannten ISO/OSI-Standard angelehnt. So bildet das NDIS-Interface die Schnittstelle zur ISO-Ebene 2 (Logical Link Control). Die NDIS-Schnittstelle liefert den oberen Schichten fertige und (CRC-)geprüfte Pakete. Den Abschluß nach oben bildet das TDI (Transport Driver Interface). Dies entspricht der ISO-Schnittstelle Ebene 4 (End zu Ende Transport). Die beiden ISO-Ebenen 3 (Netzwerk) und 4 (Ende zu Ende Transportdienst) werden durch die dazwischenliegenden Protokollstapel realisiert. Standardmäßig sind die Protokolle NetBEUI, TCP/IP, IPX und Apple-Talk verfügbar. Eine zusätzliche Hilfskomponente, das Streams-Environment, dient dem besseren Stapeln der einzelnen Protokollteile. Es stellt eine von

---

[9] Bei einem zustandsbehafteten Server basiert die Antwort auf eine Anfrage auf dem Ergebnis früherer Anfragen. Dies könnte z.B. ein aktuelles Verzeichnis auf einem Dateiserver sein.

Unix bekannten Streamschnittstelle zur Verfügung, mit deren Hilfe ein Bytestrom von einer Ebene eines Protokolls in eine andere Ebene geleitet werden kann.

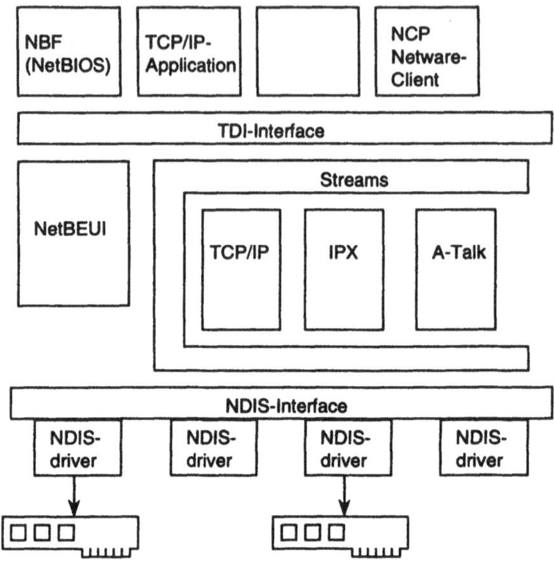

Abb. 2-4 Netzwerkintegration

2.4.2 NDIS-Schnittstelle

NDIS ist die standardisierte Schnittstelle in Windows-NT zur Benutzung von Netzwerkkarten. Diese Schnittstelle hat zwei wesentliche Aufgaben:

- Ansteuerung der Netzwerkkarten über eine einheitliche API.

- Bindungsmanagement zum Multiplexen von ankommenden Paketen.

Die API stellt Funktionen wie „send", „receive" o.ä. zur Verfügung, die bei allen Netzwerkkarten in der einen oder anderen Form vorhanden sein müssen. Fast noch wichtiger ist aber die Möglichkeit, auf einer Netzwerkkarte mehrere Protokolle gleichzeitig zu nutzen. Dies war unter früheren Systeme keineswegs selbstverständlich. Dieses Protokollmultiplexing arbeitet etwa wie folgt:

Beim Initialisieren des Systems registriert sich jeder Protokollstapel (TCP/IP, IPX usw.) beim zugehörigen NDIS-Treiber. Dieser Vorgang wird als „Binden" des Protokolls an die Netzwerkkarte bezeichnet. Der NDIS-Treiber hat somit die Information, welcher Protokollstapel an den Netzwerkpaketen interessiert ist. Trifft nun ein Netzwerkpaket ein, so reicht der NDIS-Treiber das empfangene Paket mit Hilfe einer Callbackroutine (die beim Binden angegeben wird) an den ersten registrierten Protokollstapel weiter. Dieser prüft nun z.B. an Hand des Typfeldes, ob es sich um ein Paket für ihn handelt oder nicht. Falls ja, wird es sofort verarbeitet, falls nicht, wird dies dem NDIS-Treiber mitgeteilt. Daraufhin versucht der NDIS-Treiber beim nächsten Protokollstapeln sein Glück.

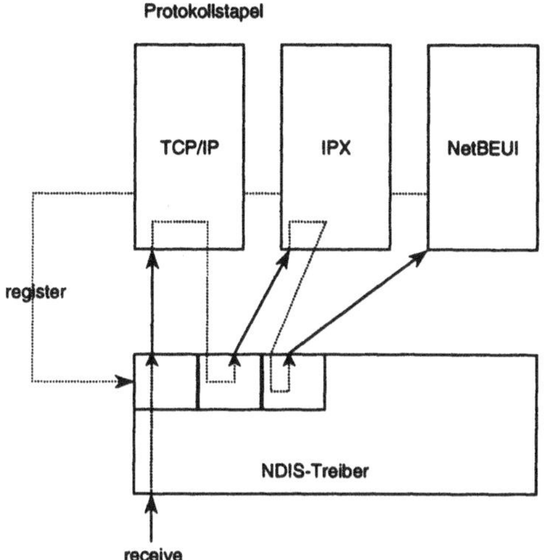

Abb. 2-5 NDIS-Treiber

2.4.3 TDI-Interface

Das TDI-Interface stellt quasi den oberen Deckel zu allen laufenden Protokollstapeln dar. Es implementiert das Interface eines Ende-Zu-Ende-Protokolls (ISO Ebene 4). Das TDI-Interface setzt auf den installierten Protokollstapeln auf und bietet eine einheitliche Schnittstelle. Je nach den vorhandenen Protokollen werden auch erweiterte Merkmale wie z.B. QoS (Quality of Service) einer Transportverbindung unterstützt.

2.5 Weitverkehrsnetze

Eine wichtige Funktionalität bei verteilten Systemen ist die Anbindung von Weitverkehrs-netzen. Rechner können über analoge oder digitale Telefonleitungen oder auch andere Weitverkehrsdienste wie z.B. Datex-P miteinander verbunden werden.

2.5.1 SLIP/PPP

Bei der Verbindung zweier Rechner über direkte serielle Leitung oder über Modem haben sich im Laufe der Jahre zwei Standards etabliert: SLIP und PPP. Das Ziel dieser Standards ist es, jeweils eine transparente Netzwerkverbindung über die serielle Leitung herzustellen. Um dies zu erreichen, müssen die Netzwerkpakete (Pakete der ISO-Ebene 3 z.B. IP) über die serielle Leitung übertragen und auf der anderen Seite der seriellen Verbindung wieder ausgepackt werden. Dort werden sie in das normale Netzwerk wieder eingespeist. Serielle Verbindungen bestehen aber von Natur aus einem kontinuierlichen Datenstrom, während

Netzwerkpakete als Pakete vorliegen. Die erste Aufgabe einer seriellen Verbindung besteht darin, die ankommenden Pakete in einen kontinuierlichen seriellen Datenstrom zu verwandeln.

SLIP (Serial Line IP) benutzt dazu folgendes Verfahren: Ein spezielles Ende Zeichen (#192) wird als Begrenzerzeichen definiert. Solange keine Daten gesendet werden, wird dieses Begrenzerzeichen gesendet. Wenn ein Paket zu übertragen ist, werden die Daten des Paketes gesendet. Kommt innerhalb des Paketes das Begrenzerzeichen vor, wird es durch eine Escape-Sequenz ersetzt. Eine Escape-Sequenz besteht auf den Escape-Zeichen #219 und einem weiteren Zeichen, das das eigentlich zu übertragene Zeichen kodiert. D.h. das „Ende"-Zeichen ist durch #219+#220 und das Escape Zeichen durch #219+#221 kodiert. Durch dieses als „Byte-Stuffing" bekannte Verfahren ist eine transparente Übertragung der Daten gewährleistet. Um ein korrektes Routing der IP-Daten zu ermöglichen, muß jeder der beiden Endstellen eine eindeutige IP-Nummer zugeordnet werden.

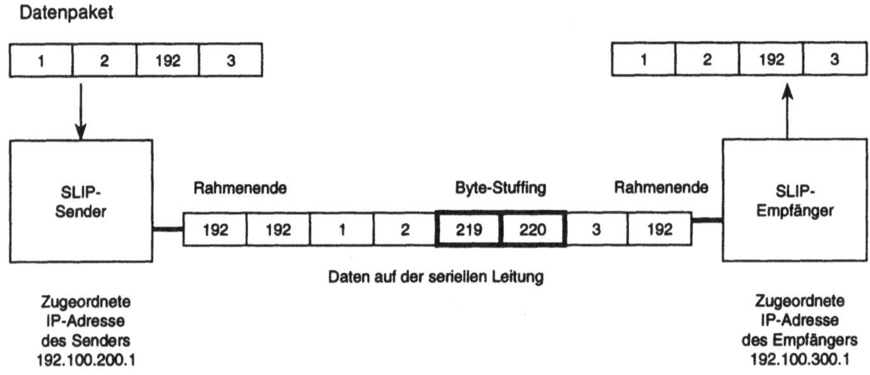

Abb. 2-6 SLIP-Übertragung

In Abb. 2-6 soll ein Datenpaket (1,2,192,3) von der IP-Adresse 192.100.200.1 zur IP-Adresse 192.100.300.1 übertragen werden.

Die Übertragung mit dem SLIP-Verfahren hat folgende Eigenschaften:

- Direkte Punkt zu Punkt Übertragung von IP.

    Jeder Endstelle muß eindeutig eine IP-Nummer zugeordnet werden.

- Keine Typenkennung

  Im SLIP-Rahmen ist kein Feld für eine zusätzliche Typkennung vorgesehen. Dadurch lassen sich über SLIP keine weiteren Protokolle multiplexen. Es wird lediglich eine einfache IP-Übertragung ermöglicht.[10]

- Keine Fehlerkorrektur

  SLIP definiert keine Fehlerkorrektur auf der Übertragungsstrecke. Dies ist bei IP auch nicht unbedingt notwendig, da IP bereits in den höheren Schichten einen Fehlererkennungsmechanismus eingebaut hat. Andere Protokolle könnten damit jedoch Probleme haben.

- Keine Kompression

  SLIP definiert auch keine Kompression, was aber gerade bei langsamen Modemstrekken von Vorteil wäre. Moderne Modems bieten aber schon eine eingebaute Kompression, so daß dieser Nachteil etwas gemildert wird. Daneben implementieren manche SLIP-Server zusätzlich die sogen Van-Jacobsen-Kompression [Jacobsen].

- Keine Authentisierung

  In einer SLIP-Verbindung besteht keine Möglichkeit einen Klienten zu authentisieren. Jeder der die Telefonnummer eines SLIP-Einwahlknotens kennt, kann dessen IP-Strecke nutzen.

SLIP hat trotzdem eine große Verbreitung gefunden, da es sehr einfach zu implementieren ist. Folgendes Beispiel zeigt einen SLIP-Sender und SLIP-Empfänger:

Sender:

```
/* sepzielle SLIP-zeichen */
#define END            0300        /* Ende eines Paketes */
#define ESC            0333        /* Escapezeichen        */
#define ESC_END        0334        /* END-Kodierung */
#define ESC_ESC        0335        /* ESC-Kodierung */

/* SEND_PACKET: sendet ein Paket der Länge len */

void send_packet(char * p, int len) {

send_char(END);   /* Start des Frames */
while(len--) {
    switch(*p) { /* Kodierung für Byte-Stuffing */
        case END:  /* END als ESC-ESC_END senden */
                send_char(ESC);
                send_char(ESC_END);
                break;
```

---

[10] SLIP wird traditionellerweise nur für IP genutzt, wenngleich auch andere Protokolle übertragen werden könnten, allerdings immer nur ein Protokoll.

```
      case ESC:  /* ESC als ESC-ESC_ESC senden */
            send_char(ESC);
            send_char(ESC_ESC);
            break;

      default:    /* Normales Zeichen */
            send_char(*p);
            }
      p++;
      }

/* Frame ende signalisieren */
send_char(END);
}
```

Der Empfänger gestaltet sich ebenfalls sehr einfach:

```
int recv_packet(char * p, int len) {
      char c;
      int received = 0;

      while(1) {
            /* Nächstes Zeichen einlesen */
            c = recv_char();
            switch(c) {
                  case END:
                        if(received)
                                    return received;
                        else
                                    break;
                  case ESC:
                        /* Byte-Stuffing behandeln */
                            c = recv_char();
                        switch(c) {
                        case ESC_END:
                              c = END;
                              break;
                        case ESC_ESC:
                              c = ESC;
                              break;
                              }
                  }
            if(received < len) p[received++] = c;
            }
      }
```

Um die beschriebenen Nachteile von SLIP auszubessern, wurde auf Modemstrecken das
PPP (Point to Point Protocol) eingeführt. PPP basiert auf dem HDLC-Standard und bietet
daher wie dieses eine Fehlerkorrektur auf der Übertragungstrecke. Außerdem wurde in den

HDLC-Frame des PPP-Protokolls ein zusätzliches Typfeld aufgenommen, mit dessen Hilfe ein Protokollmultiplex durchgeführt werden kann. Über eine PPP-Strecke können daher gleichzeitig mehrere Protokolle betrieben werden. Eine weitere Option von PPP ist die Fähigkeit, beim Verbindungsaufbau die Konfiguration der Leitung zwischen beiden beteiligten Endstellen auszuhandeln. Mögliche Konfigurationsparameter sind beispielsweise:

- maximale Paketgröße

- IP-Adresse der Gegenstelle

- Weitere IP-Parameter (Gateway, DNS usw.)

- Authentisierungsprotokoll

PPP bietet außerdem die Möglichkeit einer Klientenauthentisierung. Beim Aufbau der Verbindung wird in einem Paßwortverfahren die Berechtigung des Anrufers geprüft. Im Einsatz sind zwei unterschiedliche Verfahren: PAP (Password Authentication Protocol) und CHAP (Challenge Handshake Authentication Protocol).

PAP arbeitet nach dem bekannten Paßwortverfahren, das auch bei interaktiven Logins genutzt wird. Nach dem Aufbau der PPP-Verbindung fordert der PPP-Server die Übertragung eines Paßwortes an. Als Benutzername bei dieser Login-Prozedur kann der richtige Benutzername oder der DNS-Name des Klienten benutzt werden. Der Klient überträgt ein Paßwort, das dem Server und dem Klienten bekannt ist. Der Server vergleicht das übertragene Paßwort mit dem gespeicherten Paßwort und gibt bei Übereinstimmung die Verbindung frei.

CHAP arbeitet nach einem etwas anderen Verfahren. In der Authentisierungsphase überträgt der Server dem Klienten einen zufällig gewählten Anforderungsstring zusammen mit seinem eigenen Hostnamen. Der Klient sucht in einer eigenen Konfigurationsdatei nach einem zu dem anfordernden Host passenden „Secret" (dies ist ein gewählter String, der dem Server und Klienten bekannt ist) und verschlüsselt dieses Secret zusammen mit dem Hostnamen des Servers in einer Einweg-Hash-Funktion. Das Ergebnis dieser Berechnung wird dem Server übertragen. Der Server führt daraufhin die gleiche Berechnung durch. Bei Übereinstimmung wird der Zugang gewährt. CHAP unterscheidet sich von PAP auch noch dadurch, daß die CHAP Authentisierung in regelmäßigen Zeitintervallen während der Verbindung durchgeführt wird. Diese Art der Authentisierung hat den Vorteil, daß das „Abhören" der Leitung einem potentiellen Angreifer nichts nützt, da das übertragene „Password" mit Hilfe des zufällig erzeugten Anforderungsstring bei jeder neuen Verbindung wechselt. Durch die wiederholte Authentifizierung wird auch verhindert, daß ein Angreifer die Telefonleitung nach erfolgter Authentifizierung einfach auf sich selber umschaltet. Das CHAP-Verfahren kann somit als wesentlich sicherer bezeichnet werden.

2.5.2 PPP mit Linux

Linux implementiert beide Verfahren der Authentifizierung. Üblicherweise werden die „Secrets" von PAP oder von CHAP in der Datei /etc/ppp/pap-secrets und

`/etc/ppp/chap-secrets` gespeichert. Beispielhaft sei folgende CHAP-Secrets-Datei aufgeführt:

```
# CHAP-Secrets
# Client          Server          Secret          Adresse
# ------------------------------------------------------------
  pc.client.de     pc.server.de    „CHAP Secret"   client.de
```

Meldet sich der Computer `pc.client.de` am Server `pc.server.de` an, so wird ein beliebiger Anforderungsstring übertragen und mit dem Secret „CHAP Secret" kombiniert. Erhalten Server und Klient das gleiche Ergebnis, wird der Zugriff gewährt.

Die Architektur von Linux-PPP zerfällt in zwei wesentliche Teile. Der Kern von Linux enthält die PPP Low-Level-Treiber und implementiert den HDLC-Teil von PPP. Die Treiber stellen ihre Funktionalität über die Geräte `/etc/ppp0` zur Verfügung. Den Rest (Authentisierung, Parameter-Aushandlung, Routingeinträge usw.) übernimmt ein spezieller daemon (pppd).

Der Verbindungsaufbau läuft in Linux typischerweise folgendermaßen ab:

Ein Klient wählt sich per Modem in eine Linux-Maschine ein. Zunächst meldet sich, wie im normalen interaktiven Betrieb, die normale Login-Prozedur. Nachdem ein Klient über diese normale Einwahlprozedur verbunden ist, wird der pppd beispielsweise mit folgendem Skript gestartet:

```
#!/bin/sh
#ppp-Login Script
mesg n
stty -echo
exec pppd -detach silent modem crtscts
```

Der Befehl `mesg` ist notwendig, um das Schreiben anderer Benutzer auf das aktuelle tty-device zu verhindern. Mit `stty -echo` wird das Echo auf der Terminalleitung abgeschaltet, was für einen PPP-Betrieb nicht nur überflüssig, sondern auch störend ist. Mit der Option `-detach` wird verhindert, daß sich der PPP-Daemon vom tty-device abtrennt wenn das Skript beendet wird. Würde sie nicht angegeben, würde die serielle Verbindung danach wieder getrennt. Die Angabe von `silent` weist pppd an zu warten, bis der Klient ein Zeichen sendet. Wenn ein Klient zu langsam gestartet würde, könnte es sonst zu einem unerwünschten Timeout kommen. Die restlichen Optionen dienen der Angabe der Modemkontrolle des Daemons.

Ist der PPP-Daemon auf diese Weise gestartet, übernimmt pppd die Kontrolle über die serielle Leitung und beginnt mit dem Aufbau des PPP-Protokolls. Die Verbindung ist hergestellt. Weitere Informationen zu diesem Thema finden sich in [Beck].

2.5.3 RAS-Dienst

Windows-NT bietet zur WAN-Integration den Remote-Access-Dienst. Die Aufgabe des RAS-Dienstes besteht darin, eine über ein Modem angekoppelte Arbeitsstation so in ein LAN zu integrieren, als wäre sie direkt (also ohne Modem) mit dem Netz verbunden. Wichtig ist, daß es sich hierbei um eine einseitige Ankopplung handelt und nicht um eine klassische Routerverbindung. Was damit nicht möglich ist, ist die Verbindung zweier LAN-Segmente über eine Modemstrecke. Hierfür gibt es zusätzlich richtige Routersoftware.

Als Transportprotokoll wird auf der Modemstrecke das PPP-Protokoll genutzt. Dieses Protokoll hat, wie im vorherigen Abschnitt ausgeführt, den Vorteil, daß es mehrere höhere Protokolle (TPC/IP, IPX usw.) multiplexen kann. Als Authentifizierung wird PAP verwendet.

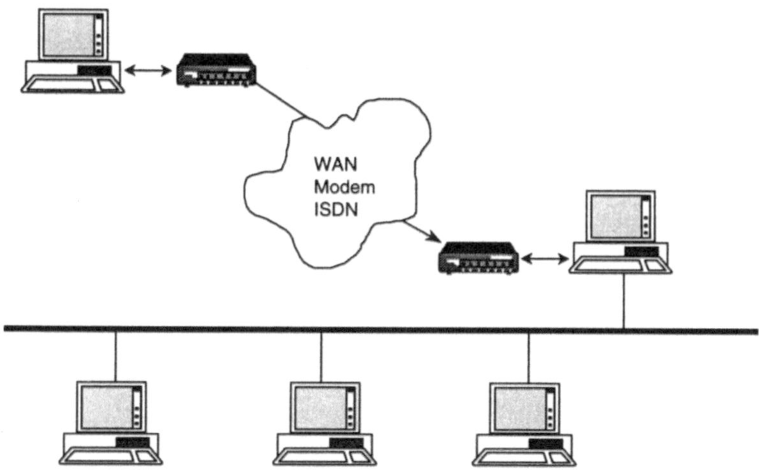

Abb. 2-7 RAS-Dienst

Windows-NT unterstützt auf der PPP-Strecke standardmäßig die Protokolle NetBEUI, IPX und TCP/IP.

Programmtechnisch gestaltet sich der Verbindungsaufbau von einem Klienten zu einem RAS-Server relativ einfach. Für jeden Zielserver kann ein Telefonbucheintrag (RAS-Telefonbuch) angelegt werden, in dem alle relevanten Verbindungsparameter wie z.B. Serverprotokolle, Netzwerkadressen usw. abgelegt sind. Mit Hilfe dieses Telefonbucheintrages wird die Verbindung aufgebaut. Die einzige Schwierigkeit besteht darin, daß ein Verbindungsaufbau vor allem bei Modems relativ lange dauert. Um das Programm aber nicht unnötig lange zu blockieren, erfolgt die eigentliche Verbindungsaufnahme asynchron zum normalen Programmablauf. Das aufrufende Programm wird über eine Callbackfunktion vom Erfolg oder Mißerfolg der Verbindungsaufnahme unterrichtet und kann dann entsprechend reagieren.

Im folgenden Beispiel wird eine RAS-Verbindung aufgebaut. Das Hauptprogramm wird blockiert, bis die Verbindung erfolgt ist.

```
rastest() {
  RASDIALPARAMS rdp;        // Parameter zum Aufbau der Verbindung
  HRASCONN con;             // Handle der Verbindung
  DWORD status;
```

Zunächst wird ein Synchronisationsevent erzeugt, um das Hauptprogramm später zu blokkieren.

```
  sync = CreateEvent(NULL,FALSE,FALSE,NULL);
```

Danach wird die Struktur zum Aufbau der Verbindung ausgefüllt. Im wesentlichen wird hier auf den Telefonbucheintrag des Servers „Server" verwiesen.

```
  rdp.dwSize = sizeof(rdp);
  strncpy(rdp.szEntryName, "Server", RAS_MaxEntryName);
  rdp.szEntryName[RAS_MaxEntryName]=0;
  rdp.szPhoneNumber[0]=0;
  rdp.szCallbackNumber[0]=0;
```

Jetzt kann der Verbindungsaufbau erfolgen.

```
  con = NULL;
  status = RasDial(NULL,        // Rasdial Extensions
                   NULL,        // Telefonbuch (NULL = Standard)
                   &rdp,        // Param. zum Aufbau der Verb.
                   1,           // RasDialFunc1 benutzen
                   RasCallback,// Adresse der Callbackfunktion
                   &con);       // Verbindungshandle
```

Nach dem Aufruf dieser Funktion zeigt ein Status von 0 den Erfolg an. Dies bedeutet, daß der Verbindungsaufbau jetzt im Gange ist (asynchron zum Programm). Es kann also mit Hilfe des erzeugten Events gewartet werden.

```
  if (status == 0) {
      RASCONNSTATUS rcs;
      WaitForSingleObject(sync,INFINITE);
```

An dieser Stelle ist nun die Verbindung entweder aufgebaut und kann genutzt werden, oder es trat beim Aufbau der Verbindung ein Fehler auf. Der Zustand (Verbindung oder Fehler) kann über eine globale Variable signalisiert werden.

Ist die Datenübertragung beendet, kann die Verbindung beendet werden. Es empfiehlt sich nach dem Auflegen solange zu warten, bis der Verbindungshandle ungültig wird. Damit wird der RAS-Maschine Gelegenheit gegeben, sich neu zu initialisieren. Vorher sollte keine weitere Aktion (Verbindungsauf- oder Abbau erfolgen)[11].

```
status = RasHangUp(con);
while (RasGetConnectStatus(con, &rcs) == 0) Sleep(0);
}
```

Eine vom Benutzer zu schreibende Callback-Funktion nimmt die während dem Verbindungsaufbau auftretenden Ereignisse entgegen. Dies sind zum Beispiel „Initialisieren des Modems", „wählen" usw. Diese Callbackfunktion sieht in der einfachen Form wie folgt aus:

```
void WINAPI RasCallback(HRASCONN hrasconn,    // RAS-Handle
                        UINT unMsg,           // Eventtyp
                        RASCONNSTATE rascs,   // Status
                        DWORD dwError,        // Fehlercode
                        DWORD dwExtendedError) {
```

Der Status RASCS_Connected zeigt den erfolgreichen Verbindungsaufbau an. Die globale Variable g_success wird hier dazu genutzt, um dies dem Hauptprogramm zu signalisieren. Das Hauptprogramm wird geweckt, wenn entweder die Verbindung steht, oder ein Fehler aufgetreten ist.

```
if  (rascs == RASCS_Connected) g_success = TRUE;
if (g_success || dwError) SetEvent(sync);
}
```

2.5.4 Virtual Private Network

Seit der Version 4 wird von NT der Aufbau von „Virtual Private Networks" (VPN) unterstützt. Ein VPN ist eine Netzwerkverbindung, die eine andere Netzwerkverbindung als Transportmedium benutzt. Im Falle von VPN für Windows-NT wird das Internet als Transportmedium genutzt. Eine Internetverbindung dient als Ersatz einer Modemverbindung. Dies hat den entscheidenden Vorteil, daß zwei Stationen über das Internet in der gleichen Weise wie über Telefonleitung verbunden werden können. Beide Seiten befinden sich im gleichen Subnetz (bei IP) und nicht in unterschiedlichen Netzen, wie sonst im Internet üblich. Außerdem kann auf diese Weise nicht nur IP, sondern auch beliebige andere Protokolle, die von RAS unterstützt werden, übertragen werden. Zum Beispiel kann über eine Internetverbindung eine NetBEUI-Verbindung geschaltet werden, was sonst nicht möglich wäre.

---

[11] So zumindest steht es in der Dokumentation von RAS. Leider läßt sich dies im einzelnen nicht genau nachvollziehen.

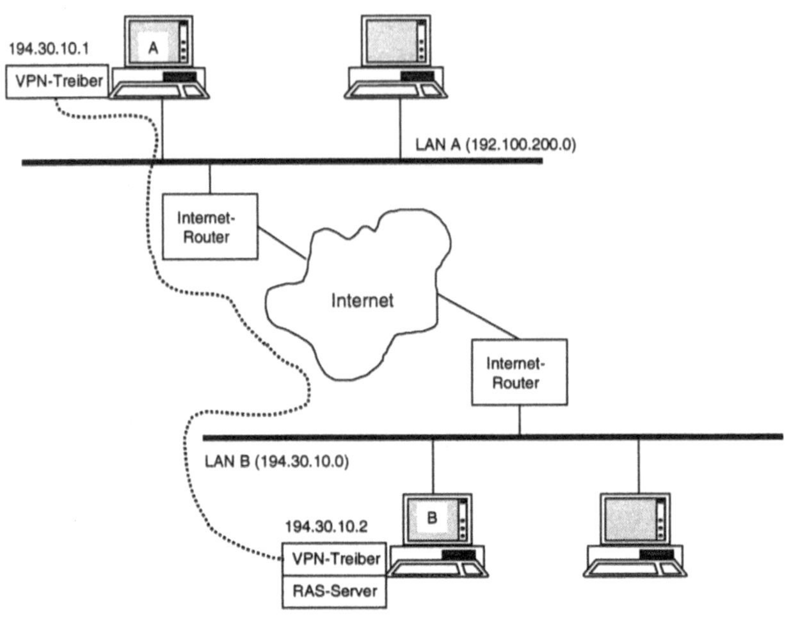

Abb. 2-8 Virtual Private Network

Abb. 2-8 zeigt ein Beispiel. Eine Station (A), die sich im LAN-A mit der IP-Adresse 192.100.200.0 befindet, wird über den VPN-Treiber mit dem LAN-B verbunden. Auf der Station B läuft der RAS-Server auf dem VPN-Treiber. Nach dem Aufbau der Verbindung befindet sich die Station A (virtuell) über die VPN-Verbindung im LAN B.

2.6 Literatur

[Custer1]   Helen Custer; Inside Windows NT; Microsoft Press 1993

[Siyan]   Karanjit S. Siyan; Windows NT Server Professional Reference; New Riders 1995

[Kauffels2]   Franz-Joachim Kauffels; Moderne Datenkommunikation; Thomson Publ. Co. 1997

[MSDN]   Microsoft Developer Network

[Beck]   Michael Beck et.al; Linux-Kernel-Programmierung; Addison-Wesley 1997

3 Entfernte Dateisysteme

Eine der ersten Motivationen zum Aufbau von Rechnernetzen war der Wunsch von mehreren Benutzern, auf gemeinsame Ressourcen im Netz zuzugreifen. Klassischerweise waren dies zunächst Datei und Druckerdienste. Später folgten dann weitere Ressourcen wie z.B. Datenbankserver oder ganz allgemein Applikationsserver. Doch betrachten wir zunächst die Architektur der Netzwerkdateisysteme, die sich im PC-Bereich finden.

Eine typische Forderung bei verteilten Systemen ist, daß der Zugriff auf eine entfernte Datei auf einem Dateiserver dem Anwendungsprogramm gegenüber transparent bleiben soll. Der Zugriff auf eine entfernte Datei soll in der gleichen Weise erfolgen wie der Zugriff auf eine lokale Datei. Um dies zu erreichen, wird das lokale Betriebssystem um ein zusätzliches Klientenmodul erweitert, das zwischen lokalen und entfernten Dateien unterscheiden kann. Erfolgt der Zugriff auf eine lokale Datei, wird der Zugriff ganz normal dem lokalen Dateisystem weitergeleitet. Erfolgt der Zugriff jedoch auf eine entfernte Datei, so wird eine Netzwerkverbindung zum Dateiserver aufgebaut (falls diese nicht schon besteht) und der Zugriff auf die Datei auf dem Server angefordert. Die Netzwerkübertragung erfolgt mit Hilfe eines geeigneten Netzwerkprotokolles.

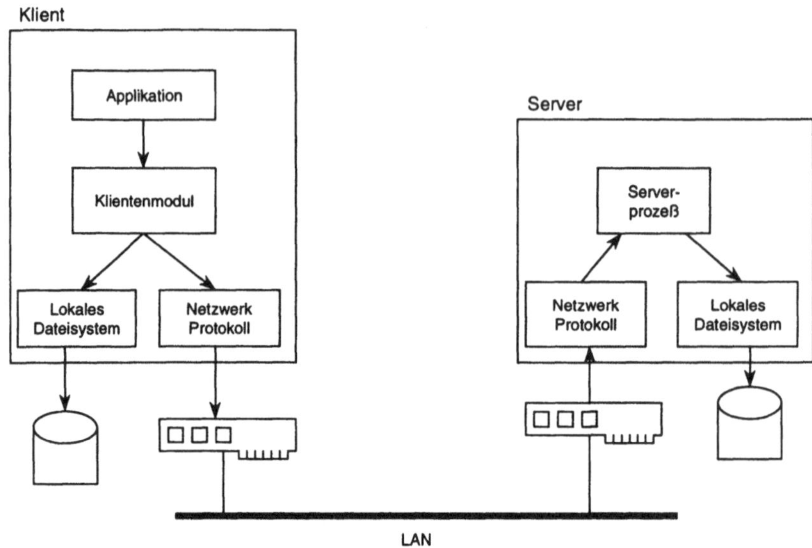

Abb. 3-1 Klienten und Servermodul

Auf der Serverseite warten ein Serverprozeß auf die über das Netz ankommenden Anfragen und beantwortet diese entsprechend. Der Serverprozeß kennt dazu alle auf dem Server freigegebenen Ressourcen, die von Klienten über das Netz angefordert werden können. Es müssen nicht notwendigerweise alle Dateien des Servers zum Zugriff freigegeben werden. Außerdem ist es auch nicht unbedingt notwendig, die Freigabe im Stammverzeichnis des Serverdateisystems zu anzulegen, sondern es kann auch erst ab einem bestimmten Ast der Verzeichnisstruktur begonnen werden. In diesem Punkt unterscheiden sich die einzelnen Serversysteme, wie im folgenden zu sehen ist.

3.1 Microsoft Netzwerke

Das Microsoft Netzwerk hat seinen Ursprung im LAN-Manager Netzwerk. Zu den Zeiten, in denen Microsoft noch OS/2 entwickelte, wurde auch eine Serverkomponente auf OS/2 entwickelt, um den Zugriff von Klienten auf gemeinsame Dateien zu ermöglichen. Diese Serverkomponente wurde unter dem Namen LAN-Manager bekannt. Als Transportprotokoll kam zunächst NetBEUI[12] zum Einsatz. Später wurden auch andere Protokolle, wie z.B. IPX oder TPC/IP genutzt. Das Serverprotokoll ist das SMB-Protokoll. Dieses SMB-Protokoll ist ein von Microsoft entwickeltes verbindungsorientiertes Protokoll, um den Zugriff auf Netzwerkressourcen zu ermöglichen. Das Klientenmodul bei Microsoft-Netzen

---

[12] Einfaches nicht routingfähiges Protokoll für den Einsatz in kleinen LAN's.

wird als „Redirector" bezeichnet. Diese Komponente sorgt für den transparenten Zugriff auf die Dateien des Servers. Je nach Betriebssysstem hat der Redirector eine etwas andere Ausprägung. In den weiteren Abschnitten wird vor allem der Aufbau des Redirectors bei Windows-NT besprochen. Doch zunächst kurz zu MS-DOS.

3.1.1.1 MS-DOS

Bei MS-DOS werden die Netzwerkkomponenten in zwei Stufen geladen. Bei Start von MS-DOS wird die Datei `config.sys` abgearbeitet und die dort eingetragenen Gerätetreiber geladen. Hier wird der eigentliche Netzwerkkartentreiber (z.B. Ethernet) geladen und der NDIS Protokollmanager eingebunden. Die Datei config.sys könnte z.B. wie folgt aussehen:

```
device=protman.sys
device=ethernet.sys
```

Nach dem Start von DOS wird das Transportprotokoll (z.B. NetBEUI oder IPX) und danach der Redirector als TSR-Programm geladen. Sind alle Komponenten installiert, kann der Zugriff auf den Server erfolgen. Um eine Datei des Servers zu öffnen, muß zuerst ein Laufwerkbuchstabe mit einer Serverfreigabe (s.u.) verbunden werden. MS-DOS arbeitet grundsätzlich mit Laufwerkbuchstaben. So sind normalerweise die Laufwerke A: und B: mit den Diskettenlaufwerken verbunden, während die Laufwerke C:, D: usw. mit der lokalen Festplatte assoziiert sind. Alle „freien" Laufwerksbuchstaben bis Z: könnten mit dem Befehl:

```
NET USE L:   \\SERVER\SHARE
```

mit dem Server verbunden werden. „Server" ist der NetBIOS-Name des Dateiservers und „Share" ist der Name einer beliebigen Freigabe auf dem Dateiserver. An Hand dieses Laufwerkbuchstabens erkennt der Redirector beim Öffnen einer Datei, ob es sich um eine lokale oder um eine entfernte Datei handelt.

Die Verbindung mit dem Server kann mit Hilfe von:

```
NET USE L:  /DELETE
```

wieder getrennt werden.

3.1.1.2 Redirector bei Windows-NT

Windows-NT (und auch Windows-95) kann neben den bei MS-DOS üblichen Laufwerkbuchstaben auch mit UNC-Namen umgehen. Um auf eine entfernte Datei zuzugreifen, muß nicht mehr explizit ein Laufwerkbuchstabe mit einem Server verbunden werden, sondern die entfernte Datei kann als UNC (siehe unten) Name angegeben werden. Die

„Umleitung" der Zugriffes auf eine Datei erfolgt auch hier mit Hilfe eines Redirectors. Bei Windows-NT sind dem Redirector noch zwei weitere Module vorgeschaltet, um die Integration unterschiedlichster Netzwerktypen zu ermöglichen. Über dem Redirector sitzt der „Multiple UNC Provider Router". Alle Dateinamen, die in der standardisierten UNC-Form[13]

```
\\SERVER\ShareName\Dateiname
```

vorliegen, werden durch den MUP-Router geleitet. Dieser reicht die Anfrage an alle ihm bekannten Redirector-Komponenten weiter, solange, bis sie von einem erkannt wird. Um dies nicht jedesmal zu tun, wird die Information, welcher Redirector für welchen Dateinamen zuständig ist, in einem Cache gehalten.

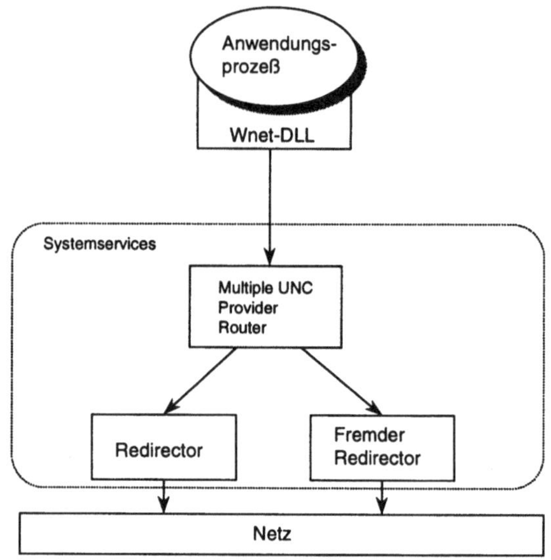

Abb. 3-2 Multiple UNC Provider Router

Das Win32 Subsystem erzeugt bei der Angabe eines UNC-Namens der Form

```
\\server\ShareName\Dateiname
```

die erweiterte Form

---

[13] Universal Naming Convention

```
\DosDevices\UNC:\server\ShareName\Dateiname.
```

UNC: stellt eine Art Pseudolaufwerk dar, über den alle UNC-Namen bearbeitet werden. Um dies zu ermöglichen, wird im Objektverzeichnis ein symbolischer Link auf den eigentlichen MUP eingerichtet, der dann seinerseits die Verbindung mit den entsprechenden Redirector-Komponenten aufnimmt (Abb. 3-2).

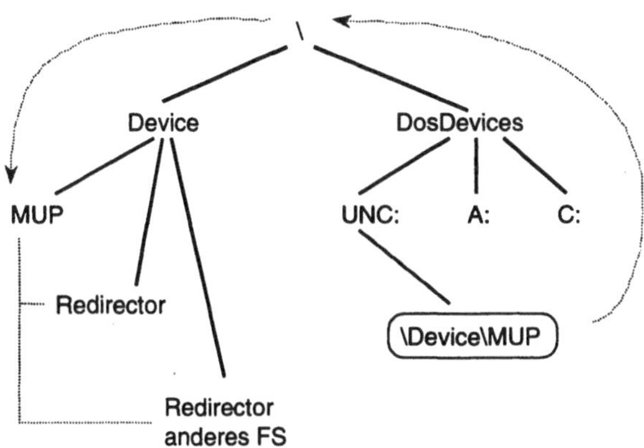

Abb. 3-3 UNC-MUP

Alternativ können Netzwerklaufwerke mit einem entfernten Share verbunden werden. Im obigen Beispiel könnte Laufwerk X mit dem Befehl:

```
NET USE X: \\Server\ShareName
```

verbunden werden. Daraufhin wird im Namensraum des Executive ein symbolischer Link auf den entsprechenden Redirector angelegt (Abb. 3-4). Wird der Dateiname X:\Datei angegeben, wird dieser zunächst zu \DosDevices\X:\Datei expandiert und über den symbolischen Link dem richtigen Redirector weitergeleitet.

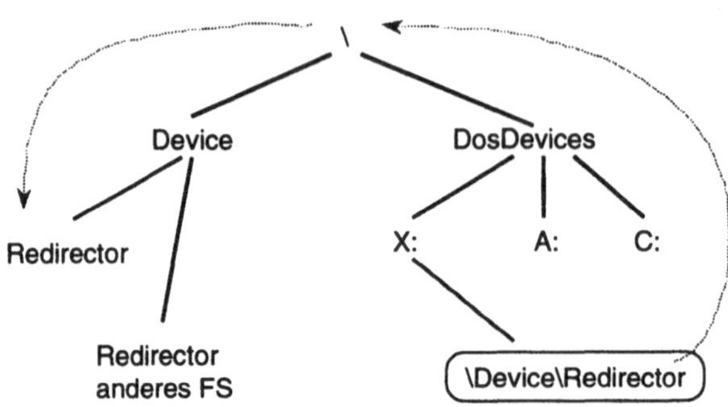

Abb. 3-4 Netzlaufwerk

Alle nicht Microsoft-konformen Dateinamen können nicht in der beschriebenen Art behandelt werden. Hier muß die Unterscheidung bereits bei der Wnet-API erfolgen. Die Aufrufe der Wnet-API werden dazu durch den „Multiple Provider Router" (MPR) geleitet. Der MPR fragt nun in der gleichen Art alle ihm bekannten Netzwerkprovider ab, ob sie den entsprechenden Dateinamen erkennen und leiten dann Aufrufe, wie z.B. OpenFile über diese „Provider-Schnittstelle" an die jeweilige Provider-DLL weiter. So können auch nicht UNC-konforme Dateinamen unterstützt werden.

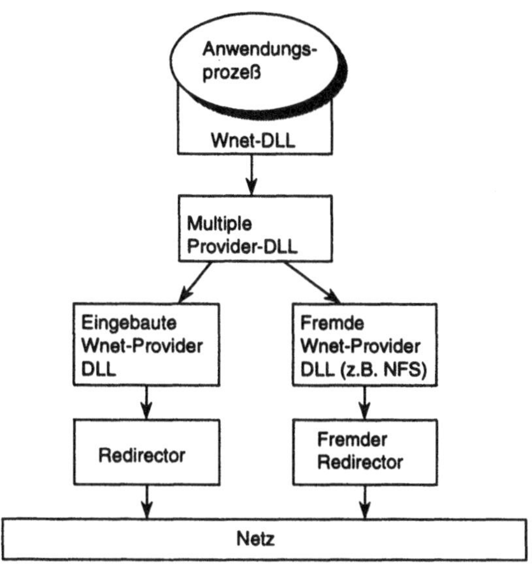

Abb. 3-5 Multiple-Provider-DLL

3.1.2 Serverfreigaben

Bei Microsoft Netzwerken sind die Ressourcen, die von Klienten genutzt werden (Befehl NET USE s.o.) die „Freigaben" oder „Shares" auf dem Server. Eine Freigabe ist ein bestimmtes Verzeichnis (Wurzel- oder Unterverzeichnis) auf dem lokalen Dateisystem des Servers, dem ein zusätzlicher Namen gegeben wird, der im Netzwerk bekanntgegeben wird. Der Name der Freigabe muß nicht mit dem Namen des Verzeichnisses identisch sein.

Es können prinzipiell beliebig viele Freigaben auf unterschiedlichen Verzeichnisebenen existieren. Ab der jeweiligen Freigabe können alle Dateien vom Klienten in den Unterverzeichnissen dieser Freigaben zugegriffen werden.

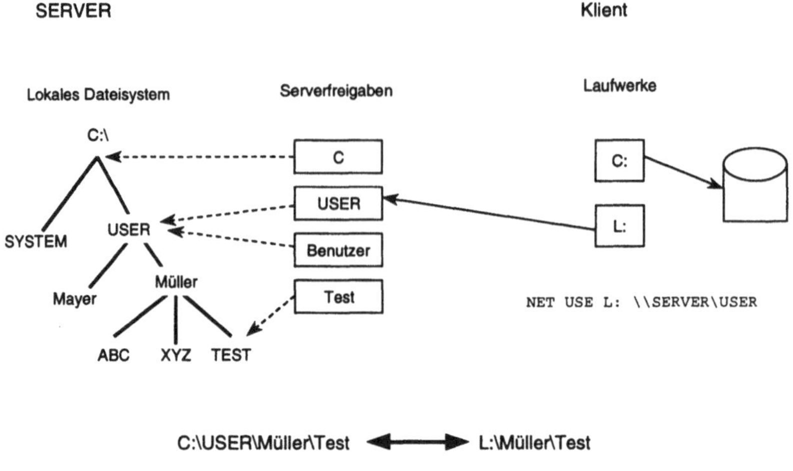

Abb. 3-6 Serverfreigaben

Jeder Freigabe wird außerdem eine Liste von Berechtigungen hinzugefügt, mit denen der Zugriff für bestimmte Benutzer im Netz freigegeben oder gesperrt werden kann. So kann für bestimmte Nutzer der Zugriff „nur lesen" eingestellt sein, während für andere der Zugriff auf „lesen/schreiben" steht. Dies ist die erste Hürde, die ein Netzwerkbenutzer nehmen muß, um auf eine Datei der Server zuzugreifen. Je nach lokalem Dateisystem des Servers wird beim Zugriff auf die eigentliche Datei auch dessen lokales Sicherheitssystem konsultiert. Bei FAT findet beispielsweise keine weitere Kontrolle statt, während bei NTFS die NTFS-Sicherheit genutzt wird.

3.2 Verteiltes Dateisystem DFS

Das verteilte Dateisystem DFS (Distributed File System) wird ab Version 5.0 von Windows-NT Server standardmäßig verfügbar sein. Mit DFS ist es möglich, mehrere Dateiserver unter einer gemeinsamen Wurzel zusammenzufassen. Um Dateien auf mehreren Servern anzusprechen, war es bisher nötig, sich mit jeden Server einzeln zu verbinden. Dazu werden Dateien entweder per UNC in der Form \\Server\Share\Datei angesprochen, oder es wird ein explizites Laufwerk mit einer Serverfreigabe verbunden. Die Zusammenfassung mehrerer Serverfreigaben unter einer gemeinsamen Wurzel, wie dies bei NFS möglich ist, konnte bisher nicht realisiert werden. DFS versucht hier eine Lösung zu bieten:

Eine Freigabe auf einem NT-Server wird zur DFS-Wurzel bestimmt. Ein Klient verbindet sich wie bisher mit dieser Freigabe. Im Verzeichnisbaum des Servers können an beliebigen Stellen sogen. „Verbindungspunkte" definiert werden. Ein Verbindungspunkt verweist auf die Freigabe eines anderen Servers. Sobald der Redirector[14] eines Klienten auf einen solchen Verbindungspunkt stößt (das SMB-Protokoll wird zu diesem Zweck geeignet erweitert), verbindet er sich automatisch und transparent gegenüber dem Anwender mit der neuen Freigabe. Der Klient sieht das gesamte System gleichsam als ein einziges Verzeichnis. Es sei an dieser Stelle darauf hingewiesen, daß im Gegensatz zu NFS, bei dem die Verbindungspunkte (dort als Mount-Points bezeichnet) nicht im Klienten definiert werden, sondern als zusätzliche Information auf dem Server abgelegt werden. Dadurch ist auch sehr einfach möglich, eine derartige Struktur zu kaskadieren. Ein Server, auf den ein Verbindungspunkt zeigt, kann seinerseits ab einer bestimmten Verzeichnisebene auf weitere Server verweisen, was bei NFS nicht möglich ist.

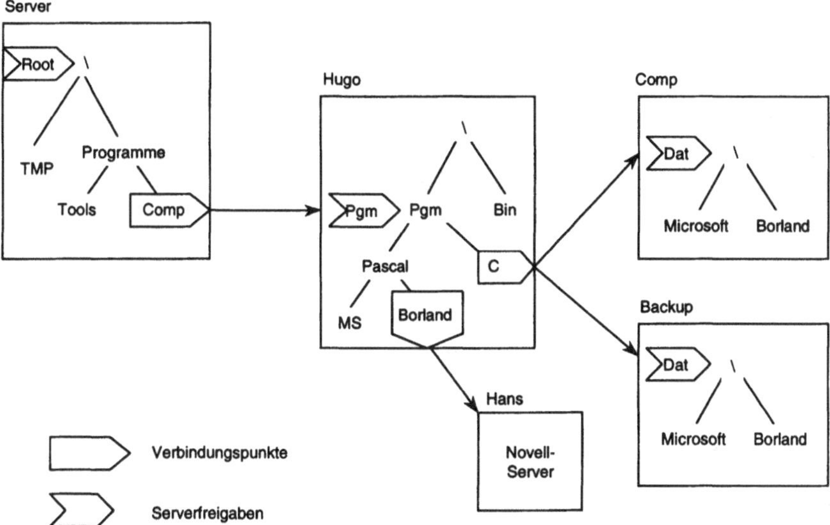

Abb. 3-7 Distributed File System

Abb. 3-7 zeigt ein Beispiel. Die Freigabe `Root` auf dem Server `Server` wird zur DFS-Wurzel erklärt. Der Verbindungspunkt `Comp` stellt den Übergang zum Server `Hugo` dar. Weitere Verbindungspunkte stellen den Übergang zu weiteren Servern dar. Wenn sich ein Benutzer mit der Freigabe `\\Server\Root` verbindet, stellt sich ihm sein Verzeichnis wie in Abb. 3-8 dar.

---

[14] Der Redirector muß DFS-konform sein und mit dem erweiterten SMB-Protokoll umgehen können.

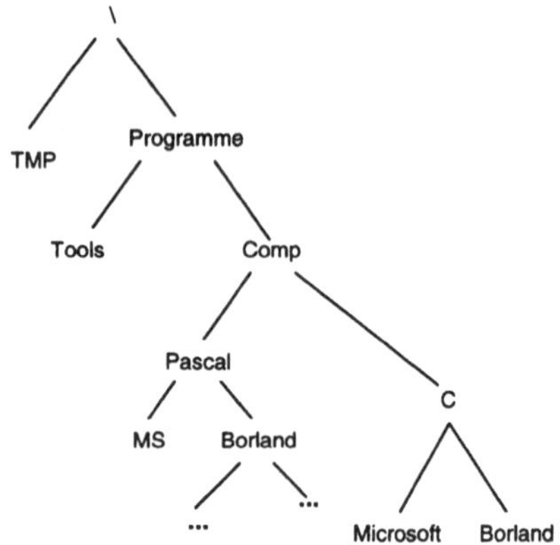

Abb. 3-8 Klientenverzeichnis bei DFS

DFS definiert unterschiedliche Arten von Verbindungspunkten:

- Inter-DFS Verbindungen

- Alternativ Verbindungen

- Übergangsverbindungen

Inter-DFS Verbindungen verbindet einen DFS-Server mit der Freigabe eines anderen DFS-Servers. Diese Inter-DFS Verbindungen können kaskadiert werden. Sobald ein Klient von einem DFS-Server auf einen anderen übergeht, wird die weitere Navigation von diesem Server übernommen. Sobald Windows-NT Verzeichnisdienste unterstützt, kann die Navigation vom ersten Server komplett übernommen werden.

Mit Hilfe von Alternativ-Verbindungen kann ein ausfallsicheres Dateisystem aufgebaut werden. Sobald von einem Verbindungspunkt auf einen anderen Server weitergeleitet wird, kann in Abhängigkeit von der Verfügbarkeit einer von mehreren Server ausgewählt werden. Voraussetzung ist natürlich, daß die Inhalte beider Server identisch sind. DFS garantiert dabei allerdings in keiner Weise die Synchronität beider Server. Diese muß entweder vom Administrator (z.B. durch Read-Only Dateien) oder von anderen Replikationsmechanismen garantiert werden. In Abb. 3-7 ist dies beispielsweise der Übergang von `\\Hugo\Pgm\C` auf `\\Comp\Dat` oder eben alternativ auf `\\Backup\Dat`.

Mit Hilfe von Übergangsverbindungen kann auf „nicht DFS-Server", d.h. auf normale Server verwiesen werden. Der Übergang kann sogar zu Servern von fremden Herstellern erfolgen, sofern die Klienten über den passenden Redirector zu diesem Fremdhersteller verfügen. Dies ist deshalb möglich, weil ein DFS-Server einem Klienten lediglich mit Hilfe eines SMB-Paketes mitteilt, auf welchem Server die weiteren Dateien zu finden sind. Von da an ist es Aufgabe des jeweiligen Redirectors im Klientensystem auf den neuen

Server zuzugreifen. Sobald ein derartiger Übergang stattgefunden hat, kann natürlich nicht weiter kaskadiert werden.

In Abb. 3-7 ist dies im Beispiel von \\Hugo\Pgm\Pascal\Borland auf den Novell-Sever \\Hans zu sehen.

Um DFS-Freigaben zu nutzen ist ein passender Redirector im Klientensystem notwendig. Ein derartiger Klient ist in Windows-NT ab Version 4.0 verfügbar. Für Windows-95 ist ein derartiger Redirector ebenfalls in Kürze verfügbar.

3.3 Novell-Netzwerke

Die Technik bei Novell-Netzwerken unterscheidet sich nur unwesentlich von den Microsoft-Netzwerken, so daß hier nur kurz auf die Unterschiede eingegangen wird.

Der erste Unterschied besteht in der Art des Transport- und des Dateizugriffsprotokolls. Bei Novell kommt grundsätzlich (zumindest bist vor kurzem noch) das Novell eigene IPX[15]/SPX-Protokoll zum Einsatz. Aufbauend auf diesem Transportprotokoll kommt zum Zugriff auf den Server das Netware-Core-Protocolls (NCP) zum Einsatz.

3.3.1 Klientenmodule

Das Klientenmodul bei Novell unter MS-DOS unterscheidet sich etwas von dem der Microsoft-Netze. In den ersten Versionen von Novell bestand der Klientenmodul aus zwei Teilen:

- IPX.COM   enthält den IPX-Treiber und den eigentlichen Hardwaretreiber.
- NETX.COM   enthält den Redirector, der auf der IPX-Schnittstelle aufsetzt.

Beide Module werden als TSR-Programme nach dem Start von MS-DOS geladen. Sehr unpraktisch war die Tatsache, daß mit dem IPX-Treiber auch der Hardwaretreiber verbunden war. Es mußte tatsächlich für jede neue Ethernetkarte ein neues IPX.COM erzeugt werden. Diese unpraktikable Lösung wurde durch Einführung der ODI-Schnittstelle verbessert. ODI stellt genau wie NDIS eine Schnittstelle zum Ansteuern der Ethernethardware (ISO Level 2) dar. ODI bietet ebenfalls die Möglichkeit des Protokollmultiplex für die höheren Protokollschichten. Im Gegensatz zu NDIS wird bei ODI der Protokollmultiplex an Hand des Frame-Typs von Ethernetpaketen durchgeführt. Eine höhere Protokollebene registriert sich beim ODI-Treiber und gibt den ihn interessierenden Frame-Typ bekannt. Bei ankommenden Paketen kann der ODI-Treiber dann an Hand des Typfeldes des Ethernetpaketes den richtigen Protokollstapel auswählen.

Der IPX-Treiber wurde in drei Teile geteilt und zwar in:

---

[15] Weitere Informationen zu IPX finden sich in Abschnitt 6.1.1

- NE2000.COM, den eigentlichen Ethernettreiber (z.B. für NE2000 Karten). Dieser Treiber muß die ODI-Schnittstelle unterstützen.

- LSL.COM, den sogen. Link-Support-Layer. Mit ihm können mehrere Ethernetkarten mit ODI-Schnittstelle zusammengefaßt werden. Er registriert bei den ODI-Treibern die richtigen Frame-Typen für IPX-Pakete.

- IPXODI.COM schließlich enthält den nun hardwareunabhängigen Teil des IPX-Treibers.

Auf Grund der zunehmenden Speicherknappheit bei MS-DOS wurde später auch das NETX Modul weiter unterteilt. Dieses Modul besteht nunmehr aus einem Grundmodul, zu dem mit Hilfe von VLM's (VLM = Virtual Loadable Module) dynamisch während der Laufzeit zusätzliche Funktionen hinzugeladen werden können. Es werden daher immer nur die Funktionen geladen, die auch benötigt werden.

Das Klientenmodul zum Zugriff auf Novellserver unter Windows-NT wurde bereits im vorherigen Abschnitt besprochen.

3.3.2 Servervolumes

Um auf Dateien von Novellservern zuzugreifen, müssen auch hier die entsprechenden Netzwerkressourcen freigegeben werden. Im Gegensatz zu Microsoft-Netzen sind die Netzwerkressourcen aber nicht Freigaben auf beliebigen Unterverzeichnissen des lokalen Dateisystems, sondern bei Novell wird immer ein komplettes Volume (eine Partition der Festplatte eines Novellservers) freigegeben.

Jeder Novellserver besitzt mindestens das Systemvolume SYS, das, je nach Klientenberechtigung, genutzt werden kann. Diese Netzwerkressource wird mit folgender Syntax bezeichnet:

```
SERVER/SYS:
```

wobei „SERVER" der Name des Novellservers und „SYS" der Name des Festplattenvolumes ist. Auch hier hat der Klient die Möglichkeit ein virtuelles Netzwerklaufwerk mit dem Server zu verbinden. Die entsprechende Syntax des MAP-Kommandos könnte beispielsweise wie folgt lauten:

```
MAP L:=SERVER/SYS:
```

Mit diesem Befehl wird das Netzwerklaufwerk L: mit dem Servervolume SYS verbunden. Die Möglichkeit mit einem Netzwerklaufwerk direkt auf ein Unterverzeichnis des Servers zu zeigen, wird bei Novell im Gegensatz zu Microsoft auf der Klientenseite abgehandelt. Hierzu gibt es eine erweiterte Form des MAP Befehls:

```
MAP ROOT L:=SERVER/SYS:Verzeichnis1
```

Nach Ausführung dieses Befehls zeigt die Wurzel des Netzwerklaufwerkes L:\ auf das Unterverzeichnis SYS:Verzeichnis1 auf dem Server.

Das bisher gesagte gilt vor allem für die Novell-Versionen 3.x. Seit der Version 4 unterstützt Novell die NDS (Novell Directory Services). Hierbei muß das Klientenmodul zusätzlich einen Kontext innerhalb des Verzeichnisbaumes verwalten. Abschnitt 9.1 erklärt die NDS genauer.

3.4 Network File System (NFS)

Das bekannteste verteilte Dateisystem in der Unix-Welt, das Network File System NFS. NFS wird auch von Linux unterstützt. NFS nutzt als Transportprotokoll UDP. NFS-Server sind im Gegensatz zu LAN-Manager oder Novellservern zustandslos, so daß eine kurzzeitige Netzwerkunterbrechung kein Problem darstellt.

3.4.1 Mounten

Das Linux Dateisystem[16] arbeitet nicht wie Novell oder Microsoft mit Netzwerklaufwerken, die sich mit einer Ressource auf dem Server verbinden lassen. An dessen Stelle tritt das „mounten" einer Netzwerkressource in einen Verzeichnisbaum. Das Dateisystem beginnt grundsätzlich mit einer Verzeichniswurzel „/" ohne Angabe von zusätzlichen Laufwerken. Um nun auf die Ressourcen (Verzeichnisse) eines Servers zugreifen zu können, werden „mount-points" definiert. Ein „mount-point" ist ein bereits existierendes Verzeichnis des lokalen Dateisystems, das mit einem korrespondierenden „export-Verzeichnis" des Servers verbunden wird. Dazu am besten ein kurzes Beispiel:

---

[16] Dies gilt auch ganz allgemein für alle Unix-Dateisysteme

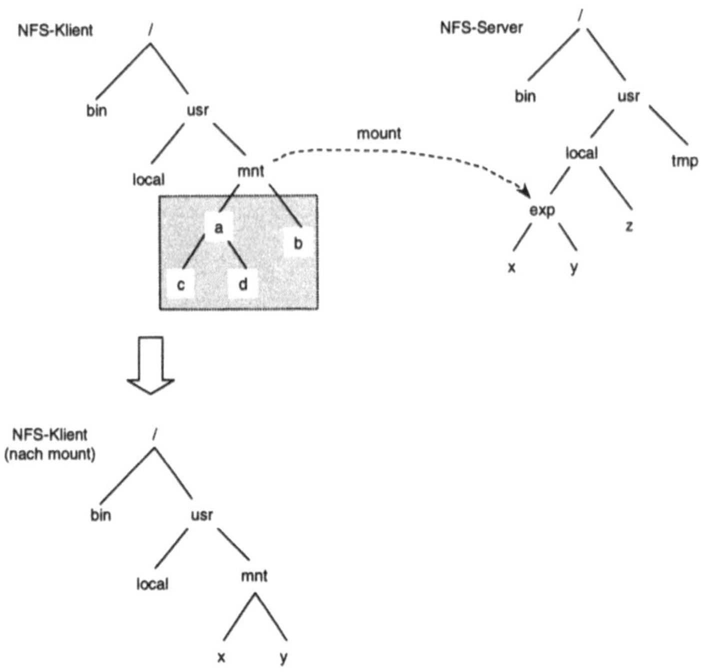

Abb. 3-9 NFS-Mount

In Abb. 3-9 wird im Klient der Mount-Point auf das Verzeichnis /usr/mnt festgelegt. Diese Festlegung kann prinzipiell vom Systemadministrator willkürlich getroffen werden. Mit Hilfe des Mount-Befehls:

```
mount server:exp /mnt
```

wird das Exportverzeichnis /usr/local/exp des Servers im Verzeichnisbaum des Klienten an die Stelle /mnt gemounted. Nach erfolgreicher Operation merkt sich das Dateisystem diesen aktiven Mount-Point. Sobald der Verzeichnisbaum beim Auflösen eines Dateinamen durchlaufen wird und der Klient auf einen derartigen Mount-Point trifft, wird auf den entsprechenden NFS-Server übergegangen. Von diesem Zeitpunkt an erfolgt der Zugriff auf den entfernten Server.

3.5 Apple Filing Protocol (AFP)

Mit Hilfe des Apple Filing Protocols (AFP) können Macintoshrechner auf Daten eines anderen Rechners zugreifen. Die Grundlage für die Freigabe bilden wie bei Novell die Volumes. Ein Volume ist eine Partition einer Festplatte an einem Macintoshrechner. Seit der Version 7 des Mac-OS ist das „Personal Fileshare" auf allen Rechnern standardmäßig vorhanden, so daß sehr einfach Peer-to-Peer Netzwerke aufgebaut werden können. Um die Zugriffe auf einen Rechner zu kontrollieren, verwaltet jeder Macintosh-Rechner eine eigene Benutzerdatenbank. Für jedes Volume oder jeden Ordner innerhalb eines Volumes kann das Zugriffsrecht für folgende „Personen" gesetzt werden:

- Eigentümer: Dies ist der Ersteller einer Datei.

- Mitbenutzer: Dies ist entweder ein anderer Benutzer oder eine Gruppe von Benutzern, die das Volume oder Ordner „mitbenutzen" dürfen. Bei Angabe einer Gruppe entspricht dies der Semantik der Unix-Gruppen, allerdings mit dem Unterschied, daß ein Benutzer in mehreren Gruppen Mitglied sein kann.

- Jeder: Dies sind alle anderen Benutzer, die prinzipiell Zugriff auf den Rechner haben, also in der Benutzerdatenbank eingetragen sind.

Zeigt eine typische Dialogbox zum Einstellen von Zugriffsrechten:

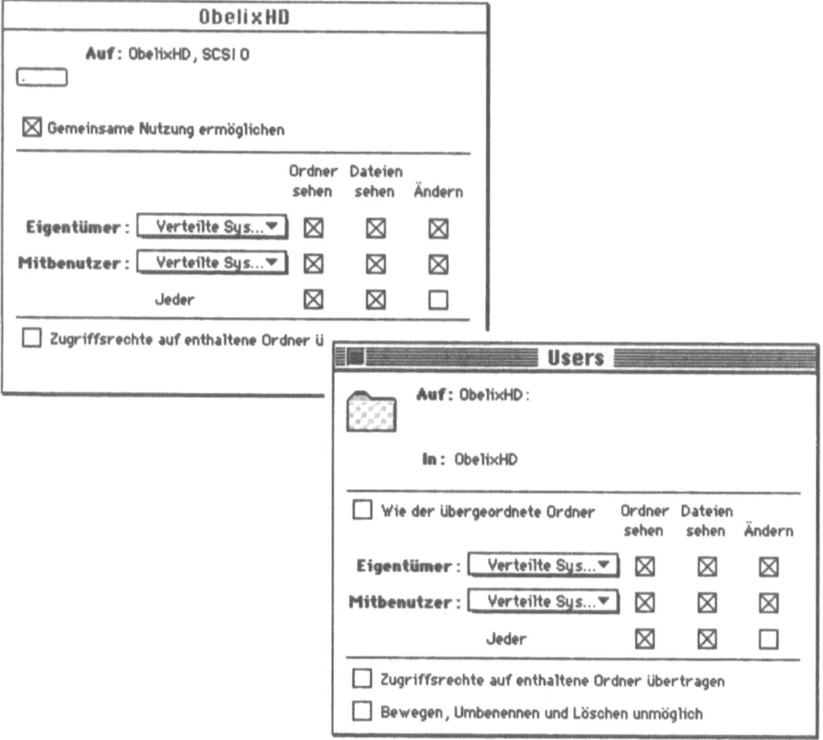

Abb. 3-10 Macintosh Zugriffsrechte

3.6 Literatur

[Custer1]	Helen Custer; Inside Windows NT; Microsoft Press 1993
[Siyan]	Karanjit S. Siyan; Windows NT Server Professional Reference; New Riders 1995
[MSDN]	Microsoft Developer Network
[Apple]	Apple Computer Inc.; Inside Macintosh Networking; Addison-Wesley 1994
[Tan2]	Andrew Tanenbaum; Computer Networks
[Goscinski]	A. Goscinski; Distributed Operating Systems, The Logical Design; Distributed Operating Systems, The Logical Design; 1991
[Göbel]	Nieder, Göbel; DOS 4.0 für Insider; Markt und Technik
[Kauffels1]	Franz Joachim Kauffels; PC-Netze und Workgroup Computing; Markt & Technik
[Reskit]	Microsoft; Windows-NT Server Resource Guide; Microsoft Press 1996

4 Prozesse

Eine der wichtigsten Abstraktionen bei den meisten Betriebssystemen ist der Begriff des Prozesses. Prozesse lassen sich auf mehrere Arten definieren. Die beste erscheint mir die folgende:

Ein Prozeß ist ein Programm während der Ausführung.

Bei den neueren PC-Betriebssystemen wird inzwischen Multitasking unterstützt. Dies bedeutet, daß sich mehrere Prozesse gleichzeitig im System befinden. Diese gleichzeitig aktiven Prozesse werden bei Multiprozessormaschinen real gleichzeitig abgearbeitet oder es findet eine pseudo-parallele Abarbeitung statt, indem ein Dispatcher in geeigneten Abständen von einem Prozeß zum anderen umschaltet. Je nach Art dieses Umschaltens unterscheidet man zwei prinzipielle Arten von Multitasking:

- Kooperatives Multitasking.
- Preemptives Multitasking.

Kooperatives Multitasking bedeutet, daß die beteiligten Prozesse in soweit kooperieren, daß sie zu geeigneten Zeiten freiwillig das Betriebssystem rufen, welches dann wiederum die Chance hat, einen Prozeßwechsel durchzuführen. Windows 3.1 und Macintosh-OS arbeiten nach diesem Prinzip.

Beim preemptiven Multitasking hat hingegen das Betriebssystem jederzeit die Möglichkeit der Preemption, d.h. der Unterbrechung eines gerade laufenden Prozesses. Die Unterbrechung wird meist mit Hilfe eines Timerinterrupts durchgeführt. Windows-95 und Windows-NT arbeiten mit preemptiven Multitasking ebenso Linux, Unix oder VMS.

Prozesse haben bei den meisten Betriebssystemen, ebenso bei Windows-NT, einen eigenen getrennten Adreßraum. Dies hat zum einen den Sinn, daß Prozesse gegeneinander geschützt sind (obwohl dies auch mit gemeinsamem Adreßraum möglich wäre) und zum anderen erspart man sich so beim Laden von Programmen oder Bibliotheken die Verschiebung auf eine freie Adresse. Das Image (Programm) eines Prozesses wird üblicherweise immer auf die gleiche Adresse geladen.

4.1 Threads

Viele Klient-/Serversysteme sind dadurch gekennzeichnet, daß Klienten kurze Anfragen stellen. Beispiele sind Dateiserver oder WWW-Server. Würde bei jeder Anfrage eines Klienten ein neuer Prozeß erzeugt, dann wäre das System die ganze Zeit nur noch mit dem Erzeugen von Prozessen beschäftigt. Die meisten neueren Betriebssysteme (selbst das Java-Runtime) bieten daher sogen. Leichtgewichtsprozesse (Threads) an. Ein Prozeß kann gleichzeitig mehrere Threads besitzen. Die Threads eines Prozesses sind dadurch gekennzeichnet, daß alle Threads eines Prozesses im gleichen Adreßraum laufen und sich auch alle Prozeßressourcen teilen. Threads unterscheiden sich voneinander nur durch folgende beiden Punkte:

- Hardwarekontext

- Stackbereich

Daher ist auch die Umschaltung von einem Thread auf einen anderen Thread des gleichen Prozesses sehr billig. Es muß lediglich der Hardwarekontext gewechselt werden, was beim 80x86 durch einen einzigen CPU-Befehl realisiert wird.

4.2 MS-DOS

MS-DOS kennt zwar den Begriff des Prozesses. Ein MS-DOS „Prozeß" kann jedoch nicht mit Prozessen von anderen Systemen wie Linux oder Windows-NT verglichen werden. Das einzige, was bei MS-DOS an Prozesse erinnert sind die TSR-Programme, die sich, um irgendwann aktiviert zu werden, in einen Interrupt einklinken. TSR-Programme genügen zwar unserer Definition eines Prozesses, das Dispatching (Umschalten von einem zum anderen Prozeß) müssen diese jedoch völlig selbständig und ohne Hilfe des Betriebssysteme durchführen.

4.3 Windows / MacOS

Windows (3.11) und Mac-OS kennen den Begriff des Prozesses nicht direkt, obwohl man hier (im Gegensatz zu MS-DOS) schon eher von Prozessen sprechen kann. Ein Prozeß im Sinne von Windows[17] sind die Applikationen die gestartet wird. Bei Windows können (wieder im Gegensatz zu MS-DOS) auch mehrere Programme gleichzeitig aktiv sein. Das Umschalten erfolgt mit Hilfe von „kooperativem Multitasking".

4.3.1 Kooperatives Multitasking

Dem kooperativen Multitasking liegt die Idee zugrunde, daß jeder laufende Prozeß irgendwann freiwillig die CPU abgibt, um dem Betriebssystem das Umschalten von einem zum anderen Prozeß zu ermöglichen. Das Abgeben der CPU kann auch bei jedem Systemaufruf (Lesen einer Datei usw.) erzwungen werden. Bei rechenintensiven Programmen, die einige Zeit gar keine Betriebssytemfunktionen rufen, liegt es in der Hand der Programmierer, mit Hilfe eines geeigneten Systemaufrufs (Relinquish) dem Betriebssystem die CPU kurzfristig zurückzugeben. Die Implementierung des Dispatchers ist bei koopera-

---

[17] Alle in diesem Abschnitt gemachten Aussagen gelten ebenfalls für das Macontosh Betriebssystem Mac-OS

tivem Multitasking relativ einfach, da ein Programm immer nur an definierten Stellen unterbrochen werden kann. Folgende Nachteile sind aber ganz offensichtlich:

- Fehlerhafte Programme können das ganze System blockieren

- Keine Echtzeitfähigkeit

Sollte ein Programm bei kooperativem Multitasking fehlerhaft sein, so daß es beispielsweise in eine Endlosschleife gerät, dann behält dieses fehlerhafte Programm die CPU für immer. Das System hat keine Möglichkeit zu einem anderen Programm umzuschalten. Alles andere wird blockiert.

Weil Programme bei kooperativem Multitasking die CPU „irgendwann" abgeben, kann ebenfalls keine Aussage über eine Reaktionsgeschwindigkeit eines Programmes auf ein externes Ereignis gemacht werden, eine der Grundvoraussetzungen für Echtzeitfähigkeit.

4.3.2 Ereignisorientierte Programmierung

Kooperatives Multitasking ist für Windows deshalb sehr geeignet, weil es sich um ein ereignisgesteuertes System handelt. Alle Ereignisse (Tastendrücke, Mausbewegungen, Zeitunterbrechungen usw.) im System werden an zentraler Stelle gesammelt und auf alle laufenden Applikationen aufgeteilt.

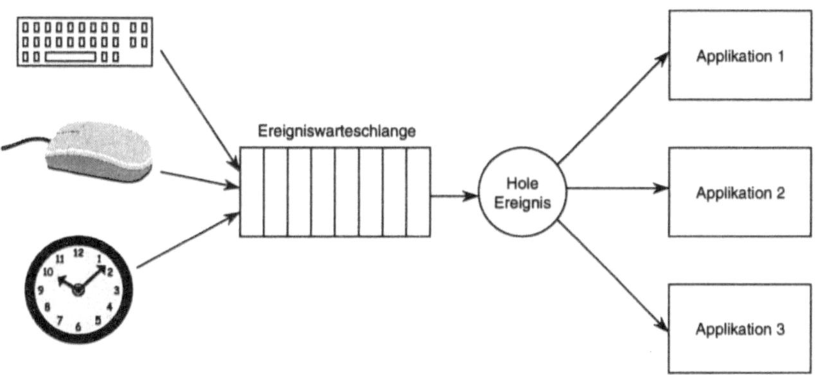

Abb. 4-1 Systemereignisse

Das Hauptprogramm (die Hauptschleife) bei allen ereignisorientiernten Programmen sieht eigentlich immer gleich aus:

```
Ereignis = HoleNächstesEreignis()
VerteilteEreignis(Ereignis)
```

Diese Schleife wird von den Programmen ständig durchlaufen. Da es sich bei der Funktion `HoleNächstesEreignis` um eine Systemfunktion handelt, hat das Betriebssystem bei jedem Aufruf die Gelegenheit, auf eine andere Applikation umzuschalten.

4.4 Linux

Bei Linux handelt es sich um ein klassisches Betriebsystem mit preemptivem Multitasking. Die Implementierung der Prozesse entspricht genau der Semantik, die bei Unix-Systemen üblich ist.

4.4.1 Prozesse

Der wichtigste Aufruf, um einen neuen Prozeß zu erzeugen, ist „fork". Sobald ein Prozeß fork ruft, wird eine exakte Kopie des aufrufenden Prozesses, allerdings mit einer neuen Identifikation (Pozeß-ID PID) erzeugt. Beide Prozesse (der alte und der neue) arbeiten danach parallel zueinander. Beide Prozesse stehen in einer Abhängigkeitsbeziehung. Der neue Prozeß wird als Sohn-Prozeß des Vaterprozesses bezeichnet. Mit dieser Art kann eine ganze Hierarchie von Prozessen erzeugt werden. Ein Vater-Prozeß kann danach mit „join" auf die Beendigung eines oder aller seiner Söhne warten. Beendet sich ein Vater vor der Beendigung eines Sohnes, dann wird dem Sohn ein neuer Vater (der Init-Prozeß) zugeteilt. Diese vaterlosen Prozesse werden als Dämonen (daemons) bezeichnet.

Bei der Kopie des alten auf den neuen Prozeß wird der gesamte Programmcode und auch alle Daten (globale Variablen) dupliziert. Um nun nicht aber wirklich den gesamten Programmcode und die Daten physikalisch zu kopieren, wird das „Copy-On-Write" Verfahren genutzt. Hierbei wird dem neuen Prozeß erst dann ein eigener physikalischer Speicher zugeteilt, wenn der Prozeß schreibend auf ein Datum zugreift. Nur-Lese-Seiten werden mit dem Orginalprozeß geteilt. Folgendes kleines Beispielprogramm demonstriert die klassische Erzeugung eines neuen Prozesses unter Unix bzw. Linux:

```
main()
{
        int ProcessID;

        ProcessID = fork();
        if (ProcessID = 0)    // Der Sohnprozeß erhält 0
            printf(„Sohn-Prozess\n");
        else
            printf(„Vater-Prozess, Sohn=%d\n",ProzessID);
        join(ProcessID); // Beendigung des Sohnes abwarten
}
```

4.4.2 User-Level-Threads

Linux unterstützt keine Threads, zumindest nicht als Kernel-Threads. Eine erweiterte C-Bibliothek unterstützt jedoch sogen. User-Level-Threads. Bei dieser Art von Threading erfolgt die Umschaltung zwischen den Threads ähnlich dem kooperativen Multitasking, in

Verantwortung des Benutzerprozesses. Problematisch sind User-Level-Threads jedoch, wenn ein Thread eine Betriebssystemfunktion ruft, die blockierend ist. Dies hat dann natürlich zur Folge, daß auch alle anderen Threads dieses Prozesses blockieren, weil das Betriebssystem ja gerade nichts von diesen Threads weiß.

4.5 Windows-NT

4.5.1 Prozessimplementierung

Windows-NT implementiert Prozesse mit preemptivem Multitasking und getrennten Adreßräumen. Die Umschaltung erfolgt auf Basis von Prioritätsklassen bzw. innerhalb einer Prioritätsklasse nach dem Zeitscheibenverfahren. Aus der Sicht des Executive sind alle Prozesse völlig unabhängig, d.h. sie stehen in keinerlei Vater/Sohn Beziehung. Die einzelnen Subsysteme haben jedoch die Möglichkeit, derartige Beziehungen selbst zu implementieren. Das Posix-Subsystem ist solch ein Beispiel, bei dem die traditionelle Unix-Prozeßhierarchie implementiert ist.

Die meisten Prozesse, die unter NT laufen, sind solche, die vom Win32 Subsystem implementiert werden. Jedes 32-Bit Programm wird als eigenständiger Win32-Prozeß laufen. Dies bedeutet, daß zwischen 32-Bit Programmen preemptives Multitasking stattfindet. Eine Windows-Applikation kann eine andere nicht mehr blockieren.

Anders sieht es bei alten 16-Bit Windows Programmen aus. Diese arbeiten erstens mit 16-Bit Adressen (16-Bit Protected Mode) und gehen andererseits von kooperativem Multitasking aus. Um die Kompatibilität zu den alten Programmen zu gewährleisten, wurde folgende Implementierung gewählt: Wird ein 16-Bit Windows-Programm gestartet, so wird zuerst ein VDM-Prozeß (VDM = Virtual DOS Machine) gestartet, der eine 16-Bit DOS/Windows Umgebung simuliert.

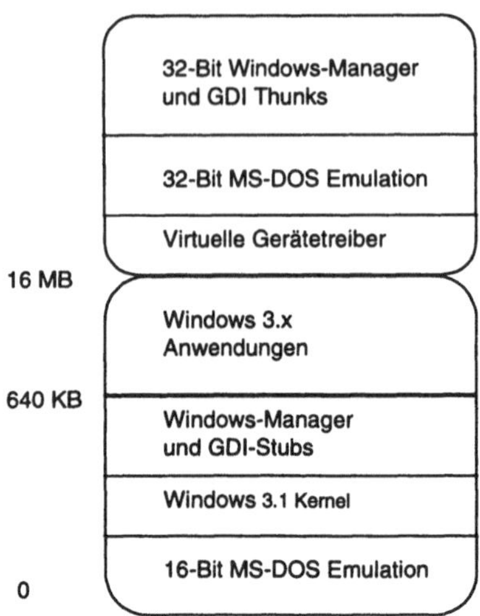

Abb. 4-2 Speicherlayout des VDM-Prozesses

Innerhalb dieses VDM-Prozesses laufen dann alle 16-Bit Windows-Programme, die wiederum untereinander, wie bisher, durch kooperatives Multitasking wechseln. Alle 16-Bit Programme teilen sich eine Nachrichtenwarteschlange, während jede 32-Bit Applikation eine eigene Nachrichtenwarteschlange besitzt.

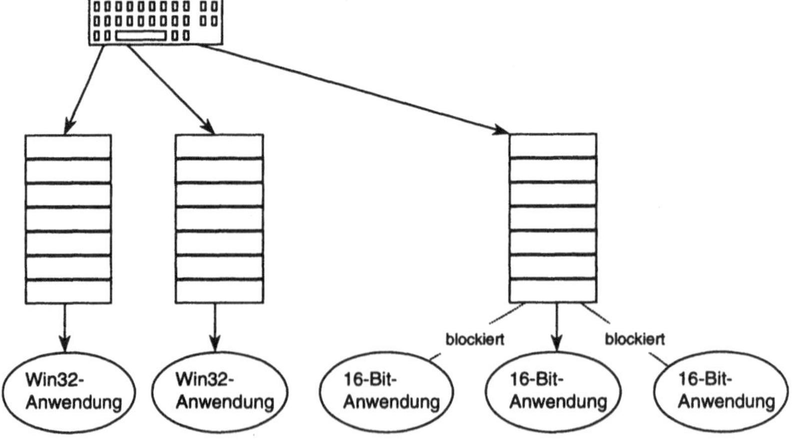

Abb. 4-3 Nachrichtenwarteschlangen bei 16 und 32 Bit

Im folgenden kurzen Codefragment soll ein neuer Win32-Prozess erzeugt werden. Der Einfachheit wegen werden alle Beispiele als Console-Applikation ausgeführt. Dies sind zwar auch 32-Bit Programme (nicht zu verwechseln mit DOS Programmen im VDM-Prozeß), benutzen jedoch keine eigene Nachrichtenwarteschlange.

```
main()
{
  BOOL retv;
  PROCESS_INFORMATION prcinf;
  STARTUPINFO stinf;

  GetStartupInfo(&stinf);              //Prozeßinformation des
                                       // aktuellen Prozesses
  stinf.lpTitle = "new process";       // Titel ändern

  retv = CreateProcess(EXENAME,        // Programmdatei
                   "hello command",// Kommandozeilenstring
                   NULL,               // Sicherheitsattribute
                   NULL,               // Thread-Sicherheit
                   FALSE,              // Handle-Vererbung
                   CREATE_NEW_CONSOLE|  // Neue Konsole
                   NORMAL_PRIORITY_CLASS, // Normale Priorität
                   NULL,                // Umgebungsvariablen
                   NULL,                // Akt. Verzeichnis
                   &stinf,              // Startup-Information
                   &prcinf);            // Prozeß-Information

printf("CreateProcess ");
if (retv)
      printf("%d successful\n",prcinf.dwProcessId);
else
  printf("failed \n");
return 0;
}
```

4.5.2 Windows-NT Threads

Windows-NT implementiert Threads als Kernel-Threads. Die Umschaltung zwischen den Threads übernimmt der Kernel mit preemptivem Multitasking.

Genau wie bei Prozessen können auch Threads Prioritäten vergeben werden. Ein Thread bewegt sich mit seiner Priorität innerhalb der vom Prozeß vorgegebenen Priorität. Die Priorität der einzelnen Threads eines Prozesses kann in kleinen Schritten nach oben oder unten abweichen. Folgende Threadprioritäten sind bei NT bekannt:

- Highest

- Above Normal

- Normal

- Below Normal

- Idle

Ein Thread eines Prozesses kann jedoch nie die vom Prozeß vorgegebenen groben Prioritäten verlassen. Folgendes Beispielprogramm ruft eine Funktion als Thread auf. Diese Funktion wird dann parallel zur normalen Programmausführung als Thread ausgeführt:

```
DWORD WINAPI ThreadProc(LPVOID arg)
{
  int i;
  for (i=0; i<20; ++i) {
        printf("thread loop %d\n",i);
        Sleep(1000);
        }
  return 0;
}

main()
{
  HANDLE th;
  DWORD tid;
  DWORD i;

  for (i=0; i<2; ++i) {
        th = CreateThread(NULL,          // Sicherheitsattribute
                          0,             // Stack-Größe
                          ThreadProc,    // Anfangsadresse
                          NULL,          // Threadparameter
                          0,             // Flag
                          &tid);         // Thread-ID

        if (th == NULL) {
            printf("thread creation failed\n"));
            return 0;
            } else getchar();            // Auf Taste warten
        }
```

4.5.3 Synchronisation

Alle Threads eines Prozesses arbeiten im gleichen Adreßraum, und teilen sich somit auch die globalen Variablen (die lokalen Variablen liegen im Stack, von dem jeder Thread einen eigenen besitzt). Sobald aber mehrere Ausführungseinheiten auf ein gemeinsames Datum zugreifen können, ist immer irgendeine Art der Synchronisation notwendig. Die gängige Technik zur Synchronisation besteht in der Definition von kritischen Regionen, in die zu einer Zeit immer nur ein Thread eintreten darf. Der Ein- und Austritt wird mit Hilfe von Semaphoroperationen geregelt. Windows-NT bietet eine ganze Zahl von Sychronisationsoperationen an:

- Events
- Mutex
- Semaphore
- Critical-Sections

Diese Operationen sind teils redundant, und lassen sich alle auf folgende Grundoperation zurückführen: Ein Synchronisationsobjekt ist in einem der beiden Zustände:

- signaled
- non-signaled

Ein Thread kann durch den Aufruf der Funktion „WaitForSingleObject" auf das Setzen eines Synchronisationsobjektes warten. Dieser Thread wird solange in Wartezustand versetzt, bis ein anderer Thread das Objekt in den Zustand „signaled" versetzt.

Im folgenden Beispiel weckt der Thread „ThreadProc" den Hauptthread alle 500ms auf:

```
HANDLE evt;        // Synchronisationsevent
```

Die Funktion ThreadProc wird als eigenständiger Thread ausgeführt. Die einzige Ausgabe dieser Funktion ist es, den Hauptthread alle 500 ms auszuwecken. Dies geschieht mit dem Aufruf: SetEvent

```
DWORD WINAPI ThreadProc(LPVOID arg)
{
  for (lpc=0; lpc<10; ++lpc) {
        printf("thread loop %d\n",lpc);
        SetEvent(evt);                       // Thread aufwecken
        Sleep(500);                          // ½ Sekunde warten
        }
  return 0;
}
```

Sobald die Funktion endet, wird auch der zugehörige Thread beendet.

Die Hauptfunktion main lautet wie folgt:

```
main()
{
  HANDLE th;
  DWORD tid;
```

Zuerst wird der Synchronisationsevent angelegt. Die Hauptfunktion wartet mit Hilfe dieses Events, der wiederum von der noch zu startendem Threadfunktion gesetzt wird.

```
evt = CreateEvent(    NULL,        // Sicherheitsattribute
                      FALSE,       // Kein manuelles Reset
                      FALSE,       // Ausgangszustand
                      NULL);       // Kein Name

if (evt == NULL) {
    printf("event creation failed: \n");
    return 0;
    }
```

Jetzt kann die Funktion "TheadProc" als eigenständiger Thread gestartet werden. Die wichtigste Angabe beim Starten eines neuen Threads ist die Angabe der Anfangsadresse des neuen Theads. Dies ist in unserem Falle die Funktion ThreadProc. Weitere Angaben sind z.B. die Größe des Stacks (hier kann ein vom System vorgegebener Standardwert gesetzt werden) und zusätzliche Sicherheitsattribute.

```
th = CreateThread(    NULL,        // Sicherheitsattribute
                      0,           // Stack-Größe
                      ThreadProc,// Thread-Adresse
                      NULL,        // Parameter
                      0,           // Flag
                      &tid);       // Thread-ID

if (th == NULL) {
  printf("thread creation failed: %s\n",GetLastErrorText());
  return 0;
  }
```

Nach dem Start des Threads blockiert sich die Hauptfunktion mit Hilfe des Aufrufs "WaitForSingleObject". Der Hauptthread wird daraufhin solange blockiert, bis er vom neu erzeugten Thread wieder aufgeweckt wird.

```
while (lpc<9) {
  WaitForSingleObject(evt, INFINITE);    //Warten auf Event,
                                         //vom Thread gesetzt
  printf("lpc=%d\n",lpc);
  }
printf("exit\n");
  }
```

4.5.4 Dienste

Die Aufgabe von Servern im verteilten System ist es Dienste zu erbringen. Bei Unix oder VMS-Systemen wird für jeden zu erbringenden Dienst ein eigener Prozeß gestartet. Dies ist u.U. sehr ineffizient, da bei manchen Diensten (z.B. WWW) das Starten eines neuen Prozesses sehr viel länger dauern würde, als das Erbringen des eigentlichen Dienstes. In spezialisierten Netzwerkbetriebssystemen wird daher auf schwergewichtige Prozesse verzichtet und nur mit Threads gearbeitet. Man erreicht dabei eine höhere Effizienz bei der Abarbeitung von Klientenanfragen, allerdings mit dem Nachteil, daß fehlerhaft programmierte Teile das komplette System zum Absturz bringen können. Novell Netware ist in dieser Art aufgebaut.

Um unter Windows-NT Serverdienste zu erbringen, gibt es das Konzept der Services (Dienste).

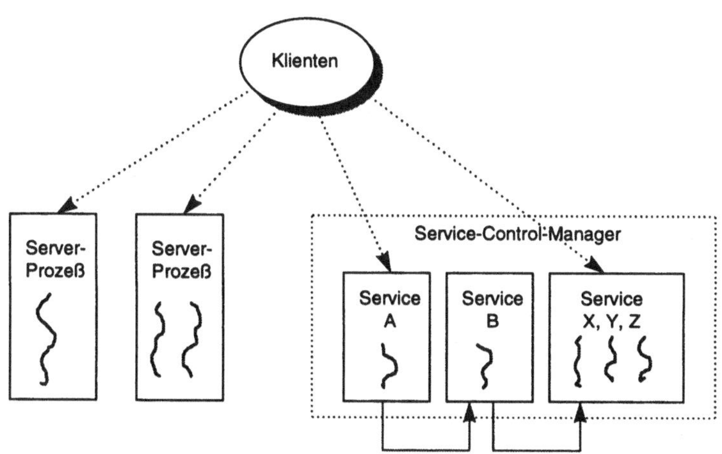

Abb. 4-4 Dienste (Services)

4.5.4.1 Definition

Ein Dienst ist ein Win32-Prozeß oder ein Thread, der unter der Kontrolle einer speziellen Systemkomponente, dem sog. Service-Control-Manager abläuft. Man hat die Möglichkeit, einen Dienst als schwergewichtigen eigenen Prozeß oder zusammen mit anderen Diensten als Thread laufen zu lassen. Beide Varianten haben die bereits beschriebenen Vor- oder Nachteile.

Ein Dienst ist aber außerdem dadurch gekennzeichnet, daß er im Hintergrund läuft, auch dann, wenn kein Benutzer am System angemeldet ist. Da aber jeder Prozeß, und damit auch jeder Dienst, ein Access-Token benötigt, um Systemdienste aufzurufen, gibt es einen speziellen Account, unter dem ein Dienst standardmäßig arbeitet: Dies ist der „Local-

Account". Dieser Account hat Zugriff auf die lokalen Ressourcen des Computers. Man kann aber einen Dienst auch unter einem normalen Benutzeraccount arbeiten lassen. Dazu muß lediglich der Benutzername und das Paßwort in der Registrierung eingetragen werden. Dies ist vor allem immer dann notwendig, wenn ein Dienst Ressourcen im Netz von anderen Rechnern nutzen will, denn dann ist immer eine vorherige Authentifizierung notwendig.

4.5.4.2 Registrierung

Die Registrierungsdatenbank (Registry) ist die zentrale Instanz, bei der neben allen anderen Systemeinstellungen, auch alle Optionen für einen Dienst eingetragen werden. Folgende Punkte werden hier vermerkt:

- Startimage
  Pfad und Dateiname des zu startenden Prozesses.

- Accountinformation
  Benutzername und Paßwort, falls nicht „LocalSystem" genutzt wird.

- Abhängigkeitsinformation
  Dies ist eine Liste von Diensten, die erfolgreich gestartet sein müssen, bevor der Dienst aufgerufen wird.

- Startart
  Dies gibt Auskunft darüber, wann ein Dienst gestartet werden soll. Dies kann entweder beim Booten, beim Initialisieren oder manuell nach Benutzeraufforderung geschehen.

Abb. 4-5 zeigt ein Beispiel für einen derartigen Registryeintrag.

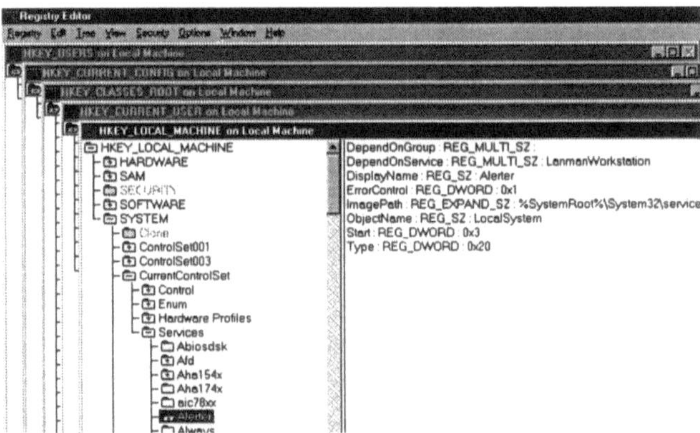

Abb. 4-5 Registryeintrag eines Dienstes

Die wichtigste Angabe hierbei ist sicher die Angabe des Pfades unter dem die EXE-Datei zu finden ist, die den Code des Dienstes enthält. Der entsprechende Registryeintrag ist "ImagePath". Der ImagePath-Eintrag ist vom Typ REG_EXPAND_SZ. Dabei handelt es sich um einen Null-terminierten C-String, der aber zusätzlich beim referenzieren expandiert wird. Hierbei werden alle Umgebungsvariablen (in diesem Beispiel `%SystemRoot%`) durch ihren jeweiligen Wert ersetzt. Die anderen Angaben enthalten Informationen wie z.B. Startart oder Accountinformation des Dienstes. Weitere Informationen zu Regitryeinträgen findet sich in [Reskit].

4.5.4.3 Servive-Control-Manager

Der Service-Control-Manager (SCM) ist die zentrale Instanz, die alle Dienste kontrolliert. Er entnimmt dem Registry die Information, welcher Dienst in welcher Reihenfolge und unter welchem Account zu starten ist. Mit Hilfe des SCM können Dienste auch angehalten oder beendet werden. Um diese Aufgaben zu erfüllen, ist ein gewisser Teil von Mitarbeit seitens der Applikationen notwendig. Eine Applikation, die als Service laufen soll, ruft zu Beginn (während der Initialisierungsphase) den SCM mehrfach auf, um über den Fortschritt der Initialisierung zu berichten. Damit ist sofort klar, daß nicht jede beliebige Applikation als Dienst im Hintergrund laufen kann. Ein Dienst hat wiederum seinerseits die Möglichkeit, einen neuen Prozeß zu starten, der dann aber nicht mehr unter der Kontrolle des SCM läuft.

Im einzelnen läuft die Initialisierung eines Dienstes wie folgt ab:

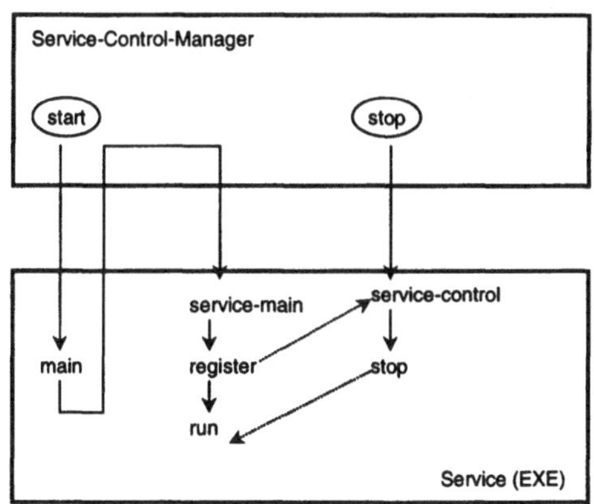

Abb. 4-6 Start eines Dienstes

Das Image eines Dienstes wird von der EXE-Datei in den Speicher geladen und wie jedes andere Programm auch über die „main"-Funktion gerufen. Die main-Funktion hat nur eine einzige Aufgabe: Sie muß den SCM aufrufen, der den weiteren Ablauf kontrolliert. Bei diesem Aufruf wird der Name des Dienstes, sowie die Adresse einer „service-main"-

Funktion übergeben. Sobald der SCM bereit ist, wird er die angegebene „service-main"-Funktion rufen.

Diese Funktion muß zunächst eine weitere Funktion, den „ServiceControlHandler" registrieren, um danach die eigentliche Arbeit aufzunehmen. Der Dienst läuft, sobald die service-main-Funktion sich initialisiert und dies dem SCM gemeldet hat. Wenn die service-main-Funktion terminiert, ist damit auch der Dienst beendet.

Die registrierte ServiceControlHandler-Funktion dient dazu, dem Dienst während der Laufzeit Kontrollmeldungen zu senden. Mögliche Kontrollmeldungen sind z.B. „anhalten" oder „beenden". Der SCM ruft diese Funktion mit einem eigenen Thread und übergibt eine entsprechende Information als aktuellen Parameter.

Folgendes Beispiel demonstriert einen einfachen Dienst:

ServiceStart ist die Hauptschleife des Dienstes. Hier wird der Status auf „running" gesetzt. Außerdem wird alle 3 Sekunden geprüft, ob der Dienst wieder enden soll. Typischerweise wird man dies jedoch mit Hilfe eines Events synchronisieren. Man bedient sich dazu der Funktionen „CreateEvent" und „WaitForSingleObjekt".

```
VOID ServiceStart (DWORD dwArgc, LPTSTR *lpszArgv)
{
    SetStatus(SERVICE_RUNNING);

    while (!stopit) {     // Hauptschleife: Warten auf Beendigung
        Sleep(3000);
    }
}
```

Wenn der Dienst enden soll, wird die Funktion `ServiceStop` gerufen. Die globale Variable `stopit` signalisiert das Ende des Dienstes.

```
VOID ServiceStop()
{
    stopit = TRUE;
}
```

Die Funktion service_ctrl wird vom System gerufen, wenn eine Kontrollfunktion an den Dienst gesendet werden soll. Dies ist beispielsweise das Beenden oder Anhalten des Dienstes. Dieser Funktion wird in der Variablen dwCtrlCode mitgeteilt, welche Aktion auszuführen ist.

```
VOID WINAPI service_ctrl(DWORD dwCtrlCode)
{
    switch(dwCtrlCode) {
        case SERVICE_CONTROL_STOP:
            ssStatus.dwCurrentState = SERVICE_STOP_PENDING;
            ServiceStop();
            break;
```

```
        default:
            break;
    }
    SetStatus(ssStatus.dwCurrentState);
}
```

Die service_main Funktion wird beim Starten des Dienstes vom System gerufen. Hier wird die Service-Kontrollfunktion registriert, damit der Dienst Kontrollmeldungen (start, stop usw.) empfangen kann.

```
void WINAPI service_main(DWORD dwArgc, LPTSTR *lpszArgv)
{
    sshStatusHandle = RegisterServiceCtrlHandler(    SZSERVICENAME,
                                                 service_ctrl);

    if (sshStatusHandle) {
        ssStatus.dwServiceType = SERVICE_WIN32_OWN_PROCESS;
        ssStatus.dwServiceSpecificExitCode = 0;

        ServiceStart( dwArgc, lpszArgv );
        SetStatus(SERVICE_STOPPED);
        }
    return;
}
```

Wichtig ist hierbei zu bemerken, daß die Übermittlung der Kontrollmeldungen asynchron zum normalen Programmablauf erfolgt. Die Funktion service_ctrl wird mit Hilfe eines eigenen Threads vom SCM aufgerufen.

Die Hauptfunktion des Dienstes hat die einzige Aufgabe den SCM zu rufen, um ihm mitzuteilen, welche Dienste gestartet werden und wo die Service_Main-Funktionen zu finden sind.

```
void main(int argc, char **argv)
{
    SERVICE_TABLE_ENTRY dispatchTable[] =  {
        { SZSERVICENAME, (LPSERVICE_MAIN_FUNCTION)service_main },
        { NULL, NULL }};

    StartServiceCtrlDispatcher(dispatchTable);
}
```

Leider hat man in der main-Funktion keine Möglichkeit festzustellen, ob der Prozeß als „normale" Applikation oder im Kontext eines Dienstes aufgerufen wird. Für Debugging-zwecke empfhielt es sich daher, ein Kommandozeilenoption vorzusehen, mit dem ein Dienst zunächst als normale Konsolapplikation getestet wird.

4.6 Literatur

[Richter]   Jeffrey M. Richter; Windows NT weiterführende Programmierung; Microsoft Press 1994

[Brain]   Marshall Brain; Win32 System Services, The Heart of Windows NT; Prentice Hall, 1994

[Beck]   Michael Beck et.al; Linux-Kernel-Programmierung; Addison-Wesley 1997

[MSDN]   Microsoft Developer Network

5 Speicherverwaltung

Lange Zeit war die Speicherverwaltung bei PC's durch das segmentierte Speichermodell des 80x86 Prozessors bestimmt. Unter MS-DOS bestand eine Adresse aus einem Segment (Seg) und einem Offset (Ofs). Die physikalische Adresse (PA) wurde intern im Prozessor berechnet zu

```
PA = Seg * 16 + Ofs.
```

Da beide Teile aus 16-Bit bestehen, kann ein maximaler Adreßraum von 16*64K+64K = 1MB+64K angesprochen werden.

Bei der Nutzung von Zeigern unterscheidet man zwischen einem NEAR und einem FAR-Zeiger. Ein NEAR-Zeiger besteht lediglich aus einem Offset. Der Segmentanteil wird einem CPU-Register entnommen. Je nachdem, ob es sich um einen Daten oder Codezugriff handelt, wird ein anderes Register implizit angenommen. Ein FAR-Zeiger ist ein kompletter Zeiger aus Segment und aus Offset. Auf Grund dieser beiden Unterscheidungen NEAR/FAR und Code/Datenzugriff ergibt sich die Einteilung in vier Speichermodelle, die man beim Übersetzen eines Programmes einstellen muß:

- small   Datenzeiger = NEAR, Codezeiger = NEAR
- medium   Datenzeiger = NEAR, Codezeiger = FAR
- compact   Datenzeiger = FAR, Codezeiger = NEAR
- large   Datenzeiger = FAR, Codezeiger = FAR

Je nach gewähltem Speichermodell muß natürlich auch die passende Bibliothek dazugebunden werden. Problematisch ist vor allem auch jegliche Art von Zeigerarithmetik. Selbst der Vergleich zweier Zeiger ist ohne Normalisierung nicht möglich, da zwei unterschiedliche Zeiger durchaus auf die gleiche Speicherstelle zeigen können.

Beispiel:

```
Zeiger          Physikalische Adresse
100:10          1610
99:26           1610
```

Zeiger sollten daher nur in einer normalisierten Form verglichen werden. Eine Möglichkeit der Normalisierung ist die, den Offset eines Zeigers immer kleiner als 16 zu halten und das Segment entsprechend zu korrigieren. Dann werden die Zeiger wieder eindeutig.

Bei Windows 3.1 wird der Prozessor im Protectedmode betrieben. Im Protectedmode bestehen Zeiger nach wie vor aus zwei Teilen. Der bisher Segment genannte Teil wird hier aber als Selektor bezeichnet. Zur Berechnung der physikalischen Speicheradresse wird der Selektor zuerst als Index (Selektor) in eine Tabelle, die Global-Descriptor-Table (oder die Local-Descriptor-Table) benutzt. Jeder Eintrag dieser Tabelle besteht aus 8 Byte und enthält unter anderem die physikalische Startadresse und die Länge des selektierten Segments. Beim 80286 wurden von diesen 8 Byte nicht alle genutzt, daher konnte dieser Prozessor maximal 16MB Speicher adressieren. Beim 80386 (und Nachfolger) besteht der lineare Adressraum aus 4GB, da alle 8 Byte des Desciptors genutzt werden und der Offsetteil eines FAR-Zeigers auch aus 32-Bit bestehen kann.

Zeigerarithmetik ist im Protectedmode jedoch gar nicht mehr möglich. Zum Ermitteln der physikalischen Adresse eines Zeigers müßten die Einträge der Deskriptortabelle referenziert werden.

Seit dem 80386 verfügen die Intel-Prozessoren aber noch über eine zweite Speicherverwaltungseinheit, die nach dem Prinzip des Pagings arbeiten. Beim Paging wird der logische Adreßraum in Kacheln gleicher Größe unterteilt. Ein Zeiger wird in einen Index und einen Offsetteil zerlegt. Der Indexteil indiziert eine ein oder mehrstufige Seitenverwaltungstabelle, deren Einträge auf physikalische Adressen zeigen. Zu der dort erhaltenen physikalischen Adresse wird der Offsetteil addiert, um die endgültig physikalische Adresse zu erhalten. Die meisten Prozessoren arbeiten nach diesem Prinzip.

5.1 Linux

Linux arbeitet genau wie viele andere Systeme (Windows-NT oder OS/2) mit einem linearen Adreßraum von 32-Bit. Beim Start eines Prozesses wird ein Programm an eine bestimmte Adresse geladen und dort zur Ausführung gebracht. Neben dem Programm besitzt jeder Prozeß natürlich auch noch einen Datenbereich für Stack, globale Variablen und dynamischen Speicher. Diese Daten werden in den Adreßraum des Prozesses eingeblendet.

Jeder Prozeß besitzt seinen eigenen Adreßraum, der mit dem anderer Prozesse nicht überlappt. Oft ist es jedoch wünschenswert, Daten von einem Prozeß zum anderen zu übertragen. Besonders bei großen Datenmengen bedient man sich hierbei des Prinzips des „gemeinsamen Speichers" (engl. „shared-memory")

5.1.1 Shared Memory

Beim „shared-memory" wird ein Teil des physikalischen Speichers in den Adreßraum von zwei verschiedenen Prozessen gleichzeitig eingeblendet. Beide Prozesse haben somit Zugriff zu diesem Speichersegment. Ein Prozeß kann dort Daten ablegen, während ein anderer die Daten dort wieder herausliest. Vorsicht ist jedoch bei allen Arten von Zeigerreferenzen geboten. Wenn der gemeinsame Speicher trotz gleicher physikalischer Adresse auf eine andere logische Adresse eingeblendet wird, dann sind Zeigerreferenzen innerhalb einer solchen Seite nur in einem Prozeß gültig.

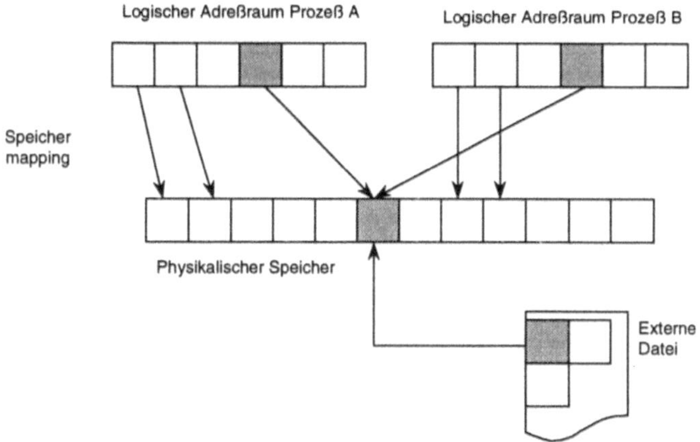

Abb. 5-1 Shared-Memory

In Abb. 5-1 wird die grau hinterlegte Speicherseite von Prozeß-A und von Prozeß-B gemeinsam genutzt. Wie in dieser Abbildung ebenfalls zu sehen ist, wird ein gemeinsamer
Speicher zwischen zwei Prozessen oft mit Hilfe von eingeblendeten Dateien realisiert. Mit
Hilfe der mmap Funktion kann der Teil des Inhaltes einer externen Datei in einen Teil des
logischen Adreßraumes eines oder mehrere Prozesse eingeblendet werden. Das Lesen aus
einer dieser Seiten führt automatisch (über den normalen Pagingmechanismus) zum Lesen
der entsprechenden Stelle innerhalb der eingeblendeten Datei. Ebenso wird beim Schreiben der Inhalt automatisch auf die externe Datei durchgeschrieben.

Wünschen die Prozesse aber lediglich einen Datenaustausch untereinander, ohne auf eine
reale Datei zu schreiben, so kann an Stelle einer Datei auch das Null-Device eingeblendet
werden. Die Einblendung des Null-Devices hat folgende Auswirkung: Beim Lesen einer
Seite wird diese automatisch mit Nullen vorbelegt, da ein Lesen aus dem Null-Device
ebenfalls nur Nullen liefert (bzw. EOF). Ein Schreiben auf das Null-Device wird schlicht
ignoriert. Da diese Technik weit verbreitet ist, betrachten wir ein kurzes Beispiel unter
Linux und im folgenden Abschnitt eines unter Windows-NT.

```
char * ptr;           // globale Zeigervariable auf den
                      // gemeinsamen Speicherbereich
main()
{
  int fd;             // Dateihandle
  int pid;            // Prozess-ID
```

Zuerst wird das NULL-Device zu schreiben und lesen geöffnet.

```
fd = open("/dev/null", O_RDWR);
```

Das so erhaltene Dateihandle wird für die Dateimap-Funktion mmap genutzt.

```
ptr = mmap(0,     // Beliebige logische Adresse zuteilen
           getpagesize(), // Größe des Bereiches
           PROT_READ|PROT_WRITE, // Lese UND Schreibrechte
           MAP_SHARED,     // Mapping wird zwischen
                           //  Prozessen geteilt
           fd,             // Dateihandle
           0               // Offset der Datei
           );
```

Die Variable ptr zeigt nun auf den neu erhaltenen Speicherbereich. Dieser kann beliebig initialisiert werden. Danach wird ein neuer Prozeß gestartet, der das Mapping erbt und somit können beide Prozesse auf diesen Bereich zugreifen.

```
*ptr = 1;
pid = fork();
// weitere Operationen je nach Prozeß...
```

Das komplette Beispiel findet sich im Anhang.

5.2 Windows-NT

Ähnliche Techniken wie das „shared-memory" unter Linux ist auch bei Windows-NT möglich. Betrachten wir dazu zunächst die Struktur der Speicherverwaltung bei NT.

5.2.1 Virtueller Adreßraum

Um den Ärger mit den Segmenten wie bei MS-DOS zu vermeiden, und um die Kompatibilität zu anderen Prozessoren zu erhalten, nutzt Windows-NT (ebenso wie Linux) ein 32 Bit lineares Speichermodell. Die Selektoren für Code und Datenbereiche sind so eingestellt, daß die Basisadresse immer auf 0 und die Länge des Segments 4GB beträgt. Somit wird die Segmentierung quasi abgeschaltet und nur der Pagingmechanismus genutzt. Jeder Prozeß in Windows-NT erhält einen flachen 32-Bit großen virtuellen Adreßraum. Es wird immer mit 32-Bit NEAR-Zeigern gearbeitet. Genutzt wird jedoch, wie bei anderen Betriebssystemen schon lange üblich, eine virtuelle Adreßverwaltung. Bei der virtuellen Adreßverwaltung können mit Hilfe des Pagings im Moment nicht benötigte Speicherseiten auf einen Hintergrundspeicher, das sogen. Pagefile ausgelagert werden. Dadurch kann ein Prozeß mehr virtuellen Speicher anfordern, als physikalisch wirklich vorhanden ist. Der Page-Fault-Handler sorgt für den Austausch der Seiten.

5.2.2 Abschnittsobjekte

Die Granularität der Speicherkacheln ist je nach Prozessor verschieden. Typische Werte sind 4K oder 8K. Es gibt aber auch Kachelgrößen von 64K. Beim Anlegen eines neuen Blockes virtuellen Speichers kann diesem, genau wie allen anderen Executive-Objekten, eine Zugriffskontrolliste beigefügt werden, um den unberechtigten Zugriff fremder Prozesse zu sperren. Um nicht für jede einzelne Speicherseite eine derartige Liste zu halten, werden mehrere Seiten zu Abschnitten zusammengefaßt. Die Verwaltungseinheit bei NT ist demnach ein Abschnittsobjekt.

5.2.3 Allozierung

Beim Starten eines Prozesses, d.h. beim Laden der zugehörigen EXE-Datei, wird der Code und der Datenbereich vom Lader automatisch angelegt. Ein Prozeß hat aber auch nachträglich die Möglichkeit, bisher noch nicht belegten logischen Adressen physikalischen Speicher zuzuordnen. Im folgenden Beispiel wird der logischen Adresse 0x70000000 physikalischer Speicher zugeordnet und der Zugriff darauf getestet:

```
#define MEMORY 0x70000000

main()
{
   char * p;
```

Anlegen eines virtuellen Speicherbereiches. Die Angabe von MEM_RESERVE ist notwendig, um den virtuellen Speicher zu reservieren und die Angabe MEM_COMMIT legt den physikalischen Speicher dann wirklich an.

```
   p = (char *)VirtualAlloc((LPVOID)MEMORY,
                            4096,
                            MEM_RESERVE|MEM_COMMIT,
                            PAGE_READWRITE);
```

Test des neuen Speichers durch Schreib- und Lesezugriff.

```
   *p = 'A';
   printf("mem = %c\n",*p);
```

5.2.4 Shared-Memory

Im Abschnitt über Linux in diesem Kapitel haben wir bereits das Prinzip des "Shared-Memory" kennengelernt. Auch Windows-NT ist in der Lage die Interprozeßkommunikation mit Hilfe des Prinzips des gemeinsamen Speichers durchzuführen.

Der Zugriff mehrerer Prozesse auf einen gemeinsamen Speicher wird mit Hilfe eines File-Mapping-Objektes erreicht. Wie der Name schon vermuten läßt, dient dieses Objekt dazu, eine Datei in den virtuellen Adreßraum einzublenden. Alle Änderungen, die der Prozeß dann in dem gemappten Teil des virtuellen Adreßraues durchführt, werden auf die Datei durchgeschrieben. Ein File-Mapping-Objekt kann auch ohne eine explizite Datei angelegt werden, dann wird das normale Pagefile genutzt. Ein FileMapping-Objekt wird mit einem Namen im Namensraum des Executive versehen und kann so auch von anderen Prozessen genutzt werden. Folgender Ausschnitt zeigt ein Beispiel:

```
HANDLE fm;
int * p;
```

Zunächst wird ein File-Mapping-Objekt erzeugt und dem Pagefile zugewiesen (Handle = -1).

```
fm = CreateFileMapping((HANDLE)-1,      // keine Datei
                       NULL,            // keine Sicherheit
                       PAGE_READWRITE,  // Schreibzugriff
                       0,4096,          // Offset und Länge
                       "MEMORY");       // Name des Objektes
```

Das File-Mapping-Objekt ist noch nicht sichtbar. Es muß erst ein View des Objektes, d.h. ein bestimmter Teil der Datei in den virtuellen Adreßraum gemappt werden.

```
p = MapViewOfFile(  fm,               // FileMapp-Objekt
                    FILE_MAP_WRITE,   // Zugriffsart
                    0,0,              // Offset (low-high)
                    4096);            // Länge
```

Jetzt kann der Zugriff getestet werden. Dies sollten mehrere Prozesse gleichzeitig tun, um einen Effekt zu erreichen.

```
*p += 1;
printf("p = %d\n",*p);
```

5.3 Literatur

[Richter]   Jeffrey M. Richter; Windows NT weiterführende Programmierung; Microsoft Press 1994

[MSDN]   Microsoft Developer Network

[Beck]   Michael Beck et.al; Linux-Kernel-Programmierung; Addison-Wesley 1997

6 Kommunikationsdienste

Eine der wichtigsten Funktionen im verteilten System ist sicherlich die Kommunikation mit anderen Rechnern im Netzwerk. Dieses und die folgenden Kapitel beschreiben daher sehr ausführlich die von Linux und Windows-NT bereitgestellten Kommunikationsfunktionen.

Beim Austausch von Nachrichten zwischen zwei Rechnern oder Prozessen, gibt es einige grundlegende Kommunikationsmodelle. Die Unterscheidung wird auf Grund folgender Kriterien getroffen:

- Adressierung

- Blockierung

- Pufferung

- Kommunikationsform

Bei der Adressierung unterscheidet man zwischen direkter und indirekter Adressierung, je nachdem, ob eine Nachricht direkt an einen Prozeß gerichtet ist, oder die Kommunikation über eine indirekte Schnittstelle, wie z.B. einen Port erfolgt. Die meisten Kommunikationsdienste arbeiten mit indirekter Adressierung. Eine zusätzliche Unterscheidung ist auf Grund des Adressaten möglich. Eine Nachricht kann entweder gezielt an einen Prozeß (oder Port) gesendet werden, oder, sofern dies vom Kommunikationssystem unterstützt wird, an mehrere Empfänger gleichzeitig gerichtet sein. Letzteres wird als Broadcast bezeichnet, nicht zu verwechseln mit Gruppenkommunikation, bei dem eine Nachricht an eine Gruppe von Prozessen gerichtet ist, was üblicherweise aber auch mittels Broadcast realisiert wird.

Je nach Art der gewählten Blockierungsart, kann eine Kommunikation entweder synchron oder asynchron erfolgen. Synchron bedeutet, daß der Sendeprozeß erst dann mit dem weiteren Programmablauf fortfährt, wenn der Empfänger die Nachricht erhalten hat, während bei einer asynchronen Kommunikation der Sender sofort weitermacht, ohne auf das Eintreffen der Nachricht beim Empfänger zu warten.

Eine Nachrichtenübertragung kann gepuffert oder ungepuffert erfolgen. Im Falle einer Kommunikation über ein Netz wird eine Nachricht immer gepuffert sein, im lokalen Fall besteht jedoch die Möglichkeit der Übertragung einer Nachricht ohne Zwischenpuffer. Hierbei wird die Nachricht direkt vom Adreßraum des Senders in den Adreßraum des Empfängers kopiert. Die Nachricht wird nicht unnötigerweise umkopiert. Um dies zu ermöglichen, treffen sich Sender und Empfänger nach dem Rendezvousprinzip an einer Kommunikationsstelle. Sobald beide angekommen sind, wird die Nachricht ausgetauscht.

Eine letzte Unterscheidung betrifft die Art der Kommunikation (Kommunikationsform). Man unterscheidet hierbei zwischen meldungsorientierter und auftragsbasierter Kommunikation. Bei meldungsorientierter Kommunikation wird vom Sender eine Nachricht an einen Empfänger gesandt ohne direkt auf eine Antwort zu warten. Bei auftragsorientierter Kommunikation dagegen, löst jede Nachricht immer einen Auftrag im Empfänger aus, der nach Beendigung der geforderten Dienstleistung eine entsprechende Quittung oder das Ergebnis einer Berechnung zurücksendet.

Nach diesem allgemeinen Teil folgen nun konkrete Beispiele für die Kommunikation unter MS-DOS, Linux und Windows-NT.

6.1 MS-DOS

Eines der wichtigsten Protokolle unter MS-DOS war sicher lange Zeit das IPX-Protokoll in Verbindung mit Novell-Servern. Mit Hilfe dieses Protokolls läßt sich aber durchaus auch eine Kommunikation zwischen zwei DOS-Rechnern aufbauen. Wir wollen in diesem Abschnitt daher die IPX-Programmierschnittstelle unter MS-DOS näher betrachten.

6.1.1 Novell-Protokolle

Die Kommunikation eines Klientenrechners mit einem Novell-Server läuft normalerweise über das IPX/SPX-Protokoll. IPX ist ein verbindungsloser Datagrammdienst (vergleichbar am ehesten mit UDP), während SPX ein verbindungsorientierter Dienst (vergleichbar mit TCP) ist. Ein Großteil der Kommunikation mit einem Novell-Server läuft mit Hilfe von IPX-Telegrammen ab. Betrachten wir daher die IPX-Programmierschnittstelle.

6.1.1.1 Netzwerkadressen

Wie auch in anderen Protokollen üblich, besteht ein Novell-Netzadresse aus drei Teilen:

- Netzwerkadresse

- Knotenadresse

- Socketnummer

Die Netzwerkadresse identifiziert eindeutig ein LAN-Segment innerhalb eines größeren Netzwerkes. Die Angabe einer Netzwerknummer ist immer dann wichtig, wenn die Kommunikation zwischen Knoten in durch Router getrennte LAN- oder WAN-Segmenten erfolgen soll. Ein Netzwerk wird in Novell durch eine 32-Bit Zahl identifiziert. Router zwischen Netzwerken nutzen diese Netzwerknummern zum Aufbau der Routingtabellen. Traditionellerweise wird die 32-Bit Netzwerkadresse bei Novell als hexadezimal Zahl, z.B. 00FC45DF dargestellt. Im Gegensatz zum IP-Netz findet allerdings keine Kategorisierung in verschiedene Netzwerkklassen statt. Da der Wertebereich bei Novell-Netzen der gleiche wie bei IP-Netzen ist (auch hier werden 32-Bit benutzt, allerdings in einer anderen Notation z.B. 134.60.3.4) hat es sich eingebürgert, bei heterogenen IP und IPX Netzen die IP-

Nummer eines LAN-Segments auch gleich als IPX-Netzwerknummer zu nutzen. Dies ist vor allem auch deshalb besonders wichtig, da eine IPX-Nummer auch nur einmal vergeben werden darf. Da es hier aber keine Autorität gibt, die Netzwerknummern weltweit eindeutig verteilt, ist diese Vorgehensweise sicher sinnvoll.

Die Knotenadresse bei IPX bezeichnet eindeutig einen einzelnen Knoten innerhalb eines LAN-Segmentes. Im Gegensatz zu anderen Protokollen benutzt IPX als Knotenadresse direkt die physikalische Netzwerkadresse der verwendeten Netzwerkadapter. Damit spart man sich eine zusätzliche Umsetzung der Netzwerk zu Knotenadresse (ISO Level 3->2), wie es bei anderen Protokollen (z.B. ARP bei IP) notwendig ist. Um den gesamten Wertebereich von physikalischen Knotenadressen abzudecken, werden 6 Bytes als Knotenadresse benutzt. Mit 6 Bytes lassen sich Ethernetadressen direkt als Knotenadressen benutzen.

Die Socketadressen identifizieren schließlich eindeutig einen Dienst (oder auch einen Kommunikationsendpunkt) innerhalb eines Rechners. Socketadressen sind vergleichbar mit Portadressen bei den IP-Protokollen.

Eine IPX-Adresse läßt sich mit Hilfe folgender Struktur darstellen

```
typedef struct IPXAddress {
  BYTE network[4];
  BYTE node[6];
  BYTE socket[2];
  }
```

6.1.1.2 Paketaufbau

Ein IPX-Paket besteht aus einem festen Paketkopf, der Angabe wie Quell- und Zieladresse, Längenangaben usw., und einem variabel langen Datenteil.

Der Programmierer ist dafür verantwortlich, die korrekten Daten in den Paketkopf einzutragen. Die einzelnen Felder haben folgende Bedeutung:

Checksum	Prüfsumme des Paketes. Diese Angabe wird vom IPX-Treiber allerdings ignoriert.
Length	Länge des gesamten IPX-Paketes. Ein IPX-Paket hat eine maximale Länge von 576-Bytes.
TransportControl	Hierbei handelt es sich um einen Zähler, der mit 0 initialisiert wird und bei jedem Passieren eines Routers um eins erhöht wird. Dieser „Hop-Count" dient u.a. dazu, Routing-Schleifen zu finden.
PaketType	Typ des Paketes zur weiteren Unterscheidung von Protokolltypen der höheren Protokollebenen. (s.u.)
Destination	Zieladresse des Empfängers des Paketes.
Source	Quelladresse des Absenders des Paketes.

Das Feld PacketType kann die folgenden Werte annehmen:

0	Unbekannter Pakettyp.
1	Router Informationspaket, dient zum Austausch von Routinginformationen zwischen Routern oder zum Bekanntmachen von neuen Routern im Netz.
2	Echo Paket
3	Fehler Paket
4	Normales IPX-Paket
5	Normales SPX-Paket
16-31	Frei für Experimentier-Protokolle.
17	NetWare Core Protocol.

Nach dem Erstellen der korrekten Paketinformation kann ein IPX-Paket abgesandt werden. Dazu dient das IPX-Programmierinterface:

6.1.1.3 IPX-Programmierinterface

Bei der Beschreibung der IPX-Schnittstelle ist es wichtig, sich der Umgebung eines IPX-Programmes im klaren zu sein. Die Schnittstelle wurde entworfen, um MS-DOS Rechner in einem Netz mit einem zentralen Server zu verbinden. Die nicht Multitaskingfähigkeit von MS-DOS macht sich hier deutlich bemerkbar. Die IPX-Schnittstelle setzt auf das IPX-Modul von Novell auf, das natürlich vor der Benutzung der IPX-Funktionen geladen sein muß.

Die höheren Module wie Netx müssen dazu nicht geladen sein. Zur Benutzung der IPX-Schnittstelle stellt Novell eine C-Bibliothek zur Verfügung, die alle notwendigen Funktionen enthält und diese intern auf Softwareinterrupts zum Aufruf des eigentlichen IPX-Moduls abbildet. Folgende Liste gibt einen Überblick über die wichtigsten IPX-Funktionen:

IPXInitialize	Initialisieren des IPX-Treibers.
	Diese Funktion muß zu Beginn gerufen werden, um der Anwendung die notwendigen Ressourcen zur Verfügung zu stellen.
IPXSPXDeinit	Deinitialisieren des IPX-Treibers und Freigabe evtl. belegter Ressourcen
IPXOpenSocket	Öffnen eines IPX-Sockets. Jeder Transfer eines IPX-Paketes läuft über einen Socket.
IPXCloseSocket	Freigeben eines Sockets. Danach können keine weiteren Pakete empfangen werden.

IPXSendPacket   Senden eines IPX-Paketes über einen zuvor geöffneten Socket

IPXListenForPacket   Vorbereiten eines Sockets auf den Empfang eines IPX-Paketes. Der Empfang eines IPX-Paketes erfolgt asynchron.

IPXGetLocalTarget   Ermittelt die Adresse des lokalen Routers, der ein Paket für eine bestimmte Zieladresse annehmen kann.

IPXCancelEvent   Beenden eines asynchronen IPX-Ereignisses.

IPXRelinquishControl   IPX-Treiber mit „Rechenzeit" versorgen (Erklärung s.u.)

6.1.1.4 Programmierung

Zwei Funktionen erscheinen mir hier besonders erwähnenswert, da sie für den Anfänger eine besondere Fehlerquelle darstellen:

`IPXGetLocalTarget()` liefert die Adresse des Routers, an den ein Paket gesendet werden kann, um ans Ziel zu gelangen. In der Tat ist man bei der Programmierung von IPX selbst dafür verantwortlich, ein Paket, das nicht an einen Knoten im lokalen LAN-Segment gerichtet ist, an den korrekten Router weiterzuleiten. Die Adresse des „zuständigen" Routers wird mit Hilfe der Funktion `IPXGetLocalTarget()` ermittelt und in das ImmediateAddress Feld eines ECB's (s.u.) eingetragen.

Die zweite wichtige Funktion, die sehr gerne übersehen wird ist `IPXRelinquishControl()`. Der IPX-Treiber arbeitet zwar einerseits immer asynchron zum normalen Programmablauf, um Anwendungsprogramme möglichst wenig zu blockieren, andererseits ist MS-DOS nicht multitasking-fähig. Die einzige Möglichkeit ist die Anwendung des Prinzips des „kooperativen"-Multitasking. Der IPX-Treiber erwartet von seinen Anwendungsprogrammen soviel „Kooperation", daß diese ihn regelmäßig mit Rechenzeit versorgen, um seine Aufgaben zu erledigen. Zu diesem Zweck dient die Funktion `IPXRelinquishControl()`. Anwendungsprogramme sollten `IPXRelinquishControl()` möglichst oft aufrufen. Beim Aufruf dieser Funktion prüft der IPX-Treiber, ob er anstehende Arbeit, wie z.B. das Weiterreichen eines IPX-Paketes an einen Ethernettreiber o.ä. erledigen kann. Das Aufrufen von `IPXRelinquishControl()` kann z.B. in der Windows-Hauptschleife oder beim Warten auf einen Tastendruck geschehen.

6.1.1.5 Event-Control-Block

Der asynchronen Natur der IPX-Programmierung wird mit den ECB (Event Control Blocks) Rechnung getragen. Jedes Senden oder Empfangen eines IPX-Paketes erfordert das Bereitstellen eines ECB's. Im ECB werden alle notwendigen Informationen zum Versenden eines Paketes eingetragen, die dann später (asynchron) zum normalen Programmablauf ausgeführt werden. Genauer gesagt werden die ECB's entweder sofort oder nach Aufruf von IPXRelinquishControl() ausgewertet. Ein ECB hat folgenden Aufbau:

LinkAdresse   Link zu weiteren ECB's. Wird vom System benutzt, um zu bearbeitende ECB's miteinander zu verbinden.

ESRAdresse	Optionale Adresse einer Funktion des Anwenderprogrammes, die gerufen wird, wenn die entsprechende ECB-Operation beendet ist. Dies ist vergleichbar mit sogen. IO-Completion Routinen.
InUseFlag	Alternativ zur Benutzung von ESR-Funktionen (s.o.) kann dieses Flag im Polling-Modus dazu genutzt werden, um zu überprüfen, ob ein ECB noch „in Arbeit" ist, d.h. die damit verbundene Operation noch nicht beendet ist.
CompletionCode	In dieses Feld trägt der IPX-Treiber den Ergebniscode der Operation ein. An Hand dieses Codes kann geprüft werden, ob die Operation erfolgreich war.
SocketNumber	Nummer des Sockets, über den die Kommunikation stattfinden soll. Die Socketnummer wird von der Operation IPXOpenSocket geliefert.
IPXWorkspace	Reservierter Bereich für den IPX-Treiber.
DriverWorkspace	Reservierter Bereich für den Netzwerktreiber.
ImmediateAddress	In dieses Feld wird die Adresse des Rechners eingetragen, an den ein Paket direkt gesendet werden soll. Befinden sich beide Stationen (Quelle und Ziel) im gleichen Netzsegment, so muß hier die Knotenadresse des Zielrechners eingetragen werden. Befindet sich die Zielmaschine jedoch in einem anderen Netz-Segment, so muß hier die Adresse des zuständigen Routers eingetragen werden. Dies Adresse erhält man mit IPXGetLocalTarget().
FragmentCount	Anzahl der zum Paket gehörenden Fragmente. Im Gegensatz zu anderen Protokollen muß man IPX ein Paket nicht „am Stück" im Speicher ablegen, sondern kann es in einzelne Fragmente zerteilten. Sinnvoll ist beispielsweise die Unterteilung eines Paketes in IPX-Kopf und Datenteil. Dieser Eintrag gibt die Anzahl der benutzten Fragmente an.
ECBFragment[]	Auf die Anzahl der Fragmente folgt hier eine Liste von Fragmentdeskriptoren, die aus Adresse und Größe bestehen. Aus diesen Angaben baut sich der Treiber das komplette Paket zusammen.

Betrachten wir ein kleines Beispiel zur IPX-Programmierung. Wie immer soll ein Sende-Programm einen String zu einem Empfangsprogramm senden und den empfangenen String am Bildschirm ausgeben. Betrachten wir zunächst den Sender:

Zunächst die wichtigsten Variablendeklarationen.

```
IPXECB secb;              // event control block
IPXHEADER sheader;        // IPX paket header
unsigned char destaddr[6]={0x00,0xaa,0x00,0xc9,0x31,0x0f};
```

In diesem minimalen Beispiel wird die Zieladresse fest kodiert, was in „normalen" Anwendungen natürlich nicht sinnvoll ist. Die Zieladresse entspricht bei Novell der physikalischen Hardwareadresse, daher ist hier eine 6-Byte lange Ethernetadresse kodiert.

Vor der Nutzung der IPX-Schnittstelle muß diese zunächst initialisiert werden:

```
ipxinit();
```

Anschließend wird die Netzwerkadresse des Zielknotens, bestehend aus Netzadresse[18], Knotenadresse und Socketnummer aufgebaut. Die Socketnummer (0x2000) wird hier willkürlich gewählt. Sollen bestimmte Dienste auf dem Server angesprochen werden, muß natürlich eine der bekannten Socketnummern genutzt werden.

```
for (i=0;i<4;i++)sheader.dest.netadd[i]=0x00;
for (i=0;i<6;i++)sheader.dest.nodeadd[i]=destaddr[i];
sheader.dest.socket=reverseword(0x2000);
sheader.type=4;   // IPX-Paket
```

Danach muß noch ein Event-Control-Block aufgebaut werden. Als „Immediate-Address" wird hier direkt die Adresse des Zielknotens eingesetzt. Bei Kommunikation über einen Router in ein anderes Netzwerk muß die Adresse des nächsten Routers als „Immediate-Address" angegeben werden. Die Adresse des nächsten Routers erhält man mit IPXGetLocalTraget.

```
for(i=0;i<6;i++) secb.immedaddr[i]=destaddr[i];
secb.socket      = 0x6666;      // sender socket
secb.esraddress  = NULL;        // keine ESR-Funktion
secb.fragcount   = 2;           // 2 Fragmente (header+data)
secb.fragaddr1   = &sheader;    // Zeiger zum Header
secb.fragsize1   = sizeof(IPXHEADER);
secb.fragaddr2   = sbuffer;     // Zeiger auf die Daten
secb.fragsize2   = sizeof(sbuffer);
```

Mit Hilfe dieses Eventblockes kann das Paket nun gesendet werden:

```
ipxsendpacket(&secb);
```

Danach ist die Aufforderung das Paket zu senden dem IPX-Treiber übergeben. Ein typischer Fehler wäre jetzt, das Programm sofort zu beenden, denn es kann zu diesem Zeitpunkt noch nicht garantiert werden, daß das Paket bereits gesendet wurde. Dem IPX-Treiber muß mit Hilfe von IPXRelinquishControl solange Rechenzeit gegeben werden, bis

---

[18] Eine Netzwerkadresse von 0 ist die Adresse des aktuellen Netzwerksegmentes, in dem sich der Sender befindet.

das Paket wirklich gesendet wurde. Dies kann daran erkannt werden, daß der Event-Control-Block nicht mehr in Benutzung (inuse-Flag) ist, oder indem eine ESR-Funktion gerufen wird. In diesem kurzen Beispiel wird auf das inuse-Flag geprüft. Danach kann das Programm beendet werden.

```
while (secb.inuse) IPXRelinquishControl();
IPXSPXDeinit();
exit;
```

Der Code für den entsprechenden Empfänger lautet folgendermaßen:

Im Gegensatz zum Sender muß beim Empfänger der genutzte Socket (0x2000) zuerst geöffnet werden, um dem IPX-Treiber den Empfang eines Paketes mit dieser Socketadresse zu ermöglichen:

```
ipxinit();
myaddress.socket=reverseword(0x2000);
ipxopensocket(0x00,&myaddress.socket);
```

Auch beim Empfänger muß zunächst ein Event-Control-Block ausgefüllt werden:

```
recb.socket = myaddress.socket;
 recb.esraddress = NULL;            // Keine ESR-Funktion
 recb.fragcount  = 2;
 recb.fragaddr1  = &rheader;        // Zeiger auf den Header
 recb.fragsize1  = sizeof(IPXHEADER);
 recb.fragaddr2  = rbuffer;         // Empfangspuffer
 recb.fragsize2  = sizeof(rbuffer);
```

Jetzt kann der IPX-Treiber mit dem Empfang eines Paketes beauftragt werden. Auch hier muß mit Hilfe des inuse-Flags gewartet werden, bis ein Paket eingetroffen ist:

```
while (recb.inuse) IPXRelinquishControl();
// Jetzt steht das empfangene Paket zur Verfügung
IPXSPXDeinit();
exit;
```

6.1.1.6 Service Advertising Protocol

Dem Beispiel aus Abschnitt 6.1.1.5 haftet der schwerwiegende Nachteil an, daß die Netzwerkadresse der Zielstation fest in das Programm kodiert werden mußte. Dies ist im Normalfall weder wünschenswert noch möglich. Es muß eine Möglichkeit geschaffen werden, die Zieladresse bestehend aus Netzwerkadresse, Knotenadresse und Socketnummer während der Laufzeit zu bestimmen. Um dies zur ermöglichen, wurde von Novell das Service-Advertising-Protocol (kurz SAP) eingeführt. Mit Hilfe des SAP kann ein Server, der einen bestimmten Dienst anbietet, die Adresse seines Dienstes[19] bekanntgeben. Mit Hilfe der Funktion `AdvertiseSevice` macht er seinen Dienst im Netz bekannt. Diese Informationen über die im Netz angebotenen Dienste werden zyklisch von allen Routern ausgetauscht, so daß diese in allen Netzsegmenten bekannt wird. Ein Klient kann nun mit Hilfe der Funktion `QueryServices` nach einem bestimmten Dienst oder nach einer Serveradresse nachfragen und erhält so während der Laufzeit dessen Adresse mitgeteilt. Bevor ein Server beendet wird, ruft er schließlich `ShutdownSAP`, um dem Netz bekannt zu machen, daß der von ihm angebotene Dienst nun nicht länger zur Verfügung steht.

6.2 Linux

Die gängigste und einfachste Interprozeßkommunikation unter Linux ist sicher die Nutzung von Pipes. Eine Pipe ist im wesentlichen ein Kommunikationspuffer, in den ein Prozeß schreiben kann, während ein anderer Prozeß lesen kann. Beim Anlegen einer Pipe erzeugt das System zwei Filedeskriptoren, wobei einer zum Schreiben in die Pipe und der andere zum Lesen aus der Pipe genutzt werden kann. Das Lesen und Schreiben erfolgt mit Hilfe der normalen Dateioperationen *read* und *write*. Der Nachteil von Pipes ist lediglich, daß sie keinen Namen besitzen. Um mit Pipes zu arbeiten, muß ein Vaterprozeß eine Pipe anlegen und danach einen Sohnprozeß erzeugen. Da nun beide Prozesse im Besitz der Deskriptoren sind (durch das Kopieren des Adreßraumes) kann die Kommunikation über die Pipe stattfinden. Dazu ein einfaches Beispiel:

```c
#include <stdio.h>
#include <unistd.h>

main()
{
        int pid;                /* Variable für ProzessID  */
        int MyPipe[2];          /* Pipedeskriptor          */
        char rbuffer[5+1];      /* Übertragungspuffer      */
```

Zuerst wird mit Hilfe des Aufrufs `pipe` eine Pipe erzeugt. Der Aufruf liefert ein Array von zwei Deskriptoren zurück, wobei der Deskriptor 0 zum Lesen und der Deskriptor 1 zum Schreiben genutzt werden kann.

```c
        pipe(MyPipe);
```

Danach wird ein Sohnprozeß abgespalten. Der Sohnprozeß erbt die soeben angelegten Deskriptoren.

```c
        pid = fork();
```

---

[19] Die Adresse eines Dienstes ist eine komplette Netzwerkadresse (Netz,Knoten,Socket), da sich hinter einem Socket immer genau ein Dienst verbirgt.

Der Vaterprozeß liest schließlich 5 Bytes aus der Pipe, legt diese in einem Puffer ab und gibt den Inhalt am Bildschirm aus.

```
if (pid) {         /* Vaterprozeß */
      read(MyPipe[0],rbuffer,5);
      rbuffer[5]=0;
      puts(rbuffer);
      }
```

Der Sohnprozeß schreibt eine Meldung aus 5 Bytes in den Puffer.

```
else {        /* Sohnprozess */
   write(MyPipe[1],"Hallo",5);
   }
return 0;
}
```

Der Nachteil bei dieser Art der Kommunikation ist, daß die Pipe keinen Namen hat. Sie kann daher nur genutzt werden, wenn ein Sohnprozeß von einem Vaterprozeß erzeugt wird und dieser vorher eine Pipe erzeugt hat.

Um nun zwei unabhängigen Prozessen, die nicht in einer Vater-Sohn Beziehung stehen, eine Kommunikation zu ermöglichen, stellt Linux die Named-Pipes oder auch FIFO's zur Verfügung. Ein FIFO ist im Prinzip mit einer Pipe vergleichbar, allerdings mit der zusätzlichen Eigenschaft, daß der FIFO mit einem Namen im Dateisystem eingetragen wird und auch unabhängig von der Lebensdauer von Prozessen ist. Ein FIFO wird mit dem Kommando

```
mknod <name> p
```

erzeugt, wobei <name> ein gültiger Dateiname sein muß. Der FIFO erscheint dann im normalen Dateiverzeichnis:

```
prw-r--r--    1 root      root            0 Mar 18 17:57 MyFIFO|
```

Das kleine „p" deutet an, daß es sich um ein FIFO (oder Named-Pipe) handelt. Dieses FIFO kann nun wie eine ganz normale Datei geöffnet werden. Ein Prozeß kann in diese Datei schreiben, während ein anderer Prozeß aus dieser Datei liest.

Pipes werden sehr häufig in der Kommandozeile von Linux genutzt. Das Pipe-Symbol „|" macht nämlich nichts anderes, als zwei Prozesse zu erzeugen, und deren Standardeingabe bzw. Standardausgabe mit der Pipe zu verbinden. Typisches Beispiel:

```
ls -l | more
```

Dabei werden die Prozesse „ls" und „more" erzeugt und über eine Pipe gemäß obigen Beispiel verbunden. Das gleiche läßt sich übrigens auch unter Nutzung von FIFO's erreichen. Den gleichen Effekt wie obiges Kommando sieht mit einem FIFO folgendermaßen aus:

```
ls -l >MyPipe & more <MyPipe
```

Das „&"-Zeichen startet die Kommandos als zwei unabhängige Prozesse, deren Standardeingabe bzw. Standardausgabe entsprechend umgeleitet werden.

Eine Bemerkung scheint mir bei FIFO's noch wichtig zu sein. Sie sind nur im lokalen System gültig. Im Gegensatz dazu sind die Named-Pipes bei Windows-NT auch über Rechnergrenzen hinweg gültig. Doch dazu mehr in den nun folgenden Abschnitten.

Auf eine Besprechung der Socketkommunikation, die natürlich auch zur Interprozeßkommunikation genutzt werden kann, sei an dieser Stelle verzichtet, da sie sich nicht von der Windows-NT Variante unterscheidet, die noch genauer besprochen wird.

6.3 Windows-NT

Da Windows-NT von vornherein auf gute Netzwerkintegration aufgelegt ist, wurden hier alle wichtigen Kommunikationsformen implementiert. Die Kommunikationsdienste können zur Interprozeßkommunikation innerhalb eines Rechners oder zwischen unterschiedlichen Rechnern innerhalb eines Netzwerkes genutzt werden.

6.3.1.1 Ports

Das Basiskonstrukt in Windows-NT für die Interprozeßkommunikation ist das Port-Objekt. Ein Port ist ein Kommunikationsendpunkt, mit dessen Hilfe zwei Prozesse Nachrichten austauschen können. Die ankommenden Nachrichten werden in einer Eingangswarteschlange gepuffert. Jeder Serverprozeß, der eine Dienstleistung zur Verfügung stellen will, erstellt zunächst einen Verbindungsport mit einer für den angebotenen Dienst fest vordefinierten Portnummer. Wünscht ein Klient eine Kommunikationsverbindung, so wendet er sich zunächst an diesen Verbindungsport. Nach Erhalt eines Verbindungswunsches erstellt der Server zwei zusätzliche Ports. Einen für den Nachrichteneingang zum Server und einen für die Antworten zum Klienten. Mit Hilfe dieser beiden neu erstellten Ports findet die eigentliche Kommunikation statt.

6.3.1.2 LPC

Mit Hilfe der eben beschriebenen Ports wird die „Local Procedure Call" Schnittstelle realisiert. Aus Effizienzgründen unterscheidet man drei Formen des LPC's. Kleine Nachrichten bis zu einer Größe von 256 Bytes werden direkt in die Eingangswarteschlange eines Prozesses übertragen. Größere Nachrichten werden in einem gemeinsamen Speicherbereich übergeben. Die Synchronisation dieses gemeinsamen Speicherbereichs findet über die Ports oder bei Quick-LPC mit Hilfe der Synchronisationsprimitiva statt.

6.4 Sockets

Eine der bekanntesten Kommunikationsschnittstellen sind die aus der Unix-Welt bekannten „Sockets". Ein Socket ist genau wie ein Port ein Kommunikationsendpunkt, mit dessen Hilfe Rechner Daten austauschen. Im Gegensatz zu Ports besitzen Sockets aber neben der eindeutigen Identifikation innerhalb eines Rechners eine zusätzliche Netzadresse, mit der sie von außen (außerhalb des eigenen Rechners) anzusprechen sind. Der Vorgang der Zuordnung einer Netzadresse zu einem Socket wird als „Binden" bezeichnet. Man unterscheidet zwischen zwei prinzipiellen Arten von Sockets: Datagramm und Stream-Sockets. Bei Datagramm-Sockets erfolgt die Kommunikation verbindungslos, d.h. es muß vor dem Senden einer Nachricht kein expliziter Verbindungsaufbau erfolgen. Man hat jedoch dabei keine Gewähr, ob ein Nachrichtentelegramm wirklich beim Empfänger ankommt, wenngleich die Wahrscheinlichkeit eines Verlustes sehr gering ist. Bei Stream-Sockets hingegen, handelt es sich um eine verbindungsorientierte Kommunikation, bei der vor dem Austauschen von Nachrichten ein expliziter Verbindungsaufbau erfolgen muß. Ist dies erst einmal geschehen, so garantiert das zugrundeliegende Kommunikationssystem, daß alle Nachrichten vollständig und in der richtigen Reihenfolge beim Empfänger ankommen.

Zur Datagramm-Kommunikation wird üblicherweise UDP und für Stream-Kommunkation TCP verwendet. Die Socketschnittstelle ist jedoch prinzipiell in der Lage, auch andere Protokolle zu verwenden, d.h. sie ist protokollunabhängig, wenngleich üblicherweise die IP-Protokolle damit genutzt werden.

Die Funktionsaufrufe, die Windows-NT für Socket-Kommunikation anbietet, sind denen aus der Unix-Welt identisch. Es sei auf die entsprechende Literatur verwiesen [Quinn]. Zur Erläuterung dienen zwei kleine Beispiele:

Beide Beispiele dienen dazu, eine kurze Meldung (Kommandozeilenparameter) von einer Applikation zur anderen zu senden. Einmal wird eine Datagramm-Kommunikation benutzt und beim zweiten eine Stream-Kommunikation.

6.4.1 UDP-Beispiel

Ein Datagramm-Socket Empfänger ist wie folgt aufgebaut:

Zuerst muß die Socketbibliothek initialisiert werden. Dies ist bei Unix nicht nötig. MAKEWORD(1,1) gibt hier die gewünschte Version an.

```
WSADATA wsa;
WSAStartup(MAKEWORD(1,1),&wsa)
```

Danach kann ein Datagrammsocket angelegt und initialisiert werden:

```
sSocket = socket(     PF_INET,            // Internet-Protocol
                      SOCK_DGRAM,         // Datagramm-Socket
                      0);                 // Standard-Protokoll

saiAddr.sin_family                = AF_INET;
saiAddr.sin_port                  = htons(PORT);
saiAddr.sin_addr.S_un.S_addr      = INADDR_ANY;
```

Beim Binden wird dem Socket eine Portnummer zugewiesen, auf der er Pakete empfangen
soll:

```
bind(sSocket,(struct sockaddr *)&saiAddr,sizeof(saiAddr));
```

Damit ist die Initialisierung bereits beendet und es können Daten empfangen werden.

```
recvfrom(sSocket, szBuffer, MAX-1, 0, NULL, NULL);
```

Am Ende ist die Bibliothek wieder zu schließen:

```
WSACleanup();
```

Der zugehörige Sender sieht wie folgt aus: (die Initialisierung der Bibliothek ist hier weggelassen)

```
data_socket = socket(PF_INET,           // Internet-Protokoll
                     SOCK_DGRAM,        // Datagramm-Socket
                     0);                // Standard-Protokoll
```

Nach dem Anlegen des Sockets wird die Adresse der Zielmaschine bestimmt. Hier ist sie
als Kommandozeilenargument 2 realisiert. Die Adresse wird in die entsprechende Adreß-
struktur kopiert.

```
phe = gethostbyname((argc<3)?"localhost":argv[2]);
memcpy(&addr.sin_addr, phe->h_addr_list[0],phe->h_length);
addr.sin_family = AF_INET;
addr.sin_port   = htons(PORT);
```

Danach kann sofort ein Datagramm versendet werden. Der String wird in diesem Beispiel
in der Kommandozeile als arg[1] übergeben.

```
sendto(data_socket, argv[1], strlen(argv[1])+1,
        0, (struct sockaddr *)&addr, sizeof(addr));
```

6.4.2 TCP-Beispiel

Das TCP-Beispiel unterscheidet sich vom UDP-Beispiel nur dadurch, daß eine explizite Verbindungsaufnahme erfolgen muß. Zunächst wieder der Empfänger:

```
accept_socket = socket(PF_INET,          // Internet-Protokoll
                       SOCK_STREAM,      // Stream-Socket
                       0);               // Standard-Protokoll

addr.sin_family              = AF_INET;
addr.sin_port               = htons(PORT);
addr.sin_addr.S_un.S_addr   = INADDR_ANY;
```

Mit bind wird der Socket mit einer Adresse (Portnummer) verbunden. Nachdem er danach mit listen auf den Empfang von Verbindungswünschen vorbereitet wurde, kann eine ankommende Verbindung mit accept angenommen werden. Bei einer Verbindung wird ein neuer Kommunikationssocket für diese Verbindung angelegt. Mit dem anderen Socket können danach sofort weitere Verbindungen angenommen werden.

```
bind(accept_socket,(struct sockaddr *)&addr,sizeof(addr));
listen(accept_socket,5));
remote_add_len = sizeof(remote_addr);
data_socket = accept(  accept_socket,
                       (struct sockaddr *)&remote_addr,
                       &remote_addr_len);
```

Schließlich können Daten über die Verbindung übertragen werden:

```
recv(data_socket,&c,1,0));
```

Beim Empfänger ist vor dem Senden der Daten lediglich ein Connect notwendig:

```
data_socket = socket(  PF_INET,          // Internet-Protokoll
                       SOCK_STREAM,      // Stream-Socket
                       0);               // Standard-Protokoll

phe = gethostbyname("localhost");
memcpy(&addr.sin_addr, phe->h_addr_list[0],phe->h_length);
addr.sin_family              = AF_INET;
addr.sin_port               = htons(PORT);

connect(data_socket,(struct sockaddr *)&addr, sizeof(addr));

send(data_socket, &c, 1, 0);
```

Die vollständigen Beispiele finden sich im Anhang.

Neben der besprochenen Socketschnittstelle bietet Windows-NT zwei weitere wichtige Schnittstellen an: Mailslots und Named-Pipes.

6.5 Höhere Kommunikationsdienste

6.5.1 Mailslots

Mailslots sind ein Kommunikationsdienst für gepufferte, verbindungslose und asynchrone Kommunikation. Ein Mailslot kann, wie der Name bereits vermuten läßt, als Briefkasten aufgefaßt werden, in den Klienten ihre Nachrichten einwerfen können. Unterstützt das zugrundeliegende Kommunikationsprotokoll einen Broadcastmechanismus, so kann dieser auch für Mailslots genutzt werden.

Beim Einrichten eines Mailslots, wird dieser mit einem Namen versehen und im Namensbaum des Executive eingetragen. Der Name eines Mailslots hat immer die Form „\\.\Mailslot\pseudodirectory\name“.

Der Ausdruck „\\.“ verweist dabei auf den eigenen Rechner gemäß der UNC. Das Einrichten eines Mailslots erfolgt immer auf dem lokalen Rechner. Daher wird beim Anlegen immer der Präfix „\\.“ benutzt. Referenziert werden kann ein Mailslot hingegen auf jedem Rechner. Der Zielrechner wird unmittelbar nach den einleitenden „\\“ angegeben, z.B. „\\rechner\mailslot\pseododirectory\name“. Die Angabe eines „Pseudodirectories“ beim Anlegen und beim Referenzieren eines Mailslots hingegen ist optional und dient lediglich der besseren Strukturierung bei der Benutzung von vielen Mailslots.

Ist ein Mailslot einmal angelegt oder referenziert, so kann er mit Hilfe normaler Dateioperationen genutzt werden. Um einen Mailslot zu öffnen, der von einem anderen Rechner bereits angelegt sein muß, wird er ganz normal als Datei geöffnet. (Bei Windows-NT wird die Operation zum Öffnen von Dateien als CreateFile bezeichnet, da diese Funktion auch zum Anlegen von Dateien dient).

Folgendes Beispiel soll wieder eine kurze Nachricht aus der Kommandozeile an andere Rechner senden. Das Serverprogramm beschränkt sich im wesentlichen auf das Anlegen des Mailslots:

```
CreateMailslot("\\\\.\\mailslot\\MyMail",MAX,
              MAILSLOT_WAIT_FOREVER,NULL);
```

Danach kann mit normalen Dateioperationen aus dem Mailslot gelesen werden:

```
ReadFile(mail,buffer,MAX,&nr,NULL);
```

Am Ende der Übertragung, bzw. wenn der Server beendet wird, wird der Mailslot wie folgt wieder geschlossen:

```
CloseHandle(mail);
```

Das entsprechende Klientenprogramm benutzt gar keine Mailslot spezifischen Aufrufe. Der Mailslot wird als normale Datei angesprochen. Zum Öffnen (der Spezialdatei) dient der Aufruf CreateFile[20]:

```
CreateFile("\\\\rechner\\mailslot\\MyMail",
           GENERIC_WRITE, FILE_SHARE_READ,
           NULL, OPEN_EXISTING,
           FILE_ATTRIBUTE_NORMAL,NULL);
```

Danach kann mit Hilfe der Write-Funktion Daten an den Mailslot gesendet werden:

```
WriteFile(mail,buffer,strlen(buffer)+1,&nr,NULL);
```

Mailslots stellen somit die einfachste Möglichkeit der Kommunikation zwischen Rechnern im Netz dar. Da es sich bei Mailslots um einen Datagrammdienst handelt, kann hier auch ein Rundspruchmechanismus genutzt werden. Wird bei der Angabe des Rechnernamens eines Mailslots ein „*" angegeben, dann wird eine Nachricht, die in einen Mailslot geschrieben wird, von allen Rechnern empfangen, die sich in der gleichen Domäne befinden und einen Mailslot mit dem gleichen Namen geöffnet haben.

6.5.2 Named-Pipes

Im Gegensatz zu Mailslots handelt es sich bei den Named-Pipes um eine verbindungsorientierte, d.h. eine streamartige Kommunikation. Unterstützt wird aber ebenfalls das asynchrone Modell. Bildlich betrachtet handelt es sich bei einer Named-Pipe um eine „lange Röhre", bei der an der einen Seite die Bytes hineingesteckt werden und am anderen Ende, sprich am anderen Rechner, wieder herausfallen. Um eine Kommunikation mittels Named-Pipe zu ermöglichen, muß neben dem Anlegen einer Named-Pipe auch eine explizite Verbindungsaufnahme erfolgen. Zu diesem Zweck wartet der Server mit einem expliziten API-Aufruf (ConnectNamedPipe) darauf, daß sich ein Klient an die Pipe anhängt. Für den Klienten besteht zwischen der Kommunikation mit einem Mailslot oder mit einer Named-Pipe kein Unterschied. Die Verbindungsaufnahme und das Senden von Daten erfolgt mit Hilfe der normalen Dateioperationen (CreateFile, ReadFile, WriteFile). Lediglich der Dateiname ist unterschiedlich. Analog zum Namen von Mailslots wird der Namen einer Named-Pipe im Namensraum des Executive eingetragen. Beispielsweise gibt der Name „\\.\pipe\MyPipe" eine Named-Pipe auf dem eigenen Rechner an. Pseudodirectories, wie sie von Mailslots unterstützt werden, sind hier jedoch nicht möglich. Genausowenig ist ein Broadcast möglich, da es sich um streamorientierte Kommunikation handelt. Das nachfol-

---

[20] „CreateFile" ist der allgemeine API-Aufruf bei NT, um Dateien anzulegen oder zu öffnen.

gende Beispiel soll wieder eine kurze Nachricht aus der Kommandozeile an einen entfernten Server senden.

Zunächst wieder zum Serverprogramm. Die Named-Pipe wird mit Hilfe des Aufrufes CreateNamedPipe erzeugt:

```
CreateNamedPipe("\\\\.\\pipe\\MyMail",
                PIPE_ACCESS_INBOUND,
                PIPE_TYPE_BYTE,
                1, MAX, MAX, 500, NULL);
```

Im Gegensatz zu Mailslots kann jetzt aber nicht sofort aus der Pipe gelesen werden, da zuerst eine explizite Verbindungsaufnahme zu einem Klienten erfolgen muß. Vergleichbar ist dies mit den Socketoperationen listen/accept. Die Verbindung zu einem Klienten erfolgt durch:

```
ConnectNamedPipe(mail,NULL);
```

Danach kann wieder mit den üblichen Dateioperationen gelesen werden:

```
ReadFile(mail,buffer,MAX,&nr,NULL);
```

Gelöscht wird die Named-Pipe ebenfalls mit dem einheitlichen Aufruf:

```
CloseHandle(mail);
```

Das entsprechende Klientenprogramm ist mit dem Klientenprogramm für Mailslots identisch, außer daß bei der Angabe des „Dateinamens" der String „\\.\pipe\MyMail" benutzt wird.

6.6 Remote Procedure Calls

Grundlage einer Kommunikation zwischen zwei Rechnern ist auf unterster Ebene immer eine der bekannten Kommunikationsdienste, die in den vorherigen Abschnitten beschrieben wurden. Benutzer (oder besser Programmierer) eines verteilten Systems wollen aber normalerweise keine Nachrichten versenden, sondern vielmehr einen Dienst auf einem anderen Rechner ausführen. Um einen Dienst zu nutzen ist die prozedurale Schnittstelle sicher besser geeignet, als das explizite Versenden von Nachrichten. Der Transport von Nachrichten sollte lediglich als Vehikel dienen, um einen Prozeduraufruf von einem Rechner zum anderen zu transportieren. Aus diesem Grunde wurden die Remote-Procedure-Calls entwickelt. Der Grundgedanke, der sich dahinter verbirgt ist der, daß der Aufruf eines Dienstes auf einem entfernten Rechner sich für den Programmierer in der gleichen Art darstellt, wie der Aufruf einer lokalen Prozedur. Das explizite Verpacken der aktuellen

Parameter einer Prozedur in eine Nachricht soll das Laufzeitsystem übernehmen. Um dies zu erreichen, wird das Interface, d.h. die formalen Parameter einer entfernten Prozedur mit Hilfe einer eigenen Beschreibungssprache definiert. Mit Hilfe dieser Information ist dann das RPC-Laufzeitsystem in der Lage, beim Aufruf einer entfernten Prozedur, die aktuellen Parameter in geeigneter Weise zu übertragen. Dieser Vorgang wird Marshalling genannt. Vorsicht ist dabei bei jeglicher Art von Referenzparametern geboten, da die entfernte Prozedur in einem eigenen Adreßraum abläuft, was bedeutet, daß jegliche Zeigerreferenzen keine Gültigkeit besitzen. Die einzige Möglichkeit dieses Problem zumindest zum Teil zu lösen besteht darin, alle ein einem aktuellen Parameter referenzierten Datenstrukturen auf die Zielmaschine zu übertragen. Problematisch ist dies vor allem bei dynamischen Datentypen, da hier unter Umständen komplexe Heapstrukturen transportiert werden müssen.

Für jede entfernte Prozedur wird eine lokale Stub-Prozedur erstellt. Diese Stub-Prozeduren dienen als lokaler Stellvertreter für die eigentlich aufzurufende entfernte Prozedur. Für den Programmierer gestaltet sich daher der Aufruf einer entfernten Prozedur in der gleichen Weise, wie der Aufruf einer lokalen Prozedur. Die lokalen Stub-Prozeduren nehmen lediglich die Parameter vom Stack, verpacken diese in eine Nachricht und senden diese zur Zielmaschine. Dort angekommen, werden die Parameter aus der Nachricht entnommen, auf den Stack gelegt und die eigentlich Prozedur gerufen. So merkt auch die aufgerufene Prozedur nichts davon, daß sie nicht vom lokalen Rechner gerufen wurde.

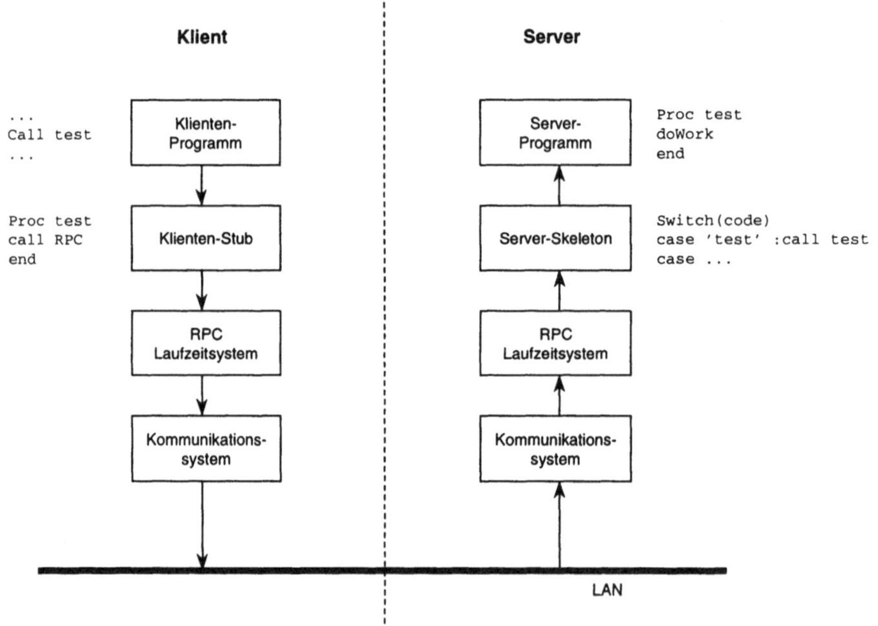

Abb. 6-1 Remote Procedure Call

Abb. 6-1 verdeutlicht den Vorgang noch einmal. Ein Klientenprogramm ruft eine hypothetische Funktion „test" auf, die auf einem Server ausgeführt werden soll. Das Klientenprogramm ruft aber eigentlich die lokale Stubprozedur auf, denn es soll nichts davon merken, daß die eigentliche Prozedur auf einem anderen Rechner läuft. Die lokale Stubfunktion übernimmt nun in Zusammenarbeit mit dem RPC-Laufzeitsystem die Aufgabe, die Parameter der Funktion in Nachrichten zu verpacken (Marshalling) und über das zugrundeliegende Kommunikationssystem den Server zu rufen. Auf dem Server wird die übermittelte Nachricht dekodiert und über einen Verteiler die korrekte Funktion „test" auf dem Server gerufen. Die Übertragung der Ergebniswerte erfolgt analog.

Um dem RPC-Laufzeitsystem das korrekte Übertragen der Parameter zu ermöglichen[21], wird eine Beschreibungssprache genutzt, die die Funktionen und formalen Parameter genauer spezifiziert. Es gibt mehrere dieser Beschreibungssprachen, wie z.B. XDR, ASN.1 oder IDL. Das Benutzen einer derartigen Beschreibungssprache ist deshalb notwendig, weil die meisten Programmiersprachen (vor allem C) nicht typensicher genug ist, um genug Information zur Laufzeit zu liefern. Da in C beispielsweise jeder Datentyp beliebig gecastet werden kann, könnte sich hinter einem char * ein beliebiger Datentyp verbergen. Mit Hilfe dieser Beschreibungssprachen wird die fehlende Typensicherheit nachgerüstet.

6.7 Linux RPC

Das RPC-System, das bei Linux benutzt wird, ist mit dem der Firma Sun kompatibel. Als Beschreibungssprache wird XDR benutzt. Eine XDR-Datei enthält Funktionsprototypen aller entfernt aufzurufenden Prozeduren. Zusätzlich müssen alle Strukturen, die in einem formalen Parameter benutzt werden, beschrieben werden, um dem Laufzeitsystem die Möglichkeit zu geben, die aktuellen Parameter korrekt zu übertragen. Prozeduren, die mit XDR beschrieben werden, unterliegen folgenden Einschränkungen:

- Nur ein formaler Parameter:
  Alle weiteren formalen Parameter können nur über eine vom Benutzer zu definierende Struktur übergeben werden, die natürlich auch in der XDR-Datei beschrieben werden müssen.

- Übergabe und Rückgabe als Referenz:
  Die Übergabe der Parameter und die Rückgabe von Ergebnissen einer Funktion werden grundsätzlich als Referenz übergeben. Für das Funktionsergebnis bedeutet dies, daß ein Rückgabewert von NULL bedeutet, daß die Funktion nicht gerufen werden konnte (z.B. wegen eines Netzwerkfehlers) während die Rückgabe von NULL als Funktionsergebnis als Referenz auf eine Variable, die NULL enthält, realisiert werden muß.

Doch betrachten wir am besten ein kleines Beispiel. Wie üblich wollen wir einen String von einem Rechner (oder von einem Prozeß) zum anderen übertragen und dort am Bild-

---

[21] Es muß vor allem der Typ (Größe, Referenzen usw.) jedes Parameters genau bekannt sein

schirm ausgeben. Zusätzlich definieren wir noch eine zweite Prozedur, die einen String als Rückgabe hat.

Die vom Benutzer zu definierende X-Datei sieht wie folgt aus:

```
program HELLO_PROG {
 version HELLO_VERS {
        long         hello(string)    = 1;
        string       uppers(string)   = 2;
 } = 1;
} = 0x1234;
```

Die Anweisung `program` definiert ein RPC-Programm und weist ihm am Ende eine Identifikationnummer (`0x1234`) zu. An Hand dieser Nummer werden die Prozeduren mit Hilfe des Laufzeitsystem registriert und beim Aufruf gefunden.

Die Anweisung `version` legt die Versionsnummer der Prozeduren fest. Diese Zahl wird einfach bei einer Änderung der formalen Parameter hochgezählt. Ein Versionenkonflikt bei gleichzeitigem Vorhandensein mehrerer Funktionen unterschiedlicher Version wird dadurch gelöst, daß die Versionnummer als Ergänzung zum Namen der Funktion genutzt wird. Aus `hello` wird beim Aufruf der Version 1 `hello_1`.

Danach folgen die Funktionsprototypen der einzelnen Funktionen, ergänzt um eine zusätzliche Nummer, mit der die Funktionen beim entfernten Aufruf identifiziert werden. Als formale Parameter können entweder die Grunddatentypen (int, long usw.), vordefinierte Typen wie `string`, oder benutzerdefinierte Strukturen genutzt werden. Es kann allerdings maximal einen formalen Parameter geben. Komplexere Parameter müssen per Struktur übergeben werden. Zu beachten ist außerdem, daß die Parameter und Rückgabewerte in der erzeugten C-Datei immer als Referenzen deklariert werden.

Mit Hilfe des Dienstprogrammes rpcgen werden daraus weitere C-Dateien erzeugt. Der Aufruf von

```
rpcgen hello.x
```

liefert die Dateien hello.h, hello_clnt.c und hello_svc.c. Die Datei hello.h enthält die aus der X-Datei abgeleiteten C-Prototypen der Funktionen und einige zusätzliche Definitionen, die sich aus den Programmen und Versionsymbolen ergeben. Die beiden anderen Dateien enthalten die Klientenstubs sowie das RPC-Serverhauptprogramm. Abb. 6-2 zeigt einen Überblick über die notwendigen Dateien und deren weitere Verarbeitung.

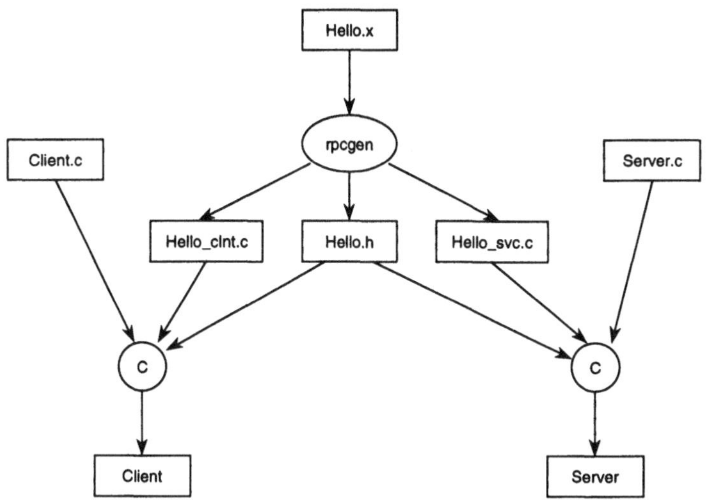

Abb. 6-2 Linux-RPC

Jetzt müssen noch die eigentlichen Serverfunktionen (Datei server.c) sowie ein Klientenprogramm (client.c) erzeugt werden. Betrachten wir zunächst die Serverfunktionen:

Zunächst einige notwendigen Includes:

```
#include <rpc/rpc.h>
#include <string.h>
#include <ctype.h>
#include "hello.h"

#define MAX 256
```

Die Funktion hello aus der X-Datei wird auf der Serverseite als hello_1_svc aufgerufen.
Dieser Name enthält zusätzlich die Versionnummer. Außerdem wird die Endung _svc an-
gehängt, da es sich bei der Funktion um die eigentliche Serverfunktion und nicht um den
Klietenstub handelt. Zu beachten sind die Referenzen in der Definition.

```
long * hello_1_svc(char ** p, struct svc_req * rp) {
  static long retval;

  printf("rpc-message: %s\n",*p);

  retval = 0;              // Nur zur Demo, Rückgabe immer 0
```

```
    return &retval;
}
```

Der Rückgabewert muß natürlich als statische Variable deklariert werden, da der Wert nach Beendigung der Funktion dem Laufzeitsystem zur Rückübertragung an den Klienten zur Verfügung stehen muß.

Die zweite Funktion wandelt einen String in Großbuchstaben um. Die Rückgabe des Strings muß als dynamische Variable (mit malloc alloziert) erfolgen, da das Laufzeitsystem den genutzten Speicher wieder freigibt.

```c
char ** uppers_1_svc(char ** p, struct svc_req * rp) {

  static char * buffer;
  int i;

  buffer = (char *)malloc(strlen(*p)+1);
  strcpy(buffer,*p);
  for (i=0; i<strlen(buffer); ++i)
      buffer[i] = toupper(buffer[i]);
  return(&buffer);
}
```

Ein Klientenprogramm, welches diese Funktion nutzt, könnte wie folgt aussehen:

```c
#include <stdio.h>
#include <rpc/rpc.h>
#include "hello.h"

main(argc, argv)  int argc; char * argv[]; {

  CLIENT      *cl;        // Repräsentation der Serververbindung
  char        *server;
  char        *msg = "hello linux rpc";
  long        *lresult;
  char        **sresult;

  if (argc < 2) {
      fprintf(stderr,"Aufruf: %s hostname\n", argv[0]);
      exit(1); }

  server = argv[1];
```

Bevor die entfernten Prozeduren gerufen werden können, muß eine Verbindung zum Server aufgebaut werden. Die dazu notwendigen Parameter sind die Adresse des Servers (Internetadresse) und das aufzurufende RPC-Programm. Das RPC-Programm kann mit Hilfe des von rpcgen erzeugen Symbols HELLO_PROG angesprochen werden. Ebenfalls von rpcgen wurde ein Symbol für die Version erzeugt. Schließlich erfolgt noch die Angabe des zu verwendeten Übertragungsprotokoll. Hier kann UDP oder TCP genutzt werden.

```
cl = clnt_create(server,HELLO_PROG,HELLO_VERS,"udp");
```

Wurde die Verbindung erfolgreich hergestellt, so enthält die Variable cl einen von NULL verschiedenen Wert.

```
if (cl == NULL)...; // Fehlerbehandlung
```

Jetzt kann die entfernte Funktion genutzt werden. Dazu wird die Klientenstubfunktion hello_1 gerufen. Bei erfolgreichem Aufruf gibt die Stubfunktion eine Referenz auf den Rückgabewert zurück. Wird hingegen NULL zurückgeliefert, konnten die Funktionen nicht gerufen werden.

```
lresult = hello_1(&msg,cl);
if (lresult == NULL)...;   // Fehlerbehandlung
```

Der Aufruf der Funktion uppers erfolgt in der gleichen Weise. Auch hier wird das Funktionsergebnis als Referenz auf die eigentlichen Daten betrachtet.

```
sresult = uppers_1(&msg,cl);
if (sresult == NULL)...;   // Fehlerbehandlung
else printf("returned string = %s\n",*sresult);
```

Am Ende erfolgt der Verbindungsabbau:

```
clnt_destroy(cl);
exit(0);
}
```

Dieses kleine Beispiel konnte natürlich nur einen kleinen Einblick in die RPC-Programmierung bei Linux (oder SUN-RPC) geben. Für weitere Information sei der interessierte Leser auf [Bloomer] verweisen.

Im nächsten Abschnitt betrachten wir den RPC-Mechanismus von Windows-NT.

6.8 Windows-NT RPC

Die Grundlage des Aufrufes einer entfernten Prozedur bildet auch bei Windows-NT eine Beschreibungssprache, die das RPC-Laufzeitsystem über die genaue Anzahl und Typ der formalen Parameter der aufzurufenden Prozedur informiert. Hier wird eine erweiterte Form von IDL (Interface Definition Language), die im Rahmen von DCE entwickelt wurde, benutzt. Diese Sprache ist in weiten Teilen mit DCE-IDL kompatibel und wurde lediglich um einige Konstrukte erweitert. Die Syntax von IDL ist stark an die Programmiersprache C angelehnt. Mit Hilfe von IDL werden die Funktionsprototypen, ergänzt um zusätzliche Typendefinitionen, der entfernten Prozedur beschrieben. In Ergänzung zu der reinen C-Syntax können bei jedem Parameter oder bei jedem Interface sogen. Attribute angegeben werden. Diese Attribute werden in eckigen Klammern geschrieben und unterstützen das Laufzeitsystem bei der Übertragung von Parametern. Beispielsweise kann hier angegeben werden, daß es sich bei einem „char *" tatsächlich um einen Zeiger auf einen 0-terminierten String handelt. Das Laufzeitsystem wird dann diesen String als Ganzes zur entfernten Prozedur übertragen und dieser Prozedur den Zugriff auf den String ermöglichen, obwohl es sich bei dem formalen Parameter „char *" um eine Referenz handelt, die eigentlich im Adreßraum der Zielprozedur keinerlei Gültigkeit hätte.

6.8.1 IDL-Compiler

Der IDL-Compiler hat die Aufgabe, die Stub-Prozeduren und Datenstrukturen zu erzeugen, die zum Erzeugen einer RPC-Anwendung notwendig sind. Dazu bedient er sich zweier Eingabedateien. Dies ist zum einen die IDL-Datei, die das entfernte auf dem Zielrechner befindliche Interface beschreibt (ein Interface ist die Zusammenfassung aller entfernt aufzurufenden Prozeduren), und zum anderen eine ACF-Datei (Application Control File), die Angaben über die RPC-Anwendung als Ganzes enthält. Im einfachsten Fall ist dies die Angabe einer globalen Variablen, welche die Verbindung (Kommunikationsprotokoll usw.) zum Server repräsentiert. Aus diesen Angaben werden drei Dateien erzeugt:

- Klienten-Stub-Prozeduren, die als lokale Stellvertreter Prozeduren dienen.

- Server-Stub-Prozeduren, die auf der Serverseite die eigentlichen Prozeduren rufen.

- Ein Headerfile, welches für Server und Klient gleichermaßen genutzt wird.

Diese so erzeugten Dateien werden zu der eigenen Anwendung dazugebunden, um eine auf RPC-basierte verteilte Anwendung zu erhalten.

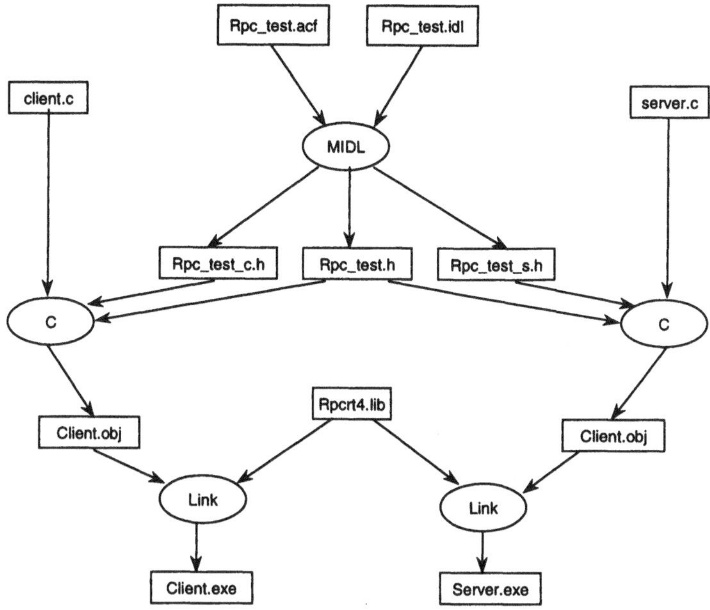

Abb. 6-3 MIDL-Compiler

Der Aufbau der IDL und der ACF-Datei ist stark an die Syntax von C++ angelehnt. In der Tat enthalten diese Dateien Typdefinitionen und Funktionsprototypen, wie sie auch in C++-Headerfiles vorkommen. Ergänzt wird die Syntax durch Attribute. Ein Attribut steht in eckigen Klammern vor einem syntaktischen Element (z.B. einem formalen Parameter), das es näher beschreiben soll. Beispielsweise kann hier der Typ von formalen Parametern beschrieben werden. Andere Attribute beziehen sich auf die Datei als ganzes. Attribute haben folgenden prinzipiellen Aufbau:

```
[name(parameter,...),...] item
```

Ein Attribut ist eine Liste von Namen, die selbst wieder eine Liste von aktuellen Parametern enthalten können. Attribute wirken immer auf das direkt folgende Element. An Hand des Beispiels weiter unten wird die Verwendung der Attribute verdeutlicht.

Ein paar zusätzliche Initialisierungen vor dem eigentlichen Aufruf der entfernten Prozeduren sind im Klientenprogramm und im Serverprogramm notwendig. Vor dem Aufruf einer entfernten Prozedur muß bestimmt werden, auf welchem Rechner die Prozedur gerufen werden soll, d.h. es ist zumindest die Angabe der Zieladresse in einer dem benutzten

Transportprotokoll spezifischen Form notwendig. Und genau die Angabe des zu benutzenden Transportprotokolls ist ebenfalls notwendig. Viele RPC-Implementierungen basieren typischerweise auf UDP oder auf TCP. Bei Windows-NT können auch die höheren Kommunikationsdienste, wie z.B. Named-Pipes als Transportmedium genutzt werden. Diese Angaben werden entweder im IDL-File gemacht, oder während der Laufzeit mit Hilfe von Bibliotheksfunktionen festgelegt.

6.8.2 Beispiel

Als Beispiel soll wieder das berühmte „hello world" dienen. Die Aufgabe einer kleinen RPC-Applikation soll es sein, einen beliebigen C-String an eine entfernte Prozedur „Print" zu übertragen, um diesen dort am Bildschirm auszugeben.

6.8.2.1 ACF-File

Zuerst ist das ACF-File zu erstellen. Dieses File gestaltet sich in unserem Beispiel als sehr einfach. Es enthält lediglich die Angabe über die globale Kommunikationsvariable, die als Handle für alle folgenden RPC-Aufrufe genutzt wird. Das Interface „rpc_test", auf das sich die Angabe des Handles bezieht, wird hier zwar angegeben, aber nicht weiter spezifiziert.

```
// rpc_test.acf, Application Control File

[implicit_handle(handle_t rpc_test_IfHandle)]
interface rpc_test {}
```

Die Variable „rpc_test_IfHandle" wird in der Datei rpc_test_c.c als globale Variable angelegt. Alle weiteren RPC-Funktionen bedienen sich dieser Variablen bei der Kommunikation.

6.8.2.2 IDL-File

Das IDL-File ist schon etwas aufwendiger, denn es definiert das Interface der entfernt aufzurufenden Prozeduren. Außerdem wird die Versionsnummer und eine eindeutige Identifikation des Interfaces angelegt. Folgende Abbildung zeigt das IDL-File:

```
[ uuid (906B0CE2-C70B-1067-B317-00DD010662DB),
  version(1.0),
  pointer_default(unique)]

interface rpc_test
{
void Print([in, string] unsigned char * pszString);
}
```

Die Attribute der Dateien stehen auch hier in eckigen Klammern. Der Eintrag uuid legt eine eindeutige Identifikation für das folgende Interface fest. Die UUID (Universal Unique Identifier) wird mit Hilfe eines kleinen Hilfsprogrammes (guidgen) erzeugt. Dieses Programm erstellt bei jedem Aufruf eine neue eindeutige Nummer, die in Raum und Zeit eindeutig ist. Diese so erzeugte Nummer wird einmal per cut-and-paste in das eigene Programm übernommen und spezifiziert so weltweit eindeutig das anzulegende Interface. Das zweite Attribut „Version" gibt die Versionsnummer des Interfaces an. Diese Zahl kann nach Belieben hochgezählt werden. Es handelt sich um eine einfache Real-Konstante. „Pointer_default(unique)" gibt dem Laufzeitsystem einen Hinweis, daß ein Objekt, welches von einem Pointer dereferenziert wird und als aktuellen Parameter in einem Funktionsaufruf genutzt wird, von keinem zweiten Alias-Zeiger referenziert wird. Dies kann zu Optimierungszwecken beim Parametermarshalling genutzt werden.

Nach dieser Einleitung, d.h. der Attributierung des gesamten Interfaces, wird nun das Interface als Sammlung von Funktionsprototypen beschrieben. In unserem einfachen Fall haben wir es lediglich mit einer einzigen Funktion „Print" zu tun. Die Remote-Funktion Print erwartet als Eingabeparameter einen Zeiger auf einen Null-terminierten C-String. Diese Angaben werden mit Hilfe der Attribute [in] und [string] gemacht. „In" gibt dem System einen Hinweis, daß der Parameter pszString nur zur Funktion Print transportiert werden soll, d.h. der Inhalt des Puffers auf den pszString zeigt, wird nicht verändert. Das Attribut [string] sagt dem Laufzeitsystem, daß es sich bei dem Speicher, auf den pszString zeigt, tatsächlich um einen mit Null terminierten String handelt. Das Laufzeitsystem ist somit in der Lage, die Länge des Strings und somit die Anzahl der zu übertragenden Daten zu bestimmen. Prinzipiell könnte es sich in C bei einem „char *" auch um einen Zeiger auf beliebige Binärdaten handeln, deren Länge mit „strlen" nicht bestimmt werden kann. Weitere Definitionen sind in der ACF- und IDL-Datei nicht zu treffen.

Übersetzt werden beide Dateien mit Hilfe des MIDL-Compilers. Der MIDL-Compiler liest standardmäßig beide Dateien und generiert die Ausgabedateien rpc_test.h, rpc_test_c.c und rpc_test_s.c.

Ein beispielhafter Aufruf könnte folgendermaßen lauten:

```
midl -oldnames -cpp_cmd cl -cpp_opt "-E" hello.idl
```

Der MIDL-Compiler bedient sich dabei des Präprozessors des C++-Compilers (-cpp_cmd cl -cpp_opt „E"). Die Angabe „oldnames" instruiert den Compiler die Versionsnummer des Interfaces nicht in die Namen der generierten Prozeduren aufzunehmen. In dem DCE-kompatiblen Modus (ohne -oldnames) wird die Versionsnummer mit aufgenommen.

Nachdem der MIDL-Compiler die Dateien hello.idl und hello.acf übersetzt hat, sind die generierten Ausgabedateien rpc_test.h, rpc_test_c.c und rpc_test_s.c vorhanden. Diese Dateien sollten allerdings nie geändert werden. Nachdem das Interface des RPC-Beispiels so vorbereitet ist, können die eigentlichen Server und Klientenprogramme erzeugt werden.

6.8.2.3 Serverprogramm

Zunächst soll der Aufbau des Serverprogramms erläutert werden. Die eigentliche Arbeit, die vom Server gefordert wird, ist schlicht die Ausgabe eines Strings am Bildschirm:

```
void Print(unsigned char * pszString)
{
    printf("%s\n", pszString);
}
```

Mehr ist hier nicht zu tun. Was fehlt, ist „nur" die Initialisierung des Servers und der Aufruf der Serverschleife, die entfernte Aufträge entgegen nimmt. Bei der Initialisierung ist es vor allem wichtig das Transportmedium anzugeben, über das die zugrundeliegende Kommunikation abläuft. Das Transportmedium wird mit Hilfe einer Protokollsequenz in Form eines einfachen C-Strings angegeben. Folgende Sequenzen werden unterstützt:

```
ncacn_ip_tcp          Connection-oriented TCP over IP
ncacn_nb_tcp          Connection-oriented TCP over NetBIOS
ncacn_nb_ipx          Connection-oriented IPX over NetBEUI
ncacn_nb_nb           Connection-oriented NetBIOS over NetBEUI
ncacn_np              Connection-oriented named pipes
ncacn_spx             Connection-oriented SPX
ncacn_dnet_nsp        Connection-oriented DECnet transport
ncadg_ip_udp          Datagram (connectionless) UDP over IP
ncadg_ipx             Datagram (connectionless) IPX
ncalrpc               Local (cross-process) procedure call
```

Zusätzlich ist noch die Angabe des Endpunktes, Port oder Pipename notwendig, um eine eindeutige Zuordnung zu einem bestimmten Kommunikationsstrom zu erhalten:

```
status = RpcServerUseProtseqEp("ncacn_np",  // Prot-Sequenz
                               cMaxCalls,
                               "\\pipe\\hello",//Endpunkt
                               NULL);         // Security
```

Nachdem das Transportmedium so charakterisiert ist, muß der Server seine exportierten Funktionen noch registrieren. Damit gibt er bekannt, daß er bereit ist Anfragen, d.h. RPC-Aufrufe entgegen zu nehmen:

```
status = RpcServerRegisterIf(    rpc_test_ServerIfHandle,
                                 NULL, NULL);
```

Die Variable `rpc_test_ServerIfHandle` wurde zuvor vom MIDL-Compiler erzeugt. Jetzt kann die Serverschleife gerufen werden, um ankommende Aufträge zu bearbeiten und zur eigentlichen Arbeitsfunktion „Print" weiterzuleiten:

```
status = RpcServerListen(1,10,FALSE);
```

Der Server nimmt nun ständig RPC-Aufrufe entgegen, bis irgendwann die Funktion `RpcMgmtStopServerListening` gerufen wird, um die Serverschleife wieder zu beenden. Der komplette Quellcode kann im Anhang nachgelesen werden.

6.8.2.4 Klientenprogramm

Das Klientenprogramm gestaltet sich ähnlich dem Serverprogramm. Zunächst muß mit angegeben werden, welches Transportmedium im weiteren benutzt werden soll:

```
status = RpcStringBindingCompose(NULL,"ncacn_np",NULL,
                                 "\\pipe\\hello",NULL,
                                 &pszStringBinding);
```

Die Angabe erfolgt ebenfalls über eine Protokollsequenz und einen passenden Endpunkt. In unserem Fall soll die Kommunikation mit Hilfe von Named-Pipes erfolgen. Danach kann die Verbindung zum Server aufgebaut werden:

```
RpcBindingFromStringBinding(pszStringBinding,&hello_IfHandle);
```

Server und Klient sind nun verbunden und die entfernten Prozeduren können aufgerufen werden. Da es sich bei jeglicher Art der Netzkommunikation prinzipiell um eine unsichere Kommunikation handelt (im Gegensatz zur Kommunikation innerhalb eines Rechners), muß immer mit einem Zusammenbruch der Verbindung gerechnet werden. Daher empfiehlt es sich, die nun folgenden Aufrufe der entfernten Prozeduren mit Hilfe von „structured exception handling" abzusichern. Die RPC-Bibliothek bietet hierzu einige Makros an, die alle auf die __try __except Konstrukte zurückgeführt werden. Der Aufruf unserer Printfunktion sieht demnach wie folgt aus:

```
RpcTryExcept {
        Print(pszString);     // Aufruf der entfernten Prozedur
      }
    RpcExcept(EXCEPTION_EXECUTE_HANDLER) {
      // Fehlerbehandlung
      }
```

Tritt beim Aufruf unserer Printfunktion ein Fehler auf, weil beispielsweise der entfernte Rechner nicht mehr verfügbar ist, so würden die Anweisungen im Zweig `RpcExcept` gerufen. Andernfalls sollte „endlich" die eigentliche Printprozedur des Servers aktiviert werden.

6.9 Java-RMI

Bei Java RMI (Remote Method Invocation) handelt es sich im Prinzip auch um einen RPC-Mechanismus. Java besitzt gegenüber von C, C++ oder ähnlichen Sprachen zwei entscheidende Vorteile:

- Java ist eine sehr typensichere Sprache

- Java besitzt das Konzept der Interfaces

Beide Konzepte sind vor allem bei der Implementierung von RMI sehr wichtig. Hier kann Java seine Vorteile voll ausspielen, was zu einer wesentlich einfacheren Implementation von RPC-Mechanismen (hier RMI genannt) führt. Um die folgenden Beispiele zu verstehen sollten einige grundlegende Kenntnisse in Java vorhanden sein. Der Leser sei hier auf die Literatur [Gosling] verwiesen.

Warum ist die Implementierung von Java aber nun so einfach? In den bisher aufgeführten Beispielen mußte immer eine zusätzliche Beschreibungssprache (XDR, IDL) genutzt werden, um das Interface eines Servers zu beschreiben. Dies war vor allem auf Grund der fehlenden Typensicherheit bei C notwendig, da sich hinter einem Zeiger im Prinzip jegliche Datenstruktur verbergen kann. Ist eine Sprache nun aber typensicher und steht diese Typeninformation während der Laufzeit des Programmes zur Verfügung (beides gilt für Java), so hat das RMI-Laufzeitsystem genügend Informationen, um die Parameter einer Methode korrekt vom Klient zum Server zu transportieren.

Ein weiterer Vorteil ist, daß Java bereits in der Sprache über das Konzept der Interfaces verfügt. Was liegt nun näher, als die bereits vorhandenen Konstrukte zur Implementierung von RMI zu nutzen.

Betrachten wir die Konzepte wieder an Hand eines konkreten Beispiels. Die Aufgabe des folgenden RMI-Programmes ist es, einen String von einem Klienten auf einen Server zu übertragen. Dort soll der String am Bildschirm ausgegeben werden.

Zuerst erfolgt wie bei RPC die Definition des Interfaces. Die Definition erfolgt aber im Gegensatz zu RPC nicht in einer eigenen Beschreibungssprache, sondern direkt als Java-Programm, d.h. als Java-Interface (Datei Msg.java):

```
import java.rmi.*;

public interface Msg extends Remote {
  public void hello(String s) throws RemoteException;
  }
```

Diese Datei definiert das Interface „Msg", das später genutzt wird, um die Funktion „hello" auf dem Server aufzurufen. Jedes Interface, das als RMI-Interface genutzt werden soll, muß von der Klasse „Remote" abgeleitet sein. Diese Datei kann ganz normal mit Hilfe des Java-Compilers übersetzt werden. Doch nun zum Server:

Ein RMI-Server muß einerseits alle Fähigkeiten eines „Remote"-Objekts besitzen (es muß z.B. über das Netz zugreifbar sein) und andererseits unsere benötigte Prozeduren zur Verfügung stellen. In der Java-Terminologie bedeutet dies, die Implementierung des Serverobjektes muß von der Klasse „UnicastRemoteObject" abgeleitet werden und unser Interface „Msg" implementieren. Während die Datei „Msg.java" nur das Interface des Objektes beschreibt, muß nun ein konkretes Objekt, das diesem Interface genügt, implementiert werden. Dazu wird die Klasse „MsgImpl" entworfen:

Neben verschiedenen Importen muß die Implementierung vor allem auch das oben definierte Interface „Msg" importieren:

```
import java.lang.*;
import java.rmi.*;
import java.rmi.server.UnicastRemoteObject;
import Msg;
```

Klassendefinition von MsgImpl:

```
public class MsgImpl
            extends UnicastRemoteObject
            implements Msg {
```

Obwohl der Konstruktor nur den Konstruktor der Basisklasse ruft, muß er explizit definiert werden, weil, wie bei allen Netzoperationen, ein Netzwerkfehler auftreten kann. In diesem Fall wird die Exception „RemoteException" erzeugt.

```
public MsgImpl() throws RemoteException {
    super();
}
```

Unsere eigentliche Serverfunktion nimmt lediglich den String entgegen und gibt diesen am Bildschirm aus.

```
public void hello(String s) throws RemoteException {
    System.out.println(s);
    }
```

In der statischen Initialisierungsfunktion main sind einige Vorkehrungen notwendig, damit das Objekt „MsgImpl" von Klienten auch gefunden werden kann:

```
public static void main(String args[])
{
        // Der SecurityManager regelt den korrekten Zugriff
        // die zu ladenden Klassendateien
        System.setSecurityManager(new RMISecurityManager());
```

Das „MsgImpl"-Objekt muß natürlich zuerst instanziiert werden. Danach kann es dem Namensdienst mit „rebind" bekanntgegeben werden. Ab diesem Zeitpunkt können Klienten auf diese Objekt zugreifen. Die beiden Aufrufe werden mit `try-except` geklammert werden, da eine Ausnahmesituation auftreten kann:

```
try {
        MsgImpl obj = new MsgImpl();
        Naming.rebind("MsgServer", obj);
} catch (Exception e) {
        System.out.println("Msg: " + e.getMessage());
        e.printStackTrace();
}
    }
}
```

Dies ist schon alles, um ein Objekt mit RMI zugreifbar zu machen. Das zugehörige Klientenprogramm ist denkbar einfach. Wichtig ist hier, daß das Klientenprogramm das Interface (definiert in Msg) importiert, um auf das Serverobjekt korrekt zuzugreifen. (Datei Client.java)

```
import java.lang.*;
import java.rmi.*;
import Msg;
import RemObj;
```

Definiert wird nun eine einfache Klientenklasse „client", die in ihrer statischen Initialisierungsfunktion „main" auf das oben publizierte Objekt zugreift:

```
public class client {

    public static void main(String args[]) {
```

Das entfernte Objekt wird mit Hilfe seines Interfaces definiert. Hierbei kommt die Eigenschaft von Java ins Spiel, das ein Java-Interface wie ein Typ behandelt werden kann. Es erfolgt eine Variablendeklaration mit Hilfe des Interfaces. Nach dessen Instanziierung kann auf alle Funktionen des Interfaces (aber nur diese) zugegriffen werden.

```
Msg m;
```

Jetzt kann das Objekt auf dem Server „server" gesucht werden, wenn es sich im Server zuvor wie oben registriert hat. Der Aufruf „Naming.lookup" liefert als Ergebnis ein Objekt vom Typ „Remote". Unser Interface wurde aber gerade von „Remote" abgeleitet, so daß auf das korrekte Interface gecastet werden kann. Dieser Typcast ist an dieser Stelle notwendig, allerdings typensicher, da das Java-Laufzeitsystem (im Gegensatz zu C oder C++) den Cast auf Korrektheit prüft. Wegen evtl. auftretende Netzwerkprobleme muß auch hier mit try-except geklammert werden. Danach kann die entfernte Methode „hello" gerufen werden

```
try {
m = (Msg)Naming.lookup("//server/MsgServer");
m.hello(„Meldung");   // eigentliche RMI

} catch(Exception e) {
    System.out.println(e);
}
}
}
```

Die eben beschriebenen Dateien können mit Hilfe des Java-Compilers übersetzt werden. Dabei muß natürlich zuerst die Interfacedatei Msg.java compiliert werden, gefolgt von MsgImpl.java und Klient.java. Was jetzt noch fehlt, ist die Erzeugung der Klientenstubs und des Serverskeletons. Zur Generierung dieser fehlenden Teile dient das Hilfsprogramm

```
rmic <Klassenname>
```

Rmic liest die Klassendatei der Implementierung des Serverobjektes (in unserem Falle MsgImpl) und erzeugt daraus die Klientenstubs MsgImpl_Stub.class und das Serverskeleton MsgImpl_Skel.class. Bei RMI werden im Gegensatz zu RPC keine Quelldateien erzeugt, da dies bei Java auch gar nicht notwendig ist. Das Binden der Klassen erfolgt bei Java erst während der Laufzeit. Im übrigen darf der Inhalt der Klientenstubs und der Serverskeleton ja sowieso nicht geändert werden.

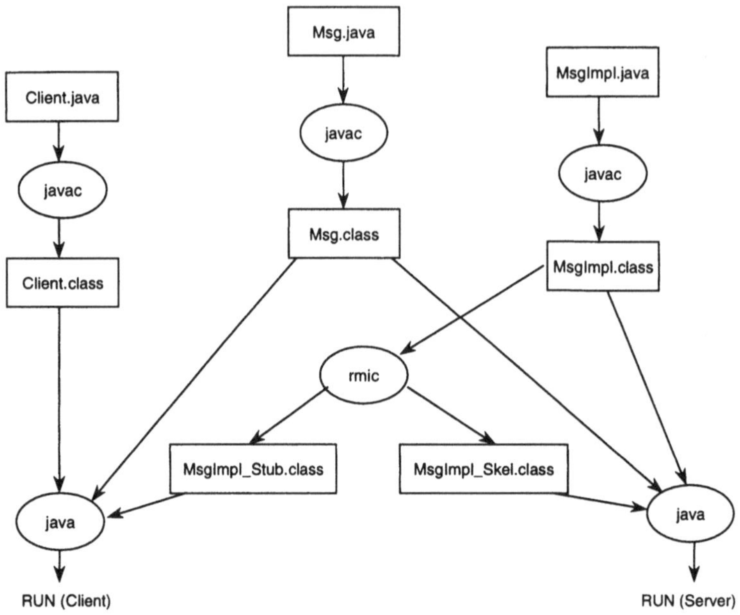

Abb. 6-4 Java-RMI

Abb. 6-4 verdeutlicht den Ablauf des Datenflusses bei der Erzeugung von RMI-Klient und RMI-Server.

Um ein ablauffähiges RMI-System zu erhalten, ist noch der eigentliche Namensdienst notwendig, bei dem die Registrierung der Objekte erfolgen kann. Der Namensdienst wird als Prozeß im Hintergrund gestartet und nimmt die Registrierungen der Objekte (Naming.rebind ...) entgegen:

```
rniregistry &        // bei Linux oder
start registry       // bei Windows-NT
```

Jetzt kann der Aufruf des registrierten Objektes erfolgen. Um eine RMI-Applikation zu erhalten, muß mindestens ein Objekt bereits instanziiert sein. Dies erfolgt typischerweise in der statischen Initialisierungsfunktion main (s.o.). Sollen nun weitere Objekte mit RMI genutzt werden, so können diese dynamisch vom ersten Objekt wie ganz normale Java-Objekte erzeugt werden. Damit der Zugriff per RMI ermöglicht wird, müssen diese nach der Erzeugung lediglich exportiert werden. Dazu noch ein kleines Beispiel:

Zunächst wird das Interface für ein neues RMI-Objekt (RemObj) mit zwei Methoden zum Speichern und zum Lesen eines Strings definiert.

```
import java.rmi.*;

public interface RemObj extends Remote {
  public void SetVal(String s)  throws RemoteException;
  public String GetVal()  throws RemoteException;
}
```

Das Interface vom ersten Beispiel wird derart erweitert, daß es ein Objekt vom Typ `Rem-Obj` erzeugen kann (Funktion `getObj`). Das neue Objekt muß hier natürlich importiert werden.

```
import java.rmi.*;
import RemObj;

public interface Msg extends Remote {
  public void hello(String s) throws RemoteException;
  public RemObj getObj() throws RemoteException;
}
```

Die Implementierung des neuen Objektes `RemObj` ist sehr einfach und unterscheidet sich von anderen Java-Objekten nur dadurch, daß die Fehlersituation `RemoteException` auftreten kann. Im Beispiel wird lediglich der übergebenen String intern gespeichert, bzw. wieder ausgegeben:

```
import java.lang.*;
import java.rmi.*;
import RemObj;

class RemObjImpl implements RemObj {
  private String val;

  public void SetVal(String s)  throws RemoteException {
       val = s;}

  public String GetVal()  throws RemoteException {
       return val;}
}
```

Der Rest des Servers ist wieder mit dem ersten Beispiel identisch. Es muß lediglich die neue Funktion `getObj` implementiert werden. Hier wird das neue Objekt mit new angelegt und danach exportiert, so daß es dem RMI-System bekannt ist.

```
public RemObj getObj() throws RemoteException {
     RemObjImpl o = new RemObjImpl();
     UnicastRemoteObject.exportObject(o);
```

```
        return o;
    }
```

Der Klient nutzt nun das erste Objekt m vom Typ Msg um ein neues Objekt RemObj zu erzeugen. Folgender Ausschnitt demonstriert den Vorgang:

```
o=obj.getObj();                    // Objekt anlegen
o.SetVal("hallo");                 // Wert setzen
System.out.println(o.GetVal());    // String wieder ausgeben
```

Diese Beispiele sollten zeigen, daß es in der Tat mit Java sehr einfach ist RPC-Mechanismen nachzubauen. Java verdankt diesen Vorsprung vor allem der "eingebauten" Typensicherheit, sowie des bereits in der Sprache verankerten Interface-Konzeptes. Da Java auf unterschiedlichsten Plattformen verfügbar ist, lassen sich somit sehr einfach plattformübergreifende Client-Server-Strukturen aufbauen. Der einzige Nachteil ist, daß der Java-Bytecode normalerweise interpretiert wird. Daraus ergibt sich natürlich ein nicht unerhebliches Performanceproblem. Es läßt sich jedoch erwarten, daß durch verbesserte Just-In-Time-Compiler oder gar direkte Übersetzung von Java in Maschinencode wesentliche Verbesserungen erreicht werden.

6.10 Literatur

[MSDN]   Microsoft Developer Network

[Quinn]   Bob Quinn, Dave Shute; Windows Sockets Network Programming; Addison-Wesley 1995

[Richter]   Jeffrey M. Richter; Windows NT weiterführende Programmierung; Microsoft Press 1994

[Sinha]   Alok K. Sinha; Network Programming in Windows NT; Addision Wesley 1996

[Stevens1]   Richard W. Stevens; TCP/IP illustrated : The protocols : Vol 1; Addison Wesley 1997

7 Objektdienste

Die in Kapitel 6.6 eingeführten Remote-Procedure-Calls ähneln schon sehr dem, was ein Programmierer eigentlich nutzen will. Er will eine Prozedur rufen, egal, ob diese lokal oder auf einem entfernten Rechner liegt. Legt man als Programmier-Paradigma nicht den prozeduralen Aufruf von Funktionen zu Grunde, sondern bedient man sich der objektorientierten Technologie, so gelangt man direkt zu objektorientierten Diensten[22]. Einer der Vorteile beim objektorientierten Ansatz ist, daß Instanzdaten eines Objektes einer bestimmten Klasse nur mit Hilfe der definierten Methoden gelesen, geschrieben oder verändert werden dürfen. Globale Variablen sind nicht vorhanden. Dies vereinfacht die Konstruktion eines verteilten Systems ganz erheblich, da keine Referenzen zu Nichtobjekten, also z.B. klassenlosen Records im Hauptspeicher existieren können. Die Übertragung der Parameter bzw. die Migration von Objekten wird vereinfacht, da die Methodenaufrufe sehr leicht über lokale Trapfunktionen umgeleitet werden können. Die genaue Definition der Objektdatentypen und Interfaces ist aber nach wie vor nötig.

In letzter Zeit sind immer mehr Bestrebungen im Gange, Objektmodelle und zugehörige Dienste zu definieren. Beispiele dafür sind Corba von der OMG, Java-Beans von Sun-Microsystems oder OLE von Microsoft. Alle diese Modelle oder Dienste haben das Ziel, eine einheitliche Schnittstelle für Objektdienste im lokalen und im verteilten System zu definieren. Im lokalen System steht dabei eher der Gedanke von Komponentensoftware im Vordergrund, während im verteilten System Probleme, wie einheitliche Dienstschnittstellen oder Ortstransparenz gelöst werden sollen.

7.1 Corba

Corba wurde von der OMG (Object Management Group), der viele namhafte Hersteller angehören, definiert. Ziel von Corba ist es, einen einheitlichen „Vermittlungsdienst" zwischen Objekten zu etablieren. Die Idee ist, eine Infrastruktur zu schaffen, mit deren Hilfe Objekte unterschiedlicher Programmiersprachen auf unterschiedlichen Rechnern zusammenarbeiten können.

Die Basisstruktur von CORBA ist der „Object Request Broker" (ORB). Dabei handelt es sich um eine Art Vermittlungsstelle, die die Aufrufe von Klienteobjekten entgegennimmt und den Aufruf transparent zum Serverobjekt weiterleitet. Weil sich der ORB quasi zwi-

---

[22] Die im Abschnitt 6.9 besprochene Java-RMI ähnelt im Gegensatz zu RPC schon eher objektorientierten Diensten und ist daher auch diesem Kapitel zuzuordnen

schen den einzelnen Objekten befindet und die Basisinfrastruktur für die Kommunikation zwischen den Objekten bildet, spricht man hierbei auch von „Middleware".

Die Technik, derer man sich bei CORBA bedient, ist durchaus mit der von RPC's vergleichbar, zumindest was die Beschreibung der Interfaces von Objekten betrifft. Ein Objekt wird auch mit Hilfe von Interfaces in einer von der Zielsprache unabhängigen Form beschrieben. Man bedient sich auch hier der „Interface Description Language", die wir bereits in Abschnitt 6.8.1 kennengelernt haben.

Ein Interface in CORBA könnte beispielsweise wir folgt lauten:

```
interface TextDokument : Dokument {
  exception DruckerFehler { string text; }
  void drucke() raises(DruckerFehler);
  void fertig(out long ferigInfo);
  }
```

Dieses Interface beschreibt ein Interface von Typ TextDokument, das zwei Funktionen (drucke und fertig) zur Verfügung stellt. Außerdem wird definiert, daß beim Aufruf der drucke-Funktion ein Fehler vom Typ DruckerFehler auftreten kann. Mit Hilfe des IDL-Compilers wird nun diese Interfacebeschreibung auf die jeweilige Zielsprache abgebildet und die entsprechenden Klientenstubs und Serverskeletons erzeugt.

Um ein Serverobjekt anzusprechen, kontaktiert der Klient im Gegensatz zu RPC's nicht direkt den Server, sondern bedient sich der Vermittlung des ORB's, um sein Serverobjekt zu finden. Der ORB ist für das Suchen und das Verbinden des Klienten mit dem Server zuständig.

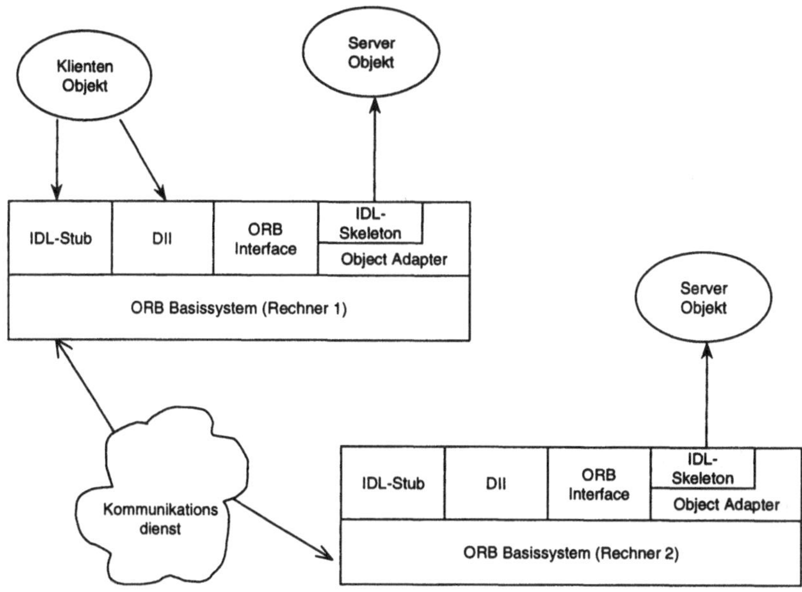

Abb. 7-1 Corba Struktur (ORB)

Dem Klientenobjekt gegenüber soll es transparent bleiben, ob sich das Serverobjekt im gleichen Rechner befindet oder nicht. Der Aufruf der Methoden geschieht wie bei RPC's über die entsprechenden Stubs.

Abb. 7-1 zeigt aber noch eine weitere Möglichkeit des Aufrufs der Methoden eines Serverobjektes. Es ist dies das DII (Dynamic Invocation Interface). Ein Klient, der die Parameter und das Interface eines Servers während seiner Übersetzungszeit nicht kennt, kann sich diese Informationen auch zur Laufzeit aus dem „Interface Repository" besorgen, ein Dienst, den CORBA ebenfalls zur Verfügung stellt. Die Informationen über die Interfaces von Serverobjekten, die mit Hilfe von IDL definiert wurden, stehen auch zur Laufzeit zur Verfügung. Ein Klient kann sich nun diese Informationen besorgen, um die korrekten Parameter zum Aufruf des Servers zu bestimmen.

CORBA Implementierungen sind inzwischen für die wichtigsten Plattformen verfügbar. Im PC-Bereich ist Corba für Windows-NT verfügbar.

7.2 Component Object Model

Das Component-Object-Model (kurz COM-Modell) von Microsoft ist ebenfalls ein Objektmodell. Es ist zwar nicht ganz so leistungsfähig wie CORBA (es fehlen z.B. die Vermittlungsdienste), ist aber auf Windows-NT als DCOM sofort und ohne Zusatzinstallation verfügbar.

Auf dem COM-Modell basieren alle weiteren Dienste, die als OLE, OCX oder ActiveX bekannt sind. Historisch betrachtet war die OLE-Technologie dazu gedacht, ein Dokument eines Programmes in ein anderes einzubetten (z.B. ein Excel-Chart in ein Word-Dokument). Daher rührt auch der Name OLE (Open Linking and Embedding) her. OLE ist aber seit der Version 2.0 viel mehr als nur ein Dienst zum Einbetten von Dokumenten. Beispielsweise lassen sich mit Hilfe von OLE-Automation ganze Programme fernsteuern. Für den Einsatz im verteilten System ist die Variante, die als DCOM (Distributed Component Object Model) bezeichnet wird, gedacht. Die Grundlage für all diese Dienste ist aber das COM-Modell. Daher soll dieses näher betrachtet werden.

7.2.1 Modell

Die Grundidee ist zunächst sehr einfach. Die Funktionen, die ein Serverobjekt als Dienste zur Verfügung stellt, werden zu (semantisch sinnvollen) Einheiten zusammengefaßt. Diese Funktionsbündel werden als Interface bezeichnet. Dabei handelt es sich im Prinzip um die gleiche Interfacedefinition, die bereits bei der Beschreibung von RPC's benutzt wurde.

Will ein Klient die Dienste eines Server-Objektes nutzen, dann besorgt er sich einen Zeiger auf ein derartiges Interface und ruft die dort enthaltenen Funktionen auf. Besitzt ein Klient einmal einen Zeiger auf ein Interface eines Server-Objektes, so kann er, sofern er Kenntnis von den weiteren Interfaces hat, auch alle anderen Interfaces benutzen, indem er sich mit Hilfe eines Interfaces einen Zeiger auf eines der anderen Interfaces besorgt.

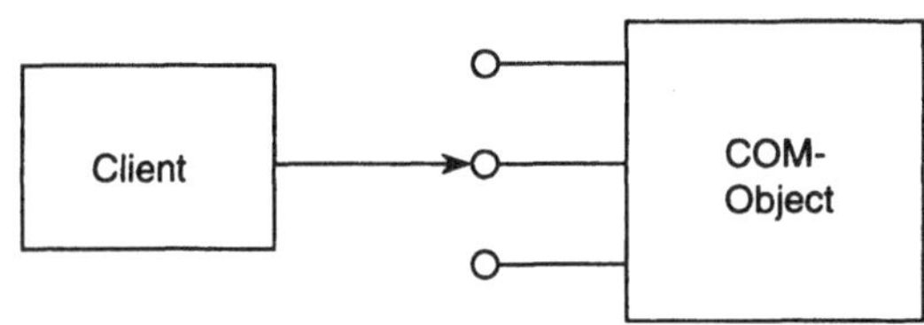

Abb. 7-2 COM-Objekt

7.2.2 Realisierung

Sehr wichtig zu vermerken ist, daß es sich bei dem COM-Modell um ein binäres Modell handelt. Es gibt lediglich Auskunft, wie die Interfaces in binärer Form im Speicher liegen. Es soll keine Rolle spielen, mit welcher Programmiersprache auf ein Interface zugegriffen wird. Sofern eine Programmiersprache das geforderte binäre Speicherlayout erzeugen bzw. nutzen kann und die Aufrufkonventionen bei Prozeduren übereinstimmen, (Parameterreihenfolge, Datentypen, Entfernung der aktuellen Argumente vom Stack usw.) kann diese Sprache auch das COM-Modell nutzen. Trotzdem gibt es natürlich Programmiersprachen, die das COM-Modell besser unterstützen als andere. Sicher nicht ganz zufällig entspricht das binäre Speicherlayout eines COM-Interfaces genau dem Speicherab-

bild, welches ein C++-Compiler für eine abstrakte Klasse erzeugen würde. Daher ist C++
für die Programmierung von COM-Objekten besonders geeignet.

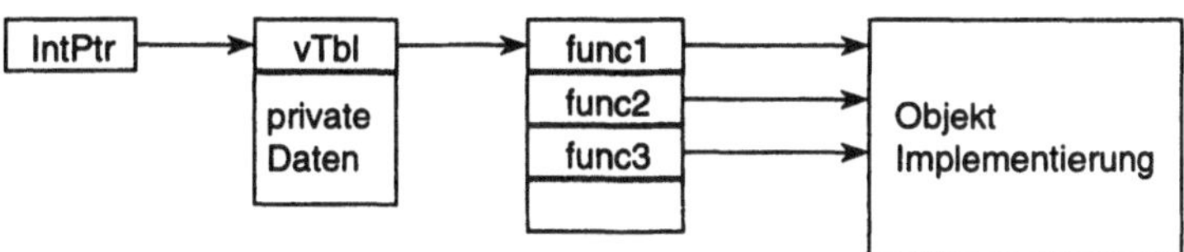

Abb. 7-3 COM-Speicherlayout

Abb. 7-3 zeigt das genaue Layout eines COM-Interfaces. Der Zeiger eines Klienten
(Interfacezeiger) zeigt auf ein Interfaceobjekt. Dieses Interfaceobjekt enthält neben privaten Daten, die hier nicht weiter von Interesse sind, im wesentlichen einen Zeiger auf eine
virtuelle Methodentabelle. Diese Tabelle enthält für jede Funktion des Interfaces einen
Zeiger auf die eigentliche Implementierung innerhalb des Objektes. Hier sieht man auch
sofort den engen Zusammenhang zu C++. Definiert man in C++ eine abstrakte Klasse, die
genau die Funktionen des zu beschreibenden Interfaces enthält, und leitet davon eine konkrete Implementierung für ein Objekt ab und überschreibt die abstrakten Methoden mit
einer konkreten Implementierung, so wird der C++-Compiler genau oben abgebildetes
Speicherlayout erzeugen.

```
Class Interface1 {
public:
        virtual void func1() = 0;
        virtual void func2() = 0;
        virtual void func3() = 0;
  };

class MyObject : public Interface1 {
        void func1() {};
        void func2() {};
        void func3() {};
  }
```

Beim Aufruf der Funktionen eines Interfaces muß lediglich die zweifache Indirektion über
die virtuelle Methodentabelle berücksichtigt werden. Da ein C++-Compiler aber gerade
davon Kenntnis hat, kann eine Funktion eines Interfaces dann genauso wie eine Methode
eines C++-Objektes gerufen werden:

```
o = new MyObject;
o->func1()
```

In C würde der äquivalente Aufruf etwa wie folgt lauten:

```
o->vtbl->func1();
```

Da die Programmierung von COM-Objekten in C nur mühseliger ist, beschränken wir uns im weiteren auf die C++-Variante. Zur Definition eines Interfaces gibt es im wesentlichen zwei Varianten: Entweder wird ein Interface als eine abstrakte C++-Klasse definiert, oder mit Hilfe einer Interfacebeschreibungssprache (IDL), die wir bereits im Kapitel über RPC's kennengelernt haben. Aus einer derartigen IDL-Datei erzeugt dann der zugehörige IDL-Compiler wiederum eine abstrakte C++-Klasse, damit der C++-Compiler das korrekte Speicherlayout erzeugt. Die Verwendung einer Interfacebeschreibungssprache ist vor allem dann besonders sinnvoll, wenn zusätzlich zur abstrakten C++-Klasse lokale Stubelemente (vgl. RPC-Stubs) zu erzeugen sind.

7.2.3 Instanziierung

Ist ein Interface definiert und das zugehörige Objekt, welches ein Interface implementiert, programmiert, so kann ein derartiges COM-Objekt instanziiert, d.h. im Speicher angelegt werden. Beim COM-Modell wird nun aber ein Objekt nicht wie bei C++-Objekten vom Klienten mit Hilfe des new-operators direkt im Speicher angelegt, sondern mit Hilfe eines Severprogrammes, das wiederum mit Hilfe des COM-Laufzeitsystems geladen wird. Dieses Serverprogramm ist für das Anlegen und das Löschen von Objekten zuständig. Ein Klient fordert lediglich das System auf, ein bestimmtes Objekt zu erzeugen und einen Zeiger auf eines der Interfaces dieses Objektes zu liefern. Für den Klienten bleibt es danach transparent, ob das Server-Objekt in seinem eigenen Adreßraum, im Adreßraum eines anderen Prozesses oder sogar im Speicher eines anderen Rechners im Netz liegt. Er ruft lediglich die Funktionen des ihm zur Verfügung gestellten Objektes mit Hilfe seines Interfacezeigers.

Um nach diesem Verfahren das Anlegen eines Objektes vom System zu fordern, muß das gewünschte Objekt eindeutig identifiziert werden, wobei hier die Eindeutigkeit die wichtigste Rolle spielt. Es muß verhindert werden, daß jemals zwei Objekte „verwechselt" werden, weil sie zufällig den gleichen Namen besitzen. Hierbei bedient man sich wieder der UUID's, einer 128-Bit langen Zahl, die mit Hilfe eines Hilfsprogrammes erzeugt werden und in Raum und Zeit eindeutig sind. Die Wahrscheinlichkeit ist zumindestens recht hoch, wenn man bedenkt, daß 128-Bit umgerechnet auf die Erdoberfläche immer noch ca. $6*10^{23}$ Zahlenwerte pro Quadratmeter Erde ergeben. (Das sollte eine Weile reichen).

Jedem COM-Objekt wird eine derartige ID zugeordnet und als CLSID (= Class ID) bezeichnet. Diese ID wird zusammen mit der Information, welches Serverprogramm für die Erzeugung eines Objektes zuständig ist, im Registry eingetragen. Abb. 7-4 zeigt den Ablauf bei der Instanziierung eines COM-Objektes:

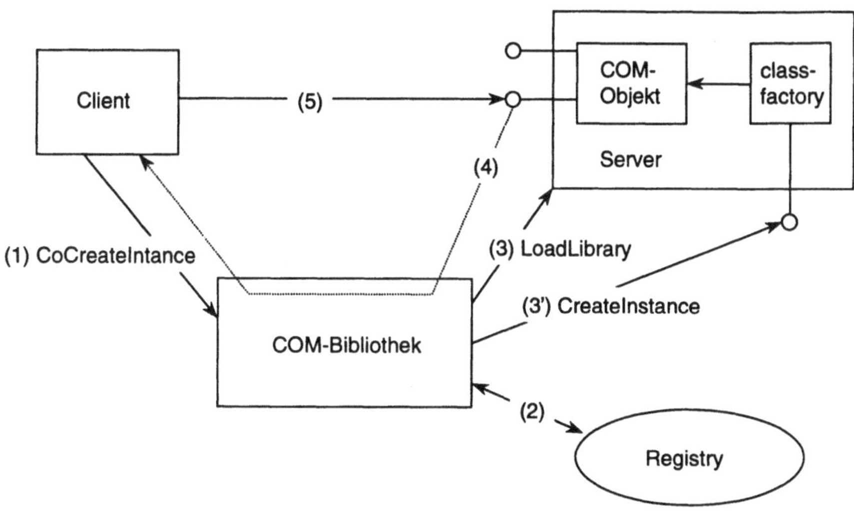

Abb. 7-4 Instanziierung eines COM-Objektes

Ein Klient fordert im Schritt 1 die Erzeugung eines COM-Objektes mit Hilfe der Funktion CoCreateInstance an (der Präfix Co steht hier für COM-Funktion). Dies entspricht etwa dem Aufruf von new. Daraufhin sucht das COM-Laufzeitsystem im Registry nach der angegebenen ID des Objektes (Schritt 2). Wird ein entsprechender Eintrag gefunden, so wird das zugehörige Serverprogramm in den Speicher geladen und im Schritt 3 mit dem eigentlichen Anlegen des Objektes beauftragt. Dieses Serverprogramm enthält neben dem eigentlichen Objekt immer auch ein Objekt vom Typ „IClassFactory". Diese „Class-Factory" wird mit dem Anlegen des eigentlich angeforderten Objektes beauftragt. Dies bleibt dem Klienten gegenüber transparant, muß aber natürlich bei der Implementierung eines Servers berücksichtigt werden.

Nach dem Anlegen des Objektes wird ein Zeiger auf eines der Interfaces des Objektes vom Laufzeitsystem an den Klienten übertragen (Schritt 4). Daraufhin hat der Klient Zugriff auf das Objekt und kann im Schritt 5 mit Hilfe seines Interfacezeigers die Funktionalität des Objektes nutzen.

7.2.4 Interfaces

Wie oben beschrieben, muß beim Anlegen einer Instanz eines Objektes noch angegeben werden, welches Interface eines COM-Objektes ein Klient ansprechen will. Ein Interface muß aber nicht, wie man vielleicht zunächst annehmen könnte, nur innerhalb eines Objektes eindeutig sein (dann könnte man sie einfach durchnumerieren), sondern es kann mehrere Objekte geben, die das gleiche Interface implementieren. Ein Beispiel wäre ein Zeicheninterface, daß alle Objekte, die sich selbst am Bildschirm darstellen können, dazu veranlaßt dies zu tun. Das Interface ist hier das gleiche, implementiert in unterschiedlichen Objekten. Es liegt nahe, auch die Interfaces mit eindeutigen Nummern (UUID's) zu kennzeichnen. In der Tat muß beim Anlegen eines COM-Objektes nicht nur die ID des Objektes, sondern auch die ID des gewünschten Interfaces angegeben werden. Die ID des Interfaces muß allerdings nicht notwendigerweise im Registry eingetragen sein, sondern Klient und Server können sich darüber verständigen, ob ein spezielles Interface, dessen ID natürlich beiden bekannt sein muß, unterstützt wird.

Bei Interfaces gibt es noch eine Reihe weiterer Konventionen, die unbedingt eingehalten werden müssen:

1. Jedes COM-Objekt muß mindestens das Interface IUnknown implementieren.

2. Jedes Interface muß vom Interface IUnknown abgeleitet sein, d.h. mindestens dessen Funktionen unterstützen.

Das Interface IUnknown ist folgendermaßen definiert:

```
interface IUnknown
{
HRESULT    QueryInterface([in]    REFIID    riid,    [out]    void
**ppvObject);
ULONG AddRef();
ULONG Release();
}
```

Die wichtigste Funktion ist hier `QueryInterface`. Mit Hilfe dieser Funktion kann man von einem Interface auf ein anderes Interface „umschalten", d.h. man kann sich einen Zeiger auf jedes andere Interface des Objektes besorgen. Als Eingabeparameter dient die eindeutige ID des gewünschten Interfaces und als Ausgabe erhält man, sofern das Interface implementiert ist, einen neuen Interfacezeiger. Hier wird auch sofort klar, warum alle Interfaces von IUnknown abgeleitet sein müssen. Der Grund liegt darin, daß man von jedem Interface auf jedes andere Interface „umschalten" können muß. Der Grund, warum jedes Objekt mindestens das Interface IUnknown implementieren muß, liegt darin, daß beim Laden eines Objektes in den Speicher zunächst nicht bekannt ist, ob das gewünschte Interface wirklich implementiert wird. Um aber bei einem Objekt nachzufragen, ob ein bestimmtes Interface implementiert ist, ist mindestens ein Zeiger auf ein vorhandenes Interface notwendig. Wenn aber IUnknown immer vorhanden ist, kann dieses Interface genutzt werden, um alle anderen Interfaces zu finden.

Die beiden anderen Funktionen AddRef und Release dienen dazu, die Lebensdauer eines COM-Objektes zu bestimmen. Ein Objekt kann offensichtlich dann aus dem Speicher wieder entfernt werden, wenn keine Referenz auf dieses Objekt mehr existiert. Eine Möglichkeit, um dies festzustellen, ist das Mitführen eines Referenzzählers. Jedesmal wenn ein Zeiger auf ein Objekt ausgegeben wird, muß mit Hilfe von AddRef der interne Referenzzähler erhöht und bei der Freigabe eines Zeigers mit Hilfe von Release erniedrigt werden.

Sobald der interne Referenzzähler 0 erreicht hat, existiert keine Referenz mehr und das Objekt kann entfernt werden (leider gilt die Umkehrbedingung nicht).

7.2.5 Servertypen

COM-Objekte werden mit Hilfe von Serverprogrammen angelegt. Ein Serverprogramm kann dabei mehrere COM-Objekte verwalten. Es gibt im wesentlichen zwei unterschiedliche Arten von Servern, je nachdem, ob ein Serverprogramm als DLL in den Adreßraum des Klienten geladen wird, oder als eigenständiger Prozeß (EXE-File) arbeitet.

Im letzteren Fall ist es notwendig, wie bei RPC's, Stub-Elemente zwischen Server und Klient zu schalten, da Zeiger eines Adreßraumes im anderen nicht mehr gültig sind.

7.2.5.1 In-Process-Server

Bei In-Process-Servern handelt es sich um Serverprogramme für COM-Objekte, die in einer DLL untergebracht sind. Diese werden dynamisch kurz vor dem Anlegen eines COM-Objektes in den Speicher geladen. Das eigentliche Anlegen eines COM-Objektes im Speicher übernimmt ein spezielles COM-Interface, genannt IClassFactory. Dabei handelt es sich nicht um ein „normales“ COM-Objekt, sondern um einen Teil des Serverprogrammes, das Kenntnis über die interne Struktur des anzulegenden COM-Objektes hat (C++ Klassendefinition). Die Funktion CreateInstance im Interface IClassFactory wird gerufen, um eine Instanz des Objektes anzulegen. Um nun wiederum das passende IClassFactory zu einem COM-Objekt zu finden, ist es nötig, mindestens eine Funktion der Server-DLL als „normale“ exportierte Funktion zu definieren. Diese ausgezeichnete Funktion „DllGetClassObject“ liefert schließlich auf Anfrage einen Interfacezeiger auf eine IClass-Factory, die das gewünschte Objekte anlegen kann.

In-Process-Server (als DLL realisiert) sind natürlich deshalb so „einfach“, weil Server und Klientenobjekt im gleichen Adreßraum liegen, d.h. alle Zeigerwerte sind bei allen Objekten gültig. Die Interfacefunktionen eines Objektes können über einen indirekten Funktionsaufruf gerufen werden.

Anders verhält es sich bei COM-Objekten, die von eigenen Prozessen zur Verfügung gestellt werden. Dann spricht man von einem Local-Server.

7.2.5.2 DLL-Beispiel

Als einführendes Beispiel soll ein In-Process-Sever dienen, der die Aufgabe hat, zwei Zahlen zu addieren. Dies ist sicher eine der umständlichsten Art, um zwei Zahlen zu addieren, aber an diesem Beispiel sieht man ganz gut, welche Programmierarbeiten notwendig sind um ein COM-Objekt zu realisieren.

Man beginnt am besten mit der Definition des zu realisiernden Interfaces. Die Funktion, die das Interface bereitstellen soll, ist das Addieren von zwei Zahlen. Die eigentliche Funktion, die wir rufen wollen ist:

```
calc(int a, int b, int &res)
```

Diese Funktion wird in eine Interfacedefinition verpackt. Wie erwähnt, muß jedes Interface von IUknown abgeleitet sein. Wir definieren ein Interface Ctest, das von IUnknown abgeleitet wird. Es ergibt sich die folgende C++ Klassendefinition:

```
class CTest : public Iunknown {
protected:
        ULONG        m_cRef;       // Referenzzähler
public:
        CTest();                   // C++ Konstruktor
        ~CTest();
        STDMETHODIMP              QueryInterface(REFIID, PPVOID);
        STDMETHODIMP_(ULONG) AddRef(void);
        STDMETHODIMP_(ULONG) Release(void);

        virtual STDMETHODIMP Calc(int a, int b, int &res);
        };
```

Jedes Interface muß zunächst die drei Funktionen QueryInterface, AddRef und Release in genau dieser Reihenfolge definieren. Danach folgt unsere neue Funktion Calc. Wichtig ist, daß die Funktion Calc als virtuelle Funktion angelegt wird, damit der C++ Compiler die Funktion in die virtuelle Methodentabelle aufnimmt. Korrekterweise müßte man zuerst ein Interface ITest mit einer abstrakten Methode Calc definieren. Von diesem Interface würde dann die Klasse Ctest abgeleitet, welches im Endeffekt das gleiche binäre Speicherlayout erzeugen würde.

Was jetzt noch fehlt, ist die Definition einer UUID[23] für das neue Objekt und die Deklaration der Class-Factory. Die Class-Factory kann zwar unverändert übernommen werden, muß allerdings implementiert werden:

Zuerst die UUID:

```
// {6F922D61-D801-11d0-A220-0020182C05E3}
static const GUID CLSID_ITest =
{ 0x6f922d61, 0xd801, 0x11d0, { 0xa2, 0x20, 0x0, 0x20, 0x18,
0x2c, 0x5, 0xe3 } };
```

Nun die Class-Factory:

```
class CTestClassFactory : public IClassFactory {
protected:
        ULONG              m_cRef;
public:
```

---

[23] Eine neue UUID besorgt man sich mit dem Hilfsprogramm Guidgen.

```
CTestClassFactory(void);

STDMETHODIMP            QueryInterface(REFIID, PPVOID);
STDMETHODIMP_(ULONG) AddRef(void);
STDMETHODIMP_(ULONG) Release(void);

STDMETHODIMP            CreateInstance(LPUNKNOWN,
                                       REFIID, PPVOID);
STDMETHODIMP            LockServer(BOOL);
};
```

Damit ist das Headerfile fertig. Wichtig bei allen COM-Objekten sind die korrekten Einträge in der Registry, damit die DLL zum Anlegen des Objektes gefunden werden kann. Der wichtigste Eintrag bei allen COM-Objekten ist der Schlüssel unter

HKEY_CLASSES_ROOT\CLSID\<*UUID des neuen Objektes*>\InProcServer32

Diesen Schlüssel referenziert das Laufzeitsystem, um bei Angabe einer GUID die entsprechende DLL zu finden. In unserem Beispiel ist die Datei commdll.reg wie folgt aufgebaut:

```
REGEDIT4
[HKEY_CLASSES_ROOT\CLSID\{6F922D61-D801-11D0-A220-
0020182C05E3}\InprocServer32]
@="c:\\...\\comdll\\debug\\comdll.dll"
```

Beim Anklicken der Datei wird der Registry-Editor gestartet, der dann diesen Schlüssel in der Registry einträgt. Jetzt kennt das Laufzeitsystem den genauen Standort der DLL und kann diese bei Bedarf laden.

Die Implementierung der DLL besteht aus drei Teilen. Zuerst die Implementierung der Funktion `DllGetClassObject`, die dazu dient, die eigentliche Class-Factory in der DLL zu finden:

Zuerst einige globale Variablen

```
ULONG        g_AnzahlObjekte=0;    // Anzahl der Ctest Objekte
ULONG        g_AnzahlSperren=0;    // Anzahl der DLL-sperren
```

Die Funktion DllGetClassObjekt sucht nach der Class-Factory eines bestimmten COM-Objektes, dazu wird die UUID des gesuchten Objektes in `rclsid` und das gewünschte Interface in `riid` übergeben. Wenn die Class-Factory gefunden wurde, wird ein Zeiger auf die Class-Factory in der Variablen `ppv` zurückgegeben.

```
STDAPI DllGetClassObject(    REFCLSID rclsid,
                             REFIID riid, PPVOID ppv){
    HRESULT                 hr;
    CTestClassFactory *pObj;

    if (CLSID_ITest!=rclsid) return ResultFromScode(E_FAIL);
    pObj=new CTestClassFactory();
    if (NULL==pObj) return ResultFromScode(E_OUTOFMEMORY);
    hr=pObj->QueryInterface(riid, ppv);
    if (FAILED(hr)) delete pObj;
    return hr;
}
```

Mit Hilfe der Funktion `DllCanUnloadNow` prüft das COM-Laufzeitsystem, ob die DLL
wieder aus dem Speicher entfernt werden kann. Wir geben die Erlaubnis dazu genau dann,
wenn kein `Ctest` Objekt mehr existiert und wenn keine Sperre auf die DLL (z.B. von
einem anderen Thread) existiert.

```
STDAPI DllCanUnloadNow(void)    {
    SCODE   sc;
    sc=(0L==g_AnzahlObjekte && 0L==g_AnzahlSperren)
            ? S_OK : S_FALSE;
    return ResultFromScode(sc);
    }
```

Jetzt folgt die Implementierung der Class-Factory, also dem Teil der DLL, die für das Anlegen des eigentlichen CTest Objektes zuständig ist. Die wichtigste Funktion ist die Funktion CreateInstance, die das Objekt schließlich anlegt:

```
// Der Konstruktor initialisiert nur den Referenzzähler
CTestClassFactory::CTestClassFactory(void){
        m_cRef=0L;
        return; }
```

QueryInterface liefert einen Zeiger auf die Class-Factory, wenn entweder das Interface
`IUnkown` oder `IClassfactory` angefordert wird.

```
STDMETHODIMP CTestClassFactory::QueryInterface(    REFIID riid,
                                                   PPVOID ppv){
    *ppv=NULL;

    if (    IID_IUnknown==riid ||
            IID_IClassFactory==riid) *ppv=this;

    if (NULL!=*ppv) {
        ((LPUNKNOWN)*ppv)->AddRef();
```

```
        return NOERROR;
    }

    return ResultFromScode(E_NOINTERFACE);
    }
```

AddRef und Release führen über den internen Referenzzähler Buch über die Anzahl angelegter Objekte

```
STDMETHODIMP_(ULONG) CTestClassFactory::AddRef(void) {
    return ++m_cRef; }

STDMETHODIMP_(ULONG) CTestClassFactory::Release(void) {
    if (0L!=--m_cRef) return m_cRef;
    delete this; return 0L;
}
```

CreateInstance legt schließlich unser Objekt CTest an. Dazu wird nach einigen Prüfungen das C++-Objekt im Speicher angelegt und danach auf das angeforderte Interface umgeschaltet.

```
STDMETHODIMP        CTestClassFactory::CreateInstance(LPUNKNOWN
pUnkOuter, REFIID riid, void ** ppvObj)
{
    PCTest              pObj;
    HRESULT             hr;

    *ppvObj=NULL; // Rückgabezeiger darf nicht NULL sein
    hr=ResultFromScode(E_OUTOFMEMORY);

       // Aggragation ist ebenfalls nicht erlaubt
    if (NULL!=pUnkOuter && IID_IUnknown!=riid)
        return ResultFromScode(CLASS_E_NOAGGREGATION);

    pObj=new CTest(ObjektEnde);
    if (NULL==pObj) return hr;
    hr=pObj->QueryInterface(riid, ppvObj);
    if (FAILED(hr)) delete pObj;
    else g_AnzahlObjekte++;
    return hr;
}
```

Die Funktion LockServer kann von dem Laufzeitsystem evtl. gerufen werden, um die DLL im Hauptspeicher festzuhalten. Hier wird lediglich die Anzahl der Sperren erhöht, bzw. erniedrigt.

```
STDMETHODIMP CTestClassFactory::LockServer(BOOL fLock)
{
    if (fLock) g_AnzahlSperren++;
    else g_AnzahlSperren--;
    return NOERROR;
}
```

Als letztes folgt schließlich die Implementierung der eigentlichen Klasse CTest, die unser
Interface implementiert. Der Konstruktor initialisiert lediglich den Referenzzähler mit 0,
während der Destruktor die globale Variable g_AnzahlObjekte, die die Anzahl der
angelegten Objekte zählt, um eins erniedrigt.

```
CTest::CTest()  { m_cRef=0;}
CTest::~CTest() { g_AnzahlObjekte--;}
```

Die Funktion QueryInterface dient wieder zum Umschalten des Interfaces. Gültige Inter-
face-ID's sind IID_Unknown und CLSID_ITest (unser neues Interface). In beiden Fällen
wird der gleiche Zeiger zurückgeliefert, da CTest ja gerade von IUnknown abgeleitet wurde. In unserem Beispiel wird für die ID des Interfaces die gleiche UUID wie für die Identi-
fizierung der Klasse CTest genutzt. Dies stellt hier keinerlei Probleme dar, da die Nutzung
in unterschiedlichen Kontexten erfolgt.

```
STDMETHODIMP CTest::QueryInterface(REFIID riid, PPVOID ppv)
{
    *ppv=NULL;

    if (IID_IUnknown==riid || CLSID_ITest==riid) *ppv=this;

    if (NULL!=*ppv) {
        ((LPUNKNOWN)*ppv)->AddRef();
        return NOERROR;
        }

    return ResultFromScode(E_NOINTERFACE);
}
```

AddRef und Release arbeiten wie gehabt.

```
STDMETHODIMP_(ULONG) CTest::AddRef(void)   {
  return ++m_cRef; }
STDMETHODIMP_(ULONG) CTest::Release(void)
{   if (0L!=--m_cRef) return m_cRef;
    delete this; return 0;}
```

Zum Addieren von zwei Zahlen schließlich und endlich die eigentliche Implementation der neuen Funktion Calc.

```cpp
STDMETHODIMP CTest::Calc(int a, int b, int &res)
{
  res = a+b;
  return S_OK;
}
```

Was jetzt noch fehlt ist ein Klientprogramm, das dieses neu erstellte Objekt nutzt. Dazu erstellen wir eine einfache Console-Applikation. Der Aufruf des Objektes ist nach diesen langen Vorarbeiten sehr einfach. Folgendes Programmstück nutzt das Objekt CTest:

```cpp
main()
{
  CTest * test;      // Variable für den Interfacezeiger
  HRESULT hr;        // Ergebnistyp aller COM-Aufrufe
  int ergebnis;      // Rechenergebnis von Calc

  // Zuerst muß die COM-Bibliothek initialisiert werden
  if (FAILED(CoInitialize(NULL))) {
      printf("init failed\n"); return 0; }
```

Danach wird das Objekt angelegt. Zu diesem Zeitpunkt wird die zuvor erzeugte DLL geladen, nach der Class-Factory gesucht und diese dann mit dem Anlegen des Objektes vom Typ CTest beauftragt.

```cpp
hr = CoCreateInstance(CLSID_ITest,        // Klassen ID
                      NULL,               // Keine Aussenzeiger
                      CLSCTX_INPROC_SERVER, // DLL
                      CLSID_ITest,        // Interface ID
                      (void **)&test);    // Zeiger auf Zeiger
```

Wenn als Ergebnis S_OK zurückgeliefert wurde, ist ein Objekt vom Typ CTest vorhanden und kann genutzt werden. Nach Beendigung muß unbedingt Release gerufen werden, um den internen Referenzzähler wieder zu korrigieren.

```cpp
if (hr == S_OK) {
      test->Calc(1,2,ergebnis);        // Aufruf von Calc
      test->Release();
      printf("Ergebnis = %d\n",ergebnis);
      }
return 0;
}
```

Dies ist sicher nicht die einfachste Art, zwei Zahlen zu addieren. Das Beispiel zeigt aber, welche „minimalen" Programmierarbeiten notwendig sind, um ein InProcess COM-Objekt als DLL zu implementieren. Viele Aspekte wie Aggregation, Containment usw. können hier nicht angesprochen werden. Dies würde den Rahmen bei weitem sprengen. Den interessieren Leser sei hierzu auf [Brockschmidt] verwiesen. Doch betrachten wird noch die weiteren Servertypen von COM-Objekten, die vor allem im Zusammenhang mit der Programmierung von verteilten Systemen notwendig sind.

7.2.5.3 Local-Server

Bei Local-Server COM-Objekten, wird zur Realisierung der Dienstleistung eines COM-Objektes ein eigener Prozeß verwendet. Dies ist beispielsweise dann sinnvoll, wenn ein Serverobjekt in den Kontext einer eigenen eigenständigen Applikation eingebettet ist. Beispiel hierfür ist ein Excel-Chart, welches in eine Word-Datei eingebettet ist. Wird ein COM-Objekt als eigenständiger Prozeß implementiert, so müssen beim Aufruf von Funktionen eines Interfaces die Adreßraumgrenzen überwunden werden. Dies gilt sowohl für den eigentlichen Funktionsaufruf, als auch für die Übertragung von Parametern. Die gleiche Problematik trat bereits bei RPC's in Kapitel 6.6 auf. Sinnvollerweise bedient man sich daher im wesentlichen der gleichen Techniken wie bei RPC-Aufrufen, allerdings mit einigen wesentlichen Unterschieden.

Für alle aufzurufenden Interfaces eines COM-Objektes in einem anderen Adreßraum, wird im lokalen Adreßraum des Klienten ein Proxy-Stub-Objekt geladen. Ist dieses Interface nun aber eines der Standardinterfaces der OLE-Bibliotheken, muß dieses Proxy-Objekt nicht selbst programmiert werden, da die OLE-Bibliotheken die genaue Parametersignatur bereits kennen und somit das Marshalling der aktuellen Parameter übernehmen. Ebenso wird der Aufbau der RPC-Verbindung vom Klienten zum Server von den OLE-Bibliotheken komplett erledigt. Lediglich bei der Implementierung eigener zusätzlicher Interfaces muß einmal ein Proxy-Objekt für das neue Interface erzeugt werden. Diese Erzeugung der Proxy-Objekten, sowie der zugehörigen abstrakten C++-Klassen, wird mit Hilfe des MIDL-Compilers ganz wesentlich vereinfacht.

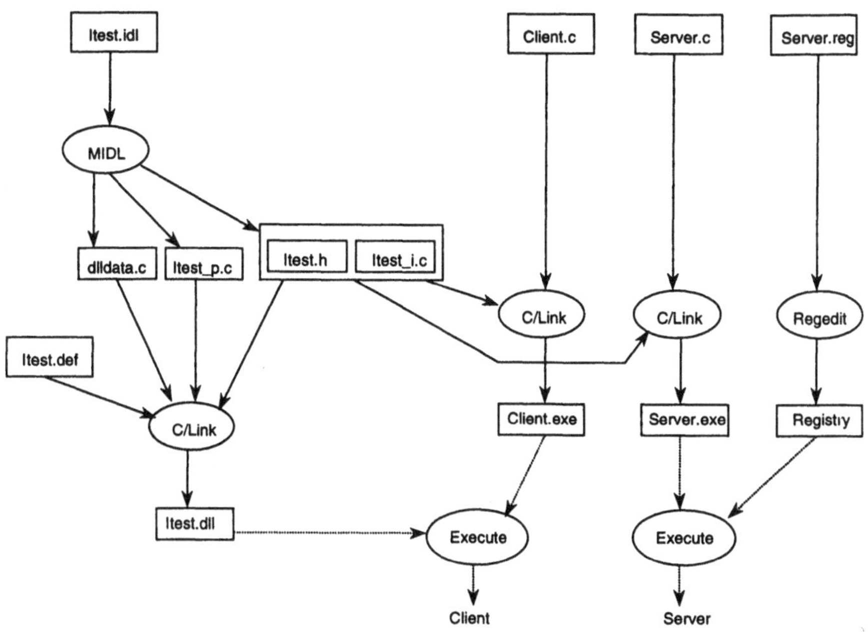

Abb. 7-5 Datenfluß mit MIDL-Compiler

Beim Local-Server stellt sich aber ebenfalls die Frage, wie die Objekte, die der Local-Server verwaltet, instantiiert werden. Die Lösung bietet auch hier wieder das spezielle Interface IClassFactory, das der Server implementieren muß. Im Unterschied zur DLL kann es bei eigenen Prozessen aber keine explizite Funktion DllGetClassObjekt geben, die eben diesen Zeiger auf das IClassFactory liefert. Ein Local-Server hat allerdings als eigenständiger Prozeß die Möglichkeit, beim Starten einige Initialisierungen durchzuführen. Daher „registriert" ein Local-Server seine IClassFactory Interfaces (für jede Klasse einmal) mit Hilfe des Aufrufs RegisterClassObjekt beim OLE-Laufzeitsystem. Danach kennt OLE das IClassfactoryInterface und kann bei Bedarf das gewünschte Objekt anlegen.

Auf ein Beispiel für LocalServer sei hier verzichtet, da sich dieses nur unwesentlich von der „verteilte" Variante, dem Remote-Server unterscheidet. Zum Remote-Server findet sich ein Beispiel im nächsten Abschnitt.

7.2.5.4 Remote-Server (DCOM)

Remote-Server werden in der gleichen Weise implementiert wie Local-Server, da als Transportmedium für die Aufrufe der Funktionen eines Interfaces RPC Konstrukte genutzt werden. Damit ist der Aufruf einer Interfacefunktion auch über Rechnergrenzen hinweg transparent. Die obigen Überlegungen über Proxy-Objekte gelten analog. Die einzige zusätzliche Angabe, die der Benutzer machen muß, ist die, auf welchem Rechner das Server-Objekt laufen soll. Dies wird entweder mit einer expliziten Angabe bei CoCreateInstance-Ex gemacht, oder mit Hilfe des Dienstprogrammes dcomcnfg fest eingetragen. Diese Unterstützung für die verteilte Variante des LocalServer ist in Windows-NT ab Version 4.0 als DCOM[24] implementiert.

Zusätzlich sind, wie überall im verteilten System, einige Sicherheitsüberlegungen notwendig. Es kann natürlich nicht angehen, daß jeder beliebige Teilnehmer im LAN ein Objekt auf meinem Rechner anlegen kann, und dessen Dienste in Anspruch nehmen. Das Dienstprogramm dcomcnfg ist ebenfalls dafür zuständig, diese Sicherheitsbeschränkungen zu konfigurieren.

7.2.6 Beispiel

Als Beispiel soll wieder das bekannte „Hello-World" dienen, diesmal aber als DCOM-Objekt implementiert. Um die Programmierung nicht allzu schwierig zu gestalten, nutzen wir in diesem Beispiel ein bereits bestehendes Interface der OLE-Bibliothek und ändern es für eigene Zwecke. Ein passendes Interface ist das IStream-Interface. Es stellt unter anderem die zwei Funktionen „Read" und „Write" zur Verfügung. Die Write-Funktion nutzen wir hier, um einen String von einem Klienten an einen Server zu übertragen.

Der Klient ist folgendermaßen aufgebaut (Variablendeklarationen und Hilfsfunktionen sind wieder weggelassen):

Anlegen des zu übergebenden String.

```
strcpy(msg,"Hello World");
```

Der Server, auf dem das Objekt angelegt wird, muß zuerst bestimmt werden

```
csi.pszName = L"ServerName";
csi.dwReserved1 = 0;
csi.pAuthInfo = NULL;
csi.dwReserved2 = 0;
pcsi = &csi;
```

Jetzt kann die COM-Bibliothek initialisiert werden und das Objekt auf dem entfernten Rechner angelegt werden.

```
hr = CoInitializeEx(NULL, COINIT_MULTITHREADED);
mq.pIID = &IID_IStream;
mq.pItf = NULL;
mq.hr = S_OK;
```

---

[24] Distributed Component Object Model

```
hr = CoCreateInstanceEx(      CLSID_SimpleObject, NULL,
                         CLSCTX_SERVER, pcsi, 1, &mq);
```

Der Zeiger auf das angeforderte Interface wird in der Struktur „mq“ übergeben und muß leider noch auf den korrekten Wert gecastet werden. Danach kann der Aufruf der entfernten Methode mit Hilfe des Interfacezeigers erfolgen.

```
pstm = (IStream*)mq.pItf;
hr = pstm->Write(msg, strlen(msg)+1, NULL);
pstm->Release();
```

Am Ende das Schließen der COM-Bibliothek nicht vergessen.

```
CoUninitialize();
```

Der Server ist etwas aufwendiger, da neben dem eigentlichen Interface auch die Class-Factory kodiert werden muß:

Zuerst erfolgt die Definition des Interfaces der Class-Factory. Dies kann direkt der Definition entnommen werden:

```
class CClassFactory : public IClassFactory {
  public:
    // IUnknown
    STDMETHODIMP QueryInterface (REFIID riid, void** ppv);
    STDMETHODIMP_(ULONG) AddRef(void)  { return 1; };
    STDMETHODIMP_(ULONG) Release(void) { return 1; }

    // IClassFactory
    STDMETHODIMP CreateInstance (LPUNKNOWN punkOuter, REFIID
                                 iid, void **ppv);
    STDMETHODIMP LockServer(BOOL fLock)
                                 {return E_FAIL;};    };
```

Es folgt die Implementierung der Methode QueryInterface von IClassFactory. Diese Methode kennt nur das Interface IClassFactory und natürlich IUnknown.

```
STDMETHODIMP CClassFactory::QueryInterface(REFIID riid, void**
ppv)
{
    if (ppv == NULL)return E_INVALIDARG;
    if (riid == IID_IClassFactory || riid == IID_IUnknown) {
        *ppv = (IClassFactory *) this;
        AddRef();
```

```
        return S_OK;
        }
    *ppv = NULL;
    return E_NOINTERFACE;
}
```

Mit Hilfe der Methode CreateInstance wird das Objekt schließlich angelegt. Sobald der Klient CoCreateInstanceEx ruft, wird diese Methode von DCOM-Laufzeitsystem gerufen.

```
    STDMETHODIMP
    CClassFactory::CreateInstance(   LPUNKNOWN punkOuter,
                                     REFIID riid, void** ppv)
{
    LPUNKNOWN    punk;
    HRESULT      hr;

    *ppv = NULL;

    if (punkOuter != NULL)
        return CLASS_E_NOAGGREGATION;
```

Hier wird das Objekt endlich angelegt.

```
    punk = new CSimpleObject;
    if (punk == NULL) return E_OUTOFMEMORY;
```

Schließlich muß noch auf das „angeforderte" Interface umgeschaltet werden. „Release" wird gerufen, da „QueryInterface" immer auch ein AddRef() durchführt.

```
    hr = punk->QueryInterface(riid, ppv);
    punk->Release();
    return hr; }
```

Danach folgt die Definition des Interfaces unseres Objektes. Benutzt wird lediglich die Methode Write.

```
    class CSimpleObject : public IStream {
      public:
        // IUnknown
        STDMETHODIMP QueryInterface (REFIID iid, void **ppv);
        STDMETHODIMP_(ULONG) AddRef(void)   ...
        STDMETHODIMP_(ULONG) Release(void) ...

        // IStream
        STDMETHODIMP Read(void *pv, ULONG cb, ULONG *pcbRead);
        STDMETHODIMP Write(VOID const *pv,
```

```
                                   ULONG cb, ULONG *pcbWritten);

        ...
    };
```

Die Methode QueryInterface des Objektes erkennt endlich das Interface IStream und natürlich wieder IUnknown.

```
STDMETHODIMP CSimpleObject::QueryInterface(REFIID riid, void**
ppv)
{
    if (ppv == NULL) return E_INVALIDARG;
    if (riid == IID_IUnknown || riid == IID_IStream) {
        *ppv = (IUnknown *) this;
        AddRef();
        return S_OK;
        }
    *ppv = NULL;
    return E_NOINTERFACE;
}
```

Jetzt kommt die eigentliche Funktion „Write", die den zu übergebenden String am Bildschirm ausgibt.

```
STDMETHODIMP CSimpleObject::Write(VOID const *pv, ULONG cb,
ULONG *pcbWritten)
{
        Message(TEXT("Server: IStream:Write"), S_OK);
        printf("Data=|%s|\n",pv);
        return S_OK;
}
```

Schließlich sind in der main-Funktion noch einige Initialisierungsarbeiten notwendig. Der folgende Ausschnitt zeigt davon die wichtigsten Teile.

Initialisieren der Bibliothek:

```
hr = CoInitializeEx(NULL, COINIT_MULTITHREADED);
```

Registrieren der Class-Factory. Dadurch kennt das COM-Laufzeitsystem die Methode, die das gewünschte Objekt anlegen kann.

```
hr = CoRegisterClassObject(CLSID_SimpleObject,
        &g_ClassFactory,
        CLSCTX_SERVER, REGCLS_SINGLEUSE, &dwRegister);
```

Am Ende muß die Bibliothek wieder geschlossen werden.

```
CoUninitialize();
```

Der komplette Quelltext ist in Anhang abgedruckt.

Die komplette OLE-Technologie besteht nun aus einer ganzen Menge solcher Interfaces. Beispielsweise gibt es Interfaces zum Speichern von Objekten in einer Applikation (Excel-Sheet in einer Word-Datei) oder zum Anzeigen und Speichern von sichtbaren Bitmaps eines Objektes. OLE ist deshalb so komplex, weil es neben der Win32-API einen kompletten Satz von neuen API's zur Verfügung stellt. Die anderen von OLE definierten Interfaces zu beschreiben, würde den Rahmen dieses Buches bei weitem sprengen. Den interessierten Leser sei hier auf das Standardwerk zum Thema OLE ([Brockschmidt]) verwiesen. Eines dieser Interfaces soll aber dennoch angesprochen werden, weil es besonders auch in Zusammenhang von verteilten Systemen von Interesse ist und sich vom Rest der OLE-Schnittstellen abhebt. Es ist dies die OLE-Automatisierung, die im nun folgenden Abschnitt kurz besprochen wird.

7.3 OLE-Automatisierung

Unter OLE-Automatisierung versteht man die Fähigkeit, ein Programm durch ein anderes Programm zu steuern. Man kann mit Hilfe der OLE-Schnittstelle den Ablauf eines anderen Programmes automatisieren. Manche Applikationen implementierten zu diesem Zweck eigene Skriptsprachen, um einen vordefinierten Ablauf zu steuern. Diese Skriptsprachen waren allerdings in den seltensten Fällen untereinander kompatibel. Die OLE-Automatisierung bietet hierfür nun eine einheitliche Schnittstelle, basierend auf der COM-Definition.

Das Problem bei der Nutzung der COM-Schnittstelle, wie sie im letzten Abschnitt beschrieben wurde, ist der, daß ein Klientenprogramm die Schnittstelle eines COM-Objektes während der Übersetzungszeit kennen muß. Dies ändert jedoch nichts an der Tatsache, daß die Bindung eines Klienten zu einem COM-Server während der Laufzeit erfolgt. Ein Klient kann sich zur Laufzeit auf einen beliebigen Server binden, der nur das geforderte Interface implementiert. Die Struktur, d.h. die Anzahl und die Signatur der Methoden muß jedoch zur Übersetzungszeit bekannt sein.

Diese Vorgehensweise ist für Skriptsprachen jedoch gerade nicht geeignet. Hier muß sowohl die Bindung als auch die Information über Anzahl, Namen und Parameter der aufzurufenden Funktionen während der Laufzeit erfolgen. Aus diesem Grunde wurde nun zwischen das Interface IUnkown, von dem ja bekanntlich alle COM-Objekte abgeleitet sein müssen, und dem eigenen Interface ein neues Interface zwischengeschaltet, welches die Forderung nach der Laufzeitinformation der Methoden erfüllt. Es ist das IDispatch Interface, das zentrale Interface für alle OLE-Automatisierungen. Von diesem Interface wird nun das eigene Interface abgeleitet. Das IDispatch-Interface hat folgenden Aufbau:

`IUnkown::QueryInterface`
`IUnkown::AddRef`
`IUnkown::Release`
`IDispatch::GetIDSOfNames`
`IDispatch::GetTypeInfo`
`IDispatch::GetTypeInfoCount`
`IDispatch::Invoke`

Zunächst beginnt die Definition des IUknown Interfaces, gefolgt von den Methoden des IDispatch-Interfaces. Die vier Methoden haben folgende Aufgaben:

- **GetIDSOfNames:**
  Der Zugriff auf die Methoden (die weiteren zu definierenden Methoden eines davon abgeleiteten Interfaces) erfolgt bei Nutzung des IDispatch-Interfaces mit Hilfe von Methodennummern, d.h. sogen. DISPID's (Dispatch ID's). Jede aufzurufende Methode bekommt eine eindeutige Nummer zugewiesen. Ist aber der Name der aufzurufenden Funktion erst zur Laufzeit bekannt (wie bei Skriptsprachen üblich), kann mit Hilfe von GetIDSOfNames die DISPID jeder Funktion abgefragt werden. Wird die Funktion danach mehrmals gerufen, kann mit der DISPID gearbeitet werden.

- **GetTypeInfo und GetTypeInfoCount:**
  Mit Hilfe dieser beiden Methoden kann zu jeder benutzerdefinierten Methode während der Laufzeit der Typ der formalen Parameter und der Rückgabewert der Methode abgefragt werden, um eine typensichere Übergabe der Parameter zu ermöglichen. Skriptsprachen sind i.A. nicht typensicher, so daß evtl. eine Konvertierung der Parameter notwendig wird.

- **Invoke**:
  Dies ist die eigentliche Methode, um die Methoden eines OLE-Automatisierungsservers aufzurufen. Ist die DISPID einer Methode ermittelt worden, wird diese mit Hilfe von Invoke nun gerufen. Die Aufgabe von Invoke ist es im wesentlichen aus der DISPID die auzurufende Methode zu bestimmen, die aktuellen Parameter in einer sicheren Art und Weise zu übernehmen und die eigentliche Methode zu rufen. Die sichere Übergabe der aktuellen Parameter ist dadurch gewährleistet, daß nur fest vordefinierte Strukturen genutzt werden können. Beispielsweise wird zur Übergabe eines Arrays eine Struktur genutzt, die den genauen Typ und die Grenzen des Arrays angibt. Da diese Strukturen allerdings vom Programmierer selbst angelegt werden müssen, gestaltet sich die konkrete Implementierung doch etwas mühsam.

Von diesem IDispatch-Interace wird nun das eigene Interface abgeleitet. Nehmen wir als einfaches Beispiel an, eine fiktive Applikation will ihre Fähigkeit, ein Dokument zu drukken, anderen Programmen per OLE-Automatisierung zur Verfügung stellen. Das Interface könnte dann wie folgt aussehen:

```
IUnkown::QueryInterface
IUnkown::AddRef
IUnkown::Release
IDispatch::GetIDSOfNames
IDispatch::GetTypeInfo
IDispatch::GetTypeInfoCount
IDispatch::Invoke
IApplication::Print
```

Bei dieser Art des Interfaces handelt es sich um ein duales Interface. Dual deshalb, weil die Methode „Print" sowohl über `IDispatch::Inovke` als auch über `IApplication::Print` gerufen werden kann. Wenn das Interface einer Klientenapplikation während der Übersetzungszeit bereits bekannt ist, dann kann das Standardverfahren wie bei allen COM-Objekten genutzt werden, um `IApplication::Print` zu rufen. Ist das Interface während der Übersetzung hingegen nicht bekannt, so bedient sich die Applikation der Invoke Methode.

Die Programmierung „von Hand" eines OLE-Automatisierungsservers gestaltet sich doch sehr mühsam. Hierzu bedient man sich am besten eines der „Wizards", die von den gängigsten Entwicklungsumgebungen zur Verfügung gestellt werden. Der dabei generierte Code ist i.A. sehr umfangreich, so daß ein Abdruck eines kompletten Beispiels in diesem Buch keinen Sinn macht. Um aber dennoch einen kleinen Eindruck zu vermitteln, sei ein kleiner Ausschnitt aus einem OLE-Automatisierungscontroller abgedruckt. Die aufgelistete Funktion „MethodCall" soll die obige Print-Methode unserer fiktiven Applikation mit Hilfe von Invoke aufrufen. So oder in ähnlicher Weise würde eine Skriptsprache vorgehen, wenn der Name der aufzurufenden Funktion erst während der Laufzeit als String bekannt ist:

```
// GetDID   GetDispatch ID
// Hilfsfunktion
// Hole die ID einer OLE-Dispatch-Funktion

DISPID GetDID(OLECHAR * name)
{
  HRESULT hresult;
  DISPID dispid;
```

Zu dem übergebenen Namen der Methode wird nun deren DISPID bestimmt.

```
hresult = pdisp->GetIDsOfNames(
          IID_NULL,
```

```
                    &name,
                    1,
                    LOCALE_SYSTEM_DEFAULT,
                    &dispid);

  if (hresult == S_OK) return dispid;
  return 0;
}



// MethodCall
//
// Aufruf einer OLE-Funktion über die Angabe
// des Namens und den Parametern
// in einer DISPPARAMS Struktur
```

Die Parameter der Funktion sind der Name der aufzurufenden Funktion und weitere Parameter an die Funktion.

```
BOOL MethodCall(OLECHAR * name, DISPPARAMS * param)
{
  HRESULT hresult;// Ergebnis des COM-Aufrufes
  VARIANT retv;          // Ergebnistyp der Methode

  VariantInit(&retv);   // Initialisierung der
  retv.vt = VT_BOOL;    // Rückgabevariablen

  // Aufruf der Methode über Invoke
  hresult = pdisp->Invoke(
                    GetDID(name),
                    IID_NULL,
                    LOCALE_SYSTEM_DEFAULT,
                    DISPATCH_METHOD,
                    param,
                    &retv,
                    NULL,
                    NULL);

  if (hresult != S_OK) { printerror(hresult); return FALSE; }
  return retv.bool;
}
```

Ist diese Funktion einmal so programmiert, kann unsere Printfunktion z.B. wie folgt gerufen werden:

```
MethodCall("Print",NULL);
```

Wird OLE-Automatisierung zusammen mit DCOM genutzt, so kann es auch erreicht werden, daß eine Applikation auf einem Rechner eine andere Applikation auf einem zweiten Rechner über das Netz fernsteuert. Voraussetzung dafür ist lediglich, daß neben den passenden Registryeinträgen das Objekt mit Hilfe von `CoCreateInstanceEx` initialisiert wird. Da die meisten Skriptsprachen dies im Moment noch nicht tun, ist man bisher auf eigene Programmierung angewiesen. In Zukunft wird sich dies jedoch sicher ändern.

7.4 Java/COM Integration

Ein interessanter Aspekt ergibt sich aus der Zusammenarbeit von COM-Objekten mit der Programmiersprache Java. Bei Java gibt es ebenfalls das Konzept der Interfaces. Wenn eine Javaklasse ein Interface implementiert, so bedeutet dies, daß die Klasse garantiert, daß alle Funktionen, die im Interface aufgelistet sind, auch implementiert werden. Wird dies aber garantiert, dann kann Java ein Interface an Stelle einer normalen Typdefinition nutzen und die Funktionen (allerdings nur diese) des Interfaces rufen. Ich möchte hierzu ein kleines Beispiel geben:

```java
import java.lang.*;

interface Info {
 void print(); }

class A implements Info {
 public void print() {
      System.out.println("print interface class A"); }
 }

class X implements Info {
 public void print() {
      System.out.println("print interface class X"); }
 }

class run {
 public static void main(String args[]) {
      A a = new A();
      X x = new X();
      Info i;
      i = a; i.print();
      i = x; i.print();
 }
 }
```

In obigem Beispiel wird ein Interface Info definiert, welches eine Methode „print" zur Verfügung stellt. Danach werden zwei unabhängige[25] Klassen A und X definiert, die das Interface Info implementieren. In der Hauptfunktion main werden dann zwei Objekte der Klasse A und der Klasse X instanziiert. Eine weitere Variable i vom Typ Info wird angelegt, wobei Info aber eigentlich nur ein Interface ist. Der Variable i kann nun Objekt a und Objekt x zugewiesen werden, obwohl die von unterschiedlichem Typ sind. Über die Variable i kann nun die Methode print (aber nur diese) von beiden Objekten gerufen werden.

Wie man unschwer bemerken wird, ist dies aber genau das Prinzip, das auch COM-Objekten zugrunde liegt. Ein COM-Objekt wird instanziiert, aber immer nur über einen Zeiger auf eines seiner Interfaces angesprochen. In der Tat ist nun die Integration der Sprache Java mit der Technik der COM-Objekte sehr leicht möglich. Mit Hilfe der Java „native-methods" kann ein Übergang von Java nach COM realisiert werden. Der Java-Interpreter von Microsoft bietet diesen Übergang.

Um ein COM-Objekt von einer Java-Klasse aus anzusprechen, ist folgendes Vorgehen notwendig:

Nach Erstellung und Registrierung des COM-Objektes wird mit Hilfe des Java-Typelibrary-Wizards für das COM-Objekt eine Java-Wrapper-Klasse generiert. Der Type-library-Wizard erhält die Information der Namen und der Typen der Methoden mit Hilfe des IDispatch Interfaces. Für das anzusprechende COM-Objekt wird daraufhin eine Klasse angelegt, die das Objekt repräsentiert und ein Interface definiert, das zum Zugriff auf das Interface des COM-Objektes genutzt wird. Um die Print-Funktion im obigen Beispiel nun von Java aus anzusprechen, lautet der Aufruf wie folgt:

```
import simple.*;

class run {
  public static void main(String args[]) {
      IApplication app = (IApplication)new APPLICATION();
      System.out.println("hallo "+app.print());
      }
  }
```

Zuerst wird die generierte Wrapper-Klasse importiert (hier mit simple bezeichnet). In der Hauptfunktion wird das COM-Objekt mit Hilfe der Klasse APPLICATION instanziiert, aber über das Interface IApplication (daher der Typecast) angesprochen.

---

[25] die Klassen sind nicht voneinander oder von einem gemeinsamen Basisobjekt abgeleitet

7.5 Literatur

[Brockschmidt]   Kraig Brockschmidt; Inside OLE Second Edition; Microsoft Press 1995

[MSDN]   Microsoft Developer Network

[Natan]   Ron Ben-Natan; Corba, A Guide to Common Object Request Broker Architecture; McGraw-Hill 1995

[Richter]   Jeffrey M. Richter; Windows NT weiterführende Programmierung; Microsoft Press 1994

8 Namensdienste

Namensdienste sind sicher eine der wichtigsten Dienste in einem verteilten System. Dies macht sich immer dann bemerkbar, wenn ein Nameserver ausfällt.

Die Grundaufgabe eines Namensdienstes ist eher einfach: Menschliche Benutzer eines Computersystems arbeiten am liebsten mit symbolischen Namen, während die Computer selbst alles auf binäre Zahlen abbilden (z.B. Netzwerkadresse). Die Aufgabe eines Namensdienstes ist es nun, einem symbolischen Namen eine Netzwerkadresse (oder umgekehrt) zuzuordnen.

8.1 NetBIOS, WINS

In Windows-NT oder NetBIOS-Netzen wird ein Computer durch einen maximal 16-stelligen Namen identifiziert. Diesem symbolischen Namen gilt es, eine Netzwerkadresse zuzuordnen. Will ein Computer „A" eine Verbindung zu einem Computer „B" aufbauen, so muß er zunächst dessen Netzwerkadresse ermitteln. Wie dies geschieht, soll an Hand des Protokolls TCP/IP erklärt werden. Wie bereits erwähnt, kann eine Verbindung zwischen Windows-NT oder Windows-95 Rechnern über die Protokolle NetBEUI, IPX oder TCP/IP aufgebaut werden.

Um einem symbolischen Namen eine Netzwerkadresse zuzuordnen, gibt es prinzipiell drei Möglichkeiten:

- Alle Namenszuordnungen sind lokal gespeichert.
- Der Computer befragt einen zentralen Server.
- Der Namen wird mittels Rundspruch gesucht.

In der Tat sind bei Windows-NT alle drei Varianten realisiert. Im ersten Fall, wird die Zuordnung der Namen zu den Netzwerkadressen in einer Datei namens „LMHOSTS" gespeichert. Diese Datei hat den gleichen Aufbau wie die bekannte HOSTS-Datei unter Unix. Hier ein kurzes Beispiel:

```
141.59.40.97 computer1    #PRE #DOM:Hauptdomäne
141.59.40.98 computer2    #PRE
141.59.40.99 computer3
```

Die Zusatzangabe „#PRE" bewirkt, daß der Namen bereits in den Namenscache geladen wird, bevor er referenziert wird. Dies beschleunigt den Zugriff.

Um eine zentrale, oder besser serverbasierte Namensauflösung zu ermöglichen gibt es bei der Servervariante von Windows-NT einen sog. WINS-Dienst. WINS steht für Windows Internet Name Service. Dabei handelt es sich um eine Datenbank, die im wesentlichen auch nichts anderes ist als eine LMHOSTS-Datei, die aber von Klienten im Netz nach einem Namen befragt werden kann. Dadurch muß die Datei nur einmal gespeichert werden. Dieses severbasierte Verfahren entspricht am ehesten dem im Internet bekannten Domain-Name-Service, allerdings mit der großen Einschränkung, daß es sich hierbei nur um einen flachen, nicht strukturierten Namensraum handelt. An dieser Stelle sei erwähnt, daß Netzwerkressourcen seit Windows-NT und Windows-95 nicht nur mit dem „flachen" Netbiosnamen angesprochen werden können, sondern es kann auch der Internet-Domainnamen benutzt werden. Zum Beispiel wie folgt:

```
NET USE X: \\rechner.informatik.uni.de\ShareName
```

Die dritte Variante schließlich versucht eine Namensauflösung mittels Rundspruch. Wenn ein Rechner neu eingeschaltet wird, versendet er seinen eigenen Namen mittels Rundspruch im lokalen Netz. Erhält er keinen Protest eines Rechners, der meint, den gleichen Namen nutzen zu müssen, gilt der Namen als registriert. Soll nun die Netzwerkadresse eines bestimmten Rechners gefunden werden, so wird eine Suchanfrage mittels Rundspruch im Netz übertragen. Der Besitzer des angefragten Namens meldet sich daraufhin beim Anfragenden und teilt ihm seine Netzwerkadresse mit. In der gleichen Art funktioniert übrigens das Namebindingprotokoll in Apple-Talk.

8.2 Netzwerkbrowser

Neben den einfachen Namensdiensten stehen bei einigen Betriebssystemen ein Netzwerkbrowser zur Verfügung. Ein Netzwerkbrowser ist dazu da, alle Netzwerkressourcen und dabei natürlich auch alle Rechnernamen aufzulisten, um dem Benutzer eine komfortable Auswahl zu präsentieren. Eine der ersten Implementierungen von Netzwerkbrowsern gab es bei dem Appletalk-Protokoll. Wenn bei einem Macintosh das Auswahlfenster geöffnet wird, dann wird, solange das Fenster geöffnet ist, eine Namensabfrage mittels Rundspruch durchgeführt. Dabei wird ein spezielles Platzhalterzeichen „*" benutzt, um alle Rechner zum Antworten zu bewegen. Alle angesprochenen Rechner senden daraufhin ihren eigenen Namen an die abfragende Station.

In Windows-NT Netzen wird ein mehr zentralisierter Ansatz verfolgt. Ein Rechner im Netzwerk wird zum Master-Browser bestimmt (s.u.). Will ein Computer eine Liste aller verfügbaren Netzwerkressourcen auflisten, so wird zunächst der Masterbrowser im lokalen Netz gesucht. Dieser Masterbrowser hält eine Liste aller momentan verfügbaren Ressourcen und übermittelt diese Liste auf Anfrage anderen Rechnern. Der Aufbau dieser zentralen Liste erfolgt dynamisch. Wenn ein Rechner, der eine Netzwerkressource anbietet, (dies kann auch eine Workstation sein) neu eingeschaltet wird, so meldet er seine verfügbaren Ressourcen dem aktuellen Masterbrowser. Er trägt diese in seine Liste ein und versieht sie mit einem geeigneten Timeout, um ungültige Namen wieder zu entfernen. Rechnernamen werden dabei auch gleichzeitig im WINS-Sever eingetragen, wenn dieser installiert ist.

8.3 Browser-Election

Bleibt noch die Frage zu klären, welcher Rechner im Netz zum Masterbrowser bestimmt wird. In Netzen mit Domänencontrollern ist automatisch der Primary-Domain-Controller der Masterbrowser bzw. nach dessen Ausfall einer der Backup-Domain-Controller. In Netzen ohne PDC wird der Masterbrowser mit Hilfe eines Electionverfahrens bestimmt. Dieses Electionverfahren arbeitet wie folgt:

Wünscht ein Rechner eine Browser-Election, z.B. weil er den Ausfall des Masterbrowsers entdeckt hat, so sendet er mittels Rundspruch ein Electiontelegramm an alle Rechner. Dieses Electiontelegramm besteht aus einer 16-Bit Election-Version und einem 32-Bit Election-Kriterium. Ein Browser, der ein Electiontelegramm empfängt, vergleicht dieses Election-Version mit seiner eigenen Version. Hat die empfangende Station eine höhere Versionsnummer, so gewinnt sie die Election ohne weitere Beachtung des Election-Kriteriums. Wenn beide Versionsnummern identisch sind, wird das Election-Kriterium genutzt, um den Sieger zu bestimmen.

Das Election-Kriterium ist eine 32-Bit Zahl, die wie folgt ausgedrückt werden kann:

SSEEEEBB

SS   ist ein Code für das Betriebssystem.

     20 = Windows-NT Server

     10 = Windows-NT Workstation

     01 = Windows for Workgroups Computer

EEEE Ist die Electionversion

BB   ist durch den Browsertyp bestimmt.

     80 = Primary Domain Controller

     20 = WINS-Client

     08 = Preferred Master Browser

     04 = Running Master Browser

     02 = Maintain ServerList = YES im Registry

     01 = Running Backup Browser

Durch die Wahl dieser Zahlenwerte wird quasi eine gewollte Reihenfolge bei der Election erzwungen. Wenn danach aber immer noch Gleichheit herrschen sollte, so wird derjenige Rechner gewählt, der bisher am längsten lief. Sollte danach immer noch keiner Sieger sein, so wird schließlich der Rechner mit dem lexikalisch kleineren Namen gewinnen.

Hat ein Browser die Election gewonnen, wird er zum Masterbrowser und kündigt dies den anderen Rechnern mittels eines Rundspruchpaketes an.

8.4 DNS

Der Domain Name Service (kurz DNS) ist dank der zunehmenden Bedeutung des Internets sicher einer der wichtigsten Namensdienste. Der DNS ist eine weltweit verteilte Datenbank, deren primäre Aufgabe es ist, einem DNS-Namen der Form `a.b.c.d.e` ein IP-Adresse in der üblichen Form `1.2.3.4` zuzuordnen. Die logische Struktur der DNS-Namen hat dabei zunächst nichts mit der Struktur der zugehörigen IP-Adressen zu tun. Die Einteilung der DNS-Namen erfolgt fast ausschließlich auf Grund von organisatorischen Gegebenheiten. So kann es durchaus sein, daß ein DNS-Rechnernamen in Deutschland registriert ist (z.B. `rechner.firma.de`) während die zugehörige IP-Adresse auf einen Rechner in den USA zeigt. Es ist daher sehr wichtig, zwischen der reinen Namensinformation des DNS und der für die Weglenkung der Pakete benötigten IP-Adresse zu unterscheiden. Aus Sicht des DNS könnte ein DNS-Namen genausogut auf eine IPX-Adresse oder gar eine postalische Adresse abgebildet werden. Betrachten wir daher die prinzipielle Arbeitsweise des DNS:

8.4.1 Struktur des DNS

Beim DNS handelt es sich um einen hierarchischen Namensraum, ähnlich dem Namensraum eines Dateisystems. Jeder Namen wird an eine ganz bestimmte Stelle des Namensbaumes eingetragen. Der volle Name ergibt sich beim Durchwandern des Baumes, ausgehend von der Wurzel bis zu dem an einem Blatt eingetragenen Namen. Da es sich beim DNS um einen weltweiten Dienst handelt, wäre es nicht sehr intelligent, die Verwaltung des Namensraumes einer zentralen Stelle zu überlassen. Wäre dies der Fall, müßten auf diesem zentralen Nameserver alle Rechner weltweit eingetragen werden. Bei einer geschätzten Zahl von weltweit mehr als 3 Mio. Rechnern ein sicher nicht lösbares Problem. Die Grundidee bei DNS ist nun die, jeder Institution, die Rechnernamen registrieren will, die Verwaltung des jeweiligen Teilbaumes selbst zu überlassen.

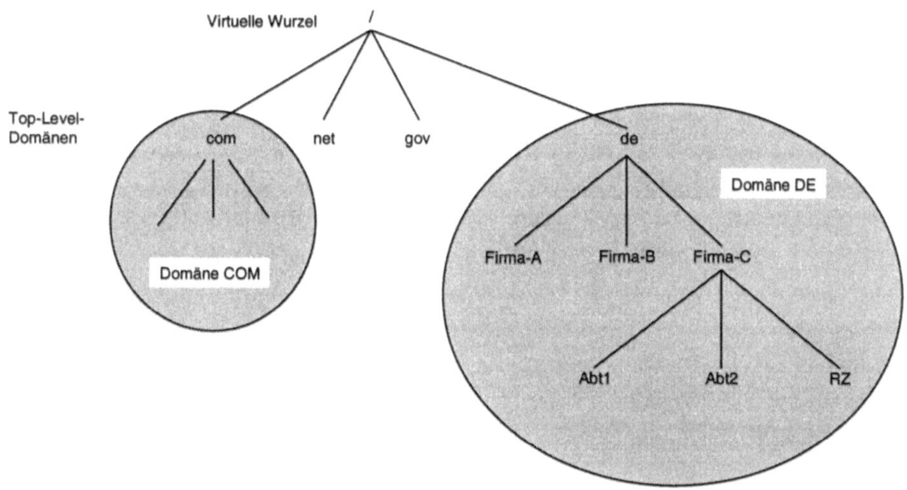

Abb. 8-1 Domänenstruktur

Aus diesem Grund wird der gesamte Namensbaum in „Domänen" eingeteilt. Eine Domäne ist lediglich ein kompletter Teilbaum ab einem bestimmten Knoten bis zu allen zugehörigen Blattknoten. Eine übergeordnete Instanz bei der Verwaltung des Namensbaumes kann die Verwaltung eines Unterbaumes, d.h. von Unterdomänen an andere Organisationen delegieren. Die Verwaltung dieser und aller weiter untenliegenden Unterdomänen obliegt von da an dieser Organisation, die ihrerseits wieder Unterdomänen delegieren kann.

Ausgangspunkt dieser Unterteilung bilden die sogen. „Top-Level-Domains". Diese Top-Level-Domains sind die ersten Domänen unterhalb der eigentlich gar nicht existierenden Wurzel des DNS Baumes. Bekannte Beispiele für Top-Level-Domains sind:

```
com net org gov de
```

Die Verwaltung dieser Top-Level-Domains obliegt den Root-Servern. Ein Root-Server kennt alle Top-Level-Domains, d.h. er kennt die Server, die wiederum die entsprechende Domäne verwalten. Die Root-Server sind zum Zwecke der Ausfallsicherheit mehrfach repliziert. Jeder Nameserver einer Domänen kennt nun seinerseits wieder alle Nameserver der von ihm delegierten Unterdomänen. Dieses Schema setzt sich solange fort, bis schließlich ein Nameserver auf unterster Ebene den gesuchten Rechnernamen kennt.

8.4.2 Auflösung eines DNS-Namens

Die Auflösung eines DNS-Namens erfolgt nach einem serverbasierten iterativen Verfahren. Dies läßt sich am besten an einem konkreten Beispiel verdeutlichen:

Angenommen ein Klientenprogramm (Telnet, FTP usw.) wünscht die Auflösung des DNS-Namens „`rechner.rz.firma-c.de`" , d.h. es wird die zu diesem DNS-Namen gehörige IP-Adresse benötigt. Das Klientenprogramm wendet sich mit dem DNS-Namen an seinen „Resolver". Der Resolver ist entweder ein eigener lokaler Prozeß, der für die Auflösung von DNS-Namen zuständig ist, oder lediglich eine mit einem Klientenprogramm gebundene Bibliothek. Dieser Resolver kennt (durch Konfiguration bei der Installation) den nächstgelegenen Nameserver. Dieser Nameserver muß nicht notwendigerweise im gleichen LAN oder in der gleichen Domäne liegen. Auf Performancegründen empfiehlt es sich jedoch immer den nächstgelegenen Nameserver zu nutzen.

Dieser Nameserver wird nun mit der Auflösung des DNS-Namens beauftragt. Zu diesem Zweck muß ein Nameserver mindestens die Adressen der Root-Server (die Server, die die Top-Level-Domains verwalten) kennen. Diese Adressen werden dem Nameserver einmal bei dessen Konfiguration mitgeteilt. Der Nameserver beginnt nun stückweise (iterativ) mit der Auflösung des Namens (daher serverbasiert-iterativ) und zwar in umgekehrter Reihenfolge.

Zuerst erkundigt er sich bei einem der Root-Server nach der Adresse des Servers, der für die Domäne DE zuständig ist. Ist die Adresse des DE-Servers bekannt, wird dieser nach der Adresse des Servers befragt, der für die Unterdomäne „`firma-c.de`" zuständig ist. Dieser Prozeß setzt sich solange fort, bis schließlich der Nameserver der Domäne „`rz.firma-c.de`" gefunden ist. Dieser kann schließlich die Anfrage nach dem vollen Namen „`rechner.rz.firma-c.de`" beantworten. Als Ergebnis der Anfrage wird die IP-Adresse übertragen.

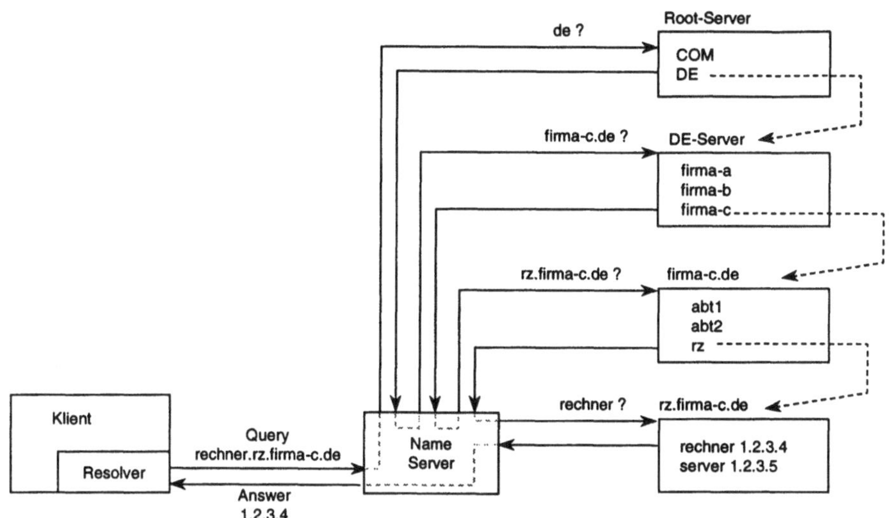

Abb. 8-2 DNS-Abfrage

Abb. 8-2 verdeutlicht den Ablauf noch einmal.

8.4.3 Konfiguration von DNS

Die Konfiguration von DNS ist bei fast allen Betriebssystemen sehr ähnlich. Sie basiert auf der DNS Implementation BIND (Berkeley Internet Name Daemon). Windows-NT, Linux und andre nutzen die gleichen Konfigurationsdateien. Im obigen fiktiven Beispiel könnten die folgenden Konfigurationsdateien vorhanden sein:

```
named.boot, rz.firma-c.de.db, cache.db
```

Die Datei `named.boot` wird vom Nameserver-Daemon beim Start gelesen. Sie enthält Informationen über die Zuständigkeit des Servers. Dort ist vermerkt, welche Domäne von diesem Server verwaltet wird, z.B. wie folgt:

```
primary      rz.firma-c.de    rz.firma-c.de.db
cache  .     db.cache
```

Die erste Zeile sagt dem Nameserver, daß er der primäre Nameserver für die Domäne „`rz.firma-c.de`" ist. Die Informationen über alle Rechner in dieser Domäne finden sich in der Datei rz.firma-c.de.db (dieser Name kann beliebig gewählt werden). Die zweite

Zeile legt die Cache Datei für die Wurzel des DNS-Baumes fest. Dort sind vor allem die Root-Server verzeichnet, mit denen die Auflösung eines DNS-Namens beginnt (s.o.). Folgendes Beispiel zeigt den Ausschnitt einer typischen Cache-Datei:

```
; Initial cache data for root domain servers.
;
.                 99999999        IN NS    A.ROOT-SERVERS.NET.
.                 99999999        IN NS    B.ROOT-SERVERS.NET.
.                 99999999        IN NS    C.ROOT-SERVERS.NET.
.                 99999999        IN NS    D.ROOT-SERVERS.NET.
.                 99999999        IN NS    E.ROOT-SERVERS.NET.
;
;-------------------------------------------------------------
;
A.ROOT-SERVERS.NET.  99999999     IN A     198.41.0.4
B.ROOT-SERVERS.NET.  99999999     IN A     128.9.0.107
C.ROOT-SERVERS.NET.  99999999     IN A     192.33.4.12
D.ROOT-SERVERS.NET.  99999999     IN A     128.8.10.90
E.ROOT-SERVERS.NET.  99999999     IN A     192.203.230.10
```

Die ersten Zeilen geben die Nameserver für die DNS-Wurzel (angegeben als Punkt „.") an. Die Zahl 99999999 ist der Timeout der Cachedatei, d.h. die Zeit, solange der Eintrag gilt. Da 99999999 eine sehr große Zahl ist, ist dies gleichbedeutend mit einem dauerhaften Eintrag. Nachdem alle Root-Server spezifiziert sind, muß nun noch deren IP-Adresse angegeben werden, da sie sonst vom Nameserver ja nicht gefunden werden können. Dies sind die einzigen IP-Adressen, die fest eingegeben werden müssen.

Für jede Dömane, die der Nameserver verwaltet, existiert eine zugehörige Datendatei (spezifiziert als „primary" s.o.). Für unser Beispiel könnte die Datendatei `rz.firma-c.de.db` wir folgt aussehen:

```
rz.firma-c.de IN SOA server.rz.firma-c.de adm.rz.firma-c.de(
      1               ; Seriennummer
      10800           ; Auffrischungsintervall (3 Stunden)
      3600            ; Neuer Versuch (1 Stunde)
      604800          ; Ablaufzeit (1 Woche)
      86400 )         ; Minumum TTL (1 Tag)

; Nameserver
rz.firma-c.de     IN NS      server.rz.firma-c.de
;
rechner           IN A       1.2.3.4
server            IN A       1.2.3.5
```

Eine Datendatei beginnt immer mit dem SOA (Start Of Authorization) Record. Dieser Record beginnt mit dem Domainnamen. Danach folgt der Name des Servers

„server.rz.firma-c.de", gefolgt von der Mailadresse des Systemadministrators (das @-Zeichen ist durch einen Punkt „." ersetzt). Danach folgen mehrere Konstanten für die Zusammenarbeit mit Sekundärservern (diese replizieren die Information des Primärservers). Die erste Zahl ist eine Seriennummer der Datei. Diese Nummer muß bei jeder Änderung an der Datei inkrementiert werden. An Hand dieser Nummer erkennen Sekundärserver, ob sich etwas geändert hat. Die zweite Zahl ist das Auffrischungsintervall. Wenn diese Zeit abgelaufen ist, fragt ein Sekundärserver beim Primärserver nach, ob eine Aktualisierung notwendig ist. Ist der Primärserver nicht verfügbar, so wird die Aktualisierung im obigen Beispiel nach jeder Stunde (dritte Zahl) erneut versucht. Vergeht dabei die vorgegebene Ablaufzeit (vierte Zahl) von einer Woche, so geht der Sekundärserver davon aus, daß die Informationen, die er noch besitzt, so alt sind, daß es besser ist, nicht mehr zu antworten, als eine falsche Information abzugeben. Der Sekundärserver beantwortet danach keine Anfragen mehr. Die letzte Zahl gibt schließlich die Lebensdauer der Einträge an, wenn diese irgendwo auf irgendwelchen Nameserver im Cache gehalten werden. Dieser Wert ist vor allem dann zu beachten, wenn die Adresse eines Rechners geändert wird. Erst nach Ablauf der TTL (Time To Live) Zeit kann davon ausgegangen werden, daß jeder Nameserver den veralteten Eintrag aus seinem Cache entfernt hat. Bis zu diesem Zeitpunkt kann immer noch die eigentlich veraltete Information vorhanden sein.

Auf den SOA-Record folgen die Records der einzelnen Rechner. Zuerst werden alle Nameserver spezifiziert (NS-Record). In unserem Falle nur „server.rz.firma-c.de". Danach folgt die Liste aller Rechner in dieser Domäne (A-Record).

Die soeben beschriebenen Dateien können sowohl unter Linux als auch unter Windows-NT genutzt werden. Bei Windows-NT besteht zudem noch die Option, die Konfigurationsdatei (named.boot) im Registry abzuspeichern. Es kann alternativ vom Registry oder von einer Boot-Datei gestartet werden.

In diesem Abschnitt konnte DNS sicher nur kurz skizziert werden. Zur genaueren Beschreibung von DNS und BIND sei auf die entsprechende Literatur verwiesen [Albitz].

8.4.4 WINS-DNS Integration

Interessant bei Windows-NT ist die Integration von DNS und WINS-Server. Typischerweise will man jeder Workstation im Netz nicht nur einen Netbios-Namen geben, sondern auch einen Eintrag im Internet DNS (gemäß obiger Datendatei). Da der WINS bereits ein Namensdienst für NetBIOS-Namen ist, liegt es nahe, die Einträge im WINS gleich als DNS-Namen zu nutzen. Der DNS-Server bei NT ist in der Lage, die Einträge aus WINS auszulesen und als Internet Namen zu publizieren. Man spart sich somit die doppelte Datenhaltung der Rechnernamen. Bei Start eines Rechners meldet er sich wie üblich bei seinem zugeordneten WINS-Server. Da WINS und DNS verbunden sind, wird der NetBIOS-Name somit automatisch auch als DNS-Name registriert.

Diese Integration von WINS und DNS ist aber sicher nur als Übergangslösung anzusehen, da eine Weiterentwicklung von DNS, das dynamic DNS eben diese Funktionalität vorsieht, daß sich Rechner dynamisch beim Start im Namensdienst registrieren.

8.5 Apple Namebinding Protocol

Das Apple-Talk Namebinding Protocol ist ebenfalls ein Namensdienst und ist die Grundlage aller Kommunikation im Macintosh Umfeld. Das Apple Namebinding Protokoll unterscheidet sich jedoch von den bisher erwähnten Namensdiensten dadurch, daß die zu registrierenden Namen nicht in einer zentralen Instanz gespeichert werden, sondern dezentral auf den jeweiligen Rechnern.

Ein Name in Apple-Talk besteht aus drei Teilen:

- Objektname

- Objekttyp

- Zonenname

Jedes dieser Teile kann aus bis zu 31 Zeichen bestehen. Der Objektname beschreibt das Objekt in benutzerlesbare Form, z.B. „Rechner im Büro“. Der Objekttyp gibt an, ob es sich um einen Drucker, einen Rechner oder irgend eine andere Ressource handelt. Ein typischer Objekttyp ist z.B. „LaserWriter“. Der Zonenname gibt schließlich an, zu welcher Zone ein Objekt gehört.

Wird in Apple-Talk ein neuer Dienst im Netz angeboten, dann muß notwendigerweise zu jedem neuen Dienst auch ein Namen registriert werden. Dies ist deshalb notwendig, weil weder die Knotenadressen noch die Socketadressen konstant sind, sondern dynamisch vergeben werden. Wird zu einem Dienst ein neuer Name registriert, so wird dieser Name in einer lokalen Tabelle (einer Tabelle im Rechner, der den Dienst anbietet) gespeichert. Um den Namen zu registrieren, wird ein ähnliches Verfahren wie bereits bei der dynamischen Bestimmung einer neuen Netzwerkadresse angewendet. Ein neu zu registrierender Name wird mit Hilfe von Rundspruchpaketen im lokalen Netz verbreitet. Daraufhin überprüfen alle angeschlossenen Rechner, ob der Name bereits in ihrer eigenen lokalen Tabelle vorhanden ist. Ist dies der Fall, so wird eine Protestnachricht zurückgesandt und die Registrierung des Namens damit verhindert. Kommt nach einer bestimmten Zeit keine Rückmeldung, dann gilt der Name als registriert. Die Summe aller Namenstabellen in allen Rechnern bildet somit ein virtuelles Namensverzeichnis (Abb. 8-3).

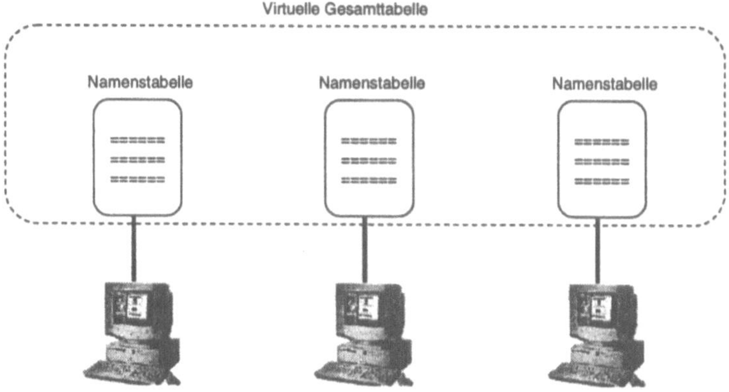

Abb. 8-3 NBP-Tabellen

Die Abfrage der Namen in dieser virtuellen Namentabelle wird wie beim Registrieren ebenfalls durch Rundspruchpakete ermöglicht. Sobald ein Name im Netz gesucht wird, sendet der suchende Rechner ein Rundspruchpaket mit dem zu suchenden Namen in das lokale Netzwerk. Derjenige Rechner, der den gesuchten Namen registriert hat, meldet sich daraufhin mit der dem Namen zugeordneten Netzwerkadresse. Beim Suchen nach Namen kann auch ein Jokerzeichen genutzt werden. Sollen beispielsweise alle Server in einem Netz gesucht werden, so wird nach dem Namen „*:AppleShare@zone" gesucht. Das Sternzeichen paßt auf jeden beliebigen Servernamen. Daraufhin melden sich alle Rechner, die ein Objekt vom Typ „AppleShare" registriert haben. Der anfragende Rechner baut daraufhin eine Liste aller im Netz verfügbaren Server zusammen und präsentiert diese dem Anwender. Ein typisches Beispiel dafür ist die Auswahl-Box:

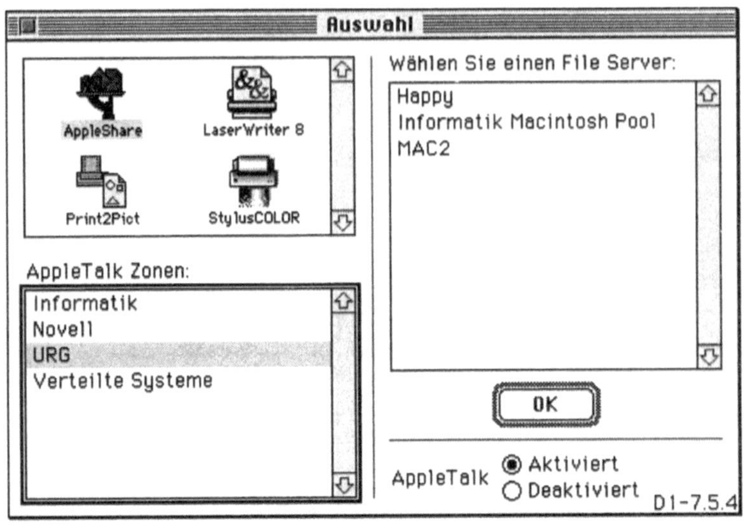

Abb. 8-4 Macintosh Auswahlbox

Sobald die Auswahlbox aktiviert ist, sendet der Rechner ständig den Suchstring „*:AppleShare@zone" als Rundspruch ins Netz und wartet auf Antwort. Sobald ein neuer Server auftaucht, wird er daraufhin im Auswahlfeld eingetragen.

8.6 Literatur

[Albitz]   Paul Albitz, Cricket Liu; DNS and BIND; O'Reilly & Associates, Inc 1992

[MSDN]   Microsoft Developer Network

[Siyan]   Karanjit S. Siyan; Windows NT Server Professional Reference; New Riders 1995

9 Verzeichnisdienste

In fast allen Teilen eines Betriebssystems wird ein Verzeichnisdienst benötigt. Dies hat seinen Grund vor allem darin, daß menschliche Benutzer viel lieber mit Namen umgehen als mit Zahlen, während es bei Maschinen gerade anders ist. Maschinen arbeiten viel lieber mit Zahlen. Ein einfaches Beispiel sind Benutzer, die sich an einem System anmelden. Natürlich könnte nun jeder eine eindeutige Nummer bekommen, die er beim Anmelden angeben müßte. Das System hätte es dann sehr einfach, den passenden Benutzereintrag aus einer Datenbank zu finden. Daß dies nicht sehr angenehm ist, braucht nicht weiter zu erwähnt werden. Ein Benutzer meldet sich mit dem natürlichen Namen an. Das gleiche gilt auch für Dateien und andere Objekte. Es ist sicher viel aussagekräftiger, wenn ein Benutzer die Datei "Brief an die Verwaltung" öffnet, als eine Datei mit der Nummer 01F6DH45.

Um nun aber die Zuordnung der Namen zu Nummern zu ermöglichen, wird ein Verzeichnisdienst benötigt. Ein Verzeichnisdienst hat zwei primäre Aufgaben: Die **Registrierung** von Namen und das **Abfragen** von Namen.

Bei der Registrierung wird ein neuer Eintrag in die Datenbasis des Verzeichnisdienstes vorgenommen, beispielsweise wenn ein neuer Benutzer oder ein neuer Rechner eingetragen wird. Das gleiche gilt z.B. für das Anlegen einer neuen Datei auf Platte. Auch das Verzeichnis einer Festplatte ist eine Art Verzeichnisdienst. Beim Abfragen von Namen wird dem System ein Name vorgegeben und die zugehörige Nummer gesucht. Das Ergebnis einer Verzeichnisabfrage kann ein I-Node einer Unix-Datei, eine IP-Adresse oder eine Sicherheitsidentifikation eines Benutzers sein. Typisch für größere Verzeichnisdienste ist, daß die Anzahl der Registrierungen wesentlich geringer ist, als die Anzahl der Abfragen. Typische Werte liegen bei 1:100. Dies zeigt auch schon ganz deutlich die möglichen Optimierungspotentiale. Ein Verzeichnisdienst sollte mit vielen Replikationen arbeiten und auf Abfragen optimiert sein.

Diese kurze Beispiele demonstrieren, daß ein Verzeichnisdienst in vielen Bereichen eines Betriebsystems vorkommt. Leider wurde bisher für jeden Verzeichnisdienst ein eigener Systemdienst entworfen, der zu den anderen Verzeichnisdiensten im System meist inkompatibel ist. Dies wird nun langsam erkannt und die Industrie beginnt einheitliche Verzeichnisdienste zu entwickeln, die unterschiedliche Objekttypen vereint.

9.1 Novell Directory Services

Novell war einer der ersten, die einen rechnerübergreifenden Verzeichnisdienst entwikkelten, der für die Verwaltung von Benutzern und Objekten im gesamten Netz geeignet ist.

Die Ausgangssituation war die, daß in einer typischen Institution viele Server vernetzt waren und jeder dieser Server führte seine eigene Benutzerdatenbank. Wollte ein Benutzer die Ressourcen eines anderen Rechners nutzen, so mußte er sich auch auf diesem Rechner anmelden. Was man aber eigentlich will ist, daß sich ein Benutzer einmal am gesamten Netzwerk anmeldet und dann, je nach seinen eingetragen Rechten, auf allen anderen Ressourcen zugreifen kann. Um dies zu erreichen, wurden die Novell-Directory-Services entwickelt. Die Novell-Directory-Services basieren auf dem Standard X-500.

Die Novell-Directory-Services (NDS) bestehen zunächst aus einer globalen, verteilten, replizierten Datenbank, die in die Serversoftware von Novell 4.x integriert ist. Diese globale Datenbank speichert alle Information, die bisher in eigenen Verzeichnissen oder Datenstrukturen gehalten wurden. Dies sind z.B. Benutzernamen, Druckernamen, Gruppeninformationen, Rechnernamen oder auch ganz allgemeine Informationen, wie Telefonnummern oder andere administrative Eintragungen. Die NDS verwalten aber ebenso den Anmeldeprozeß eines Benutzers. Meldet sich ein Benutzer an, so erfolgt die Anmeldung nicht mehr wie früher auf einem einzelnen Rechner, sondern ein Benutzer meldet sich im Verzeichnisbaum des NDS an. Je nach seiner relativen Position im Verzeichnisbaum erhält er dann seine individuellen Rechte und kann sofort auf alle ihm zur Verfügung stehenden Ressourcen zugreifen. Dies funktioniert deshalb, weil alle Netzwerkressourcen ihre Information über Zugriffsrechte ebenfalls dem NDS entnehmen. Ein Benutzer meldet sich somit am Netzwerk und nicht mehr an einem einzelnen Rechner an.

Die NDS behandeln alle Ressourcen im Netz als Objekte und speichern diese in einem Verzeichnisbaum ab. Die Position eines Objektes in diesem Baum hängt nun aber nicht mehr von seinem physikalischem Aufenthaltsort ab, sondern ist nur durch organisatorische Maßnahmen, wie Rechtevergabe, Abteilungszugehörigkeit o.ä. bedingt.

Ein Objekt im NDS wird durch drei wesentliche Merkmale charakterisiert:

- Den Namen des Objektes

- Die Position im Verzeichnisbaum

- Die Attribute des Objektes

Es gibt Objekte, die direkt physikalische Ressourcen wie Platten oder Drucker repräsentieren und andere Objekte, wie z.B. Organisationsnamen, die keine direkte physikalische Entsprechung haben. Es ist hier aber sehr wichtig zu vermerken, daß ein Objekt im NDS nicht eine physikalische Ressource **ist**, sondern diese nur **repräsentiert**. Der Zusammenhang von NDS-Objekten zu physikalischen Ressourcen wird über die Attribute eines Objektes erreicht. Sobald ein Objekt den Typ "Druckers" hat, (dies wird in einem Attribut gespeichert) erkennt ein Drucker, daß er seine Informationen über mögliche Benutzer diesem Objekt entnehmen kann. In den weiteren Eigenschaften können dann weitere Informationen, wie z.B. Druckername, Name des Druckertreibers oder der Standort gespeichert sein. Bei einem Benutzer sind zusätzliche Angaben wie Telefonnummer oder Anschrift denkbar.

In früheren NetWare Versionen konnten nur Directory- und Dateirechte eingerichtet werden. Jede Datei kann individuell für einzelne Benutzer oder Benutzergruppen freigegeben oder gesperrt werden. Die Realisierung dieser Zugriffssteuerlisten wird als Trustee bezeichnet. Die Technik dieser Zugriffssteuerlisten wurde nun auch auf die NDS ausgeweitet. Dies ist auch ganz einleuchtend, da das NDS als großes virtuelles Dateisystem betrachtet werden kann (natürlich ist dies nur sehr vereinfachend dargestellt). Durch diese Vereinheitlichung kann nun jedem Objekt eine Zugriffssteuerliste beigefügt werden. Diese Liste enthält die Berechtigungen für alle Benutzer (oder auch andere Objekte), die auf das Objekt zugreifen dürfen. Wenn ein Objekt A beispielsweise in der Zugriffssteuerliste eines Objektes B auftaucht, dann bedeutet dies, daß Objekt A Zugriffserlaubnis auf Objekt B besitzt.

Realisiert ist die Zugriffssteuerliste eines Objektes als eine besondere Eigenschaft, die jedes Objekt besitzt. Neben diesen Objektrechten, die den Zugriff auf das Objekt als ganzes regeln, kann aber auch jede Eigenschaft eines Objektes individuelle Rechte erhalten. So kann beispielsweise die private Telefonnummer eines Benutzers gegen Zugriff gesperrt werden.

Jedes Objekt erhält neben einer Zugriffssteuerliste auch noch einen Filter für vererbte Rechte. Prinzipiell kann ein Objekt die Zugriffssteuerliste eines ihm übergeordneten Objektes erben. Ein Filter regelt diese Übergabe von Zugriffsrechten von einem Objekt zum anderen, indem es Teile der vererbten Rechte ausfiltert, und diese nicht weitergibt.

Genau wie im Dateisystem von Novell wird die Kombination aus Truestee-Liste und über Filter geerbten Rechte als effektive Rechte eines Objektes bezeichnet. Diese effektiven Rechte regeln den Zugriff dieses Objektes auf andere Objekte.

Die eben angesprochenen Filter machen deutlich, daß die Position eines Objektes im gesamten Verzeichnisbaum von entscheidender Bedeutung ist. Jede Stelle im Baum erbt ganz individuelle Rechte von den übergeordneten Objekten. Die Position eines Objektes im NDS-Baum wird als dessen Kontext bezeichnet. Abb. 9-1 zeigt ein Beispiel.

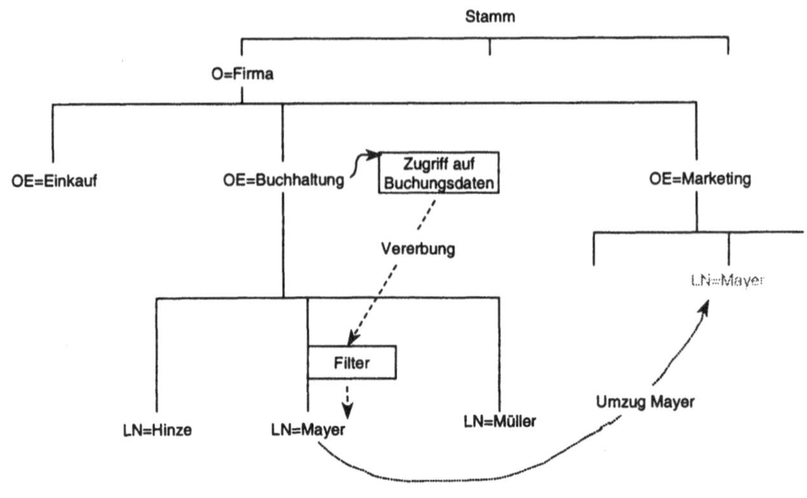

Abb. 9-1 NDS-Beispiel

Objekt Mayer ist im Teilbaum Buchhaltung-Firma untergebracht. Der Kontext von Mayer ist demnach de Teilbaum „Buchhaltung-Firma". Objekt "Mayer" erbt automatisch alle Rechte, die der Abteilung „Buchhaltung" durch deren Position im NDS-Baum zustehen. Wird Herr Mayer von einer Abteilung in eine andere Abteilung versetzt, so muß lediglich sein Objekt aus Teilbaum „Buchhaltung" entfernt und beispielsweise in Abteilung „Marketing" eingefügt werden. Damit erbt er automatisch alle Rechte, die Mitarbeitern der neuen Abteilung " Marketing " zustehen. Dies zeigt ganz anschaulich, daß sich mit Hilfe von NDS die Verwaltung vor allem großer Mengen von Benutzern ganz wesentlich vereinfachen läßt. Im NDS-Baum wird quasi die bisherige Firmenstruktur nachgebildet. Benutzer lassen sich wie gewohnt einzelnen Abteilungen oder allgemeiner Organisationseinheiten (OE's) zuordnen. Der Kontext des oben erwähnten Objektes Mayer wird in X500 Notation auch folgendermaßen bezeichnet:

LN=Mayer OU=Buchhaltung O=Firma

(Logical Name = Mayer, Organizational Unit = Buchhaltung, Organization = Firma)

9.1.1 Verwaltung der NDS

Eine der zentralen Forderungen an einen globalen[26] Verzeichnisdienst ist die, daß die Verwaltung des Verzeichnisses, d.h. deren Einträge dezentral erfolgen muß. Es darf nicht sein,

---

[26] Global in dem Sinne, daß sich die Verwaltung und die Erstellung der Einträge über viele Organisationen verteilt

daß ein Verwalter alle Einträge aller Teilbäume erstellen muß, oder umgekehrt dürfen die Verwalter eines Teilbaumes nur Zugriff auf den ihnen übertragenen Teilbaum haben. Es darf keinen globalen Supervisor geben, obwohl der gesamte Baum als virtuelles Ganzes erscheint. Dies läßt sich folgendermaßen erreichen:

Wenn sich der Netzwerk-Supervisor zum erstenmal anmeldet, tut er dies über ein vorinstalliertes Objekt Namens Admin, welches sich an der Wurzel des Baumes befindet. Damit erhält der Supervisor beim Neuinstallieren des Systems zunächst Zugriff auf den kompletten Verzeichnisbaum. Dieses Admin-Objekt hat allerdings nicht die gleiche Bedeutung wie der Supervisor bei herkömmlichen Novellinstallationen. Es ist lediglich das erste Objekt, das erstellt wurde, mit dem Recht andere Objekte zu erzeugen. Was der Netzwerk-Supervisor nun damit macht, bleibt ihm überlassen. Diese erste Admin-Objekt kann dann beispielsweise die entsprechenden Teilbäume für jede Abteilung der Firma erstellen. In jeder dieser Abteilungen kann nun ein neues Objekt Admin erstellt werden, welches das Supervisor Recht erhält, um neue Objekte zu erstellen. Diese Admin-Objekte in den Abteilungen unterscheiden sich von dem Wurzel-Admin-Objekt, da sie sich in einem anderen Kontext befinden.

Nach dem Anlegen dieser Abteilung-Admin-Objekte könnte man das Wurzel Admin-Objekt löschen. Dies wäre gleichbedeutend mit der Tatsache, daß von nun an alle Abteilungen ihre eigenen Objekte verwalten. Es gäbe keinen globalen Supervisor mehr. Ob dies gewünscht wird, hängt natürlich von der jeweiligen Organisation ab. NDS bietet jedenfalls diese Möglichkeit.

9.1.2 Partitionen

Nachdem der globale NDS-Baum erstellt und aufgebaut wurde, stellt sich die Frage, wo der Baum eigentlich gespeichert werden soll. Sicher kann ab einer gewissen Größenordnung der komplette Baum nicht mehr auf einem einzelnen Server abgelegt werden. Bei weltweiten Verzeichnissen sind immer sehr viele Rechner beteiligt, die ihrerseits einen Teil des globalen virtuellen Baumes abspeichern. Um dies zu erreichen, wird der logische NDS-Baum in verschiedene Partitionen zerteilt. Jeder Server speichert nun eine Partition des NDS-Baumes. Typischerweise wird es einen Server geben, der das Wurzelobjekt und einen Teilbaum einer Abteilung speichert, während andere Abteilungen auf anderen Rechnern gespeichert sind. Da sich ein Benutzer immer in einem bestimmten Kontext befindet, stellt dies auch kein großes Performanceproblem dar. Der Zugriff erfolgt normalerweise immer auf den eigenen Server. Lediglich die Server untereinander müssen sich kennen, um die Informationen über die Gesamtstruktur des Baumes auszutauschen. Abb. 9-2 zeigt ein Beispiel einer möglichen Partitionierung.

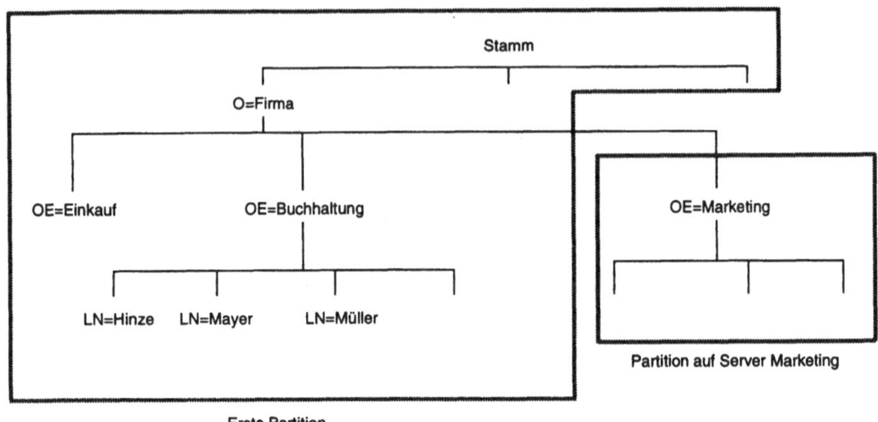

Abb. 9-2 NDS-Partitionen

Die erste Partition umfaßt den Organisationstamm und die Abteilungen „Einkauf" und „Buchhaltung". Der Verzeichnisbaum der Abteilung „Marketing" wurde auf einen anderen Server ausgelagert. Wichtig dabei ist immer wieder zu vermerken, daß Benutzer nichts von der Partitionierung sehen. Sie dient lediglich der Verbesserung der Performance und besseren Wartbarkeit für den Administrator.

9.1.3 Replikation

Ein sehr wichtiges Designkriterium eines Verzeichnisdienstes ist die hohe Verfügbarkeit. Dies wird durch Replikation, d.h. Mehrfachkopien des Datenbestandes erreicht.

Replikation ermöglicht einerseits einen schnelleren Zugriff auf die Verzeichnisdaten und andererseits erhöht es die Verfügbarkeit beispielsweise bei Ausfall eines Rechners.

Da die Anzahl der Abfragen typischerweise wesentlich höher ist als die Anzahl der Registrierungen, kann mit einer hohen Replikation gearbeitet werden. Bei NDS wird eine Replikation durch Kopien der Partitionen erreicht. Eine Partition kann nur auf einem oder aber auf mehreren Server gespeichert werden. Man unterscheidet drei verschiedene Partitions-Replika:

- Master-Replikation

- Schreib-Lese-Replikation

- Nur-Lese-Replikation

Die Master-Replikation ist im gesamten NDS-Verzeichnis genau einmal vorhanden. Die Master-Replikation ist die einzige Stelle, an der die Struktur der Partitionen geändert werden können. Sie ist somit die Hauptverwaltungsinstanz für die Grundstruktur des gesamten Netzes.

Schreib-Lese-Replikationen können hingegen mehrfach vorhanden sein. In Schreib-Lese-Replikation können Objekte eingefügt, gelöscht und geändert werden. Bei einer Änderung an einer Replikation wird die Änderung auf alle anderen Replikationen verteilt.

In Nur-Lese-Replikationen können Objekte nur ausgelesen werden. Es macht durchaus auch Sinn, Nur-Lese-Replikation im Netz zu verwalten, da wie oben erwähnt, die Anzahl der Abfragen häufig sehr viel höher ist, als die Anzahl der Registrierungen.

9.1.4 Synchronisation der Replikationen

Da es in einem NDS-Netz mehrere Schreib-Lese-Replikationen gibt, besteht die Notwendigkeit der Synchronisierung zwischen den einzelnen Replikationen. Wird die Eigenschaft eines Objektes auf einem Server geändert und gleichzeitig die gleiche Eigenschaft des gleichen Objektes auf einem anderen replizierten NDS-Server geändert, stellt sich unmittelbar die Frage, welche Änderung nun gültig ist. Ein anderes ähnliches Problem tritt ein, wenn ein Netz zeitweise partitioniert ist, d.h. die Netzwerkverbindung zwischen einzelnen Schreib-Lese-Replikationen ist unterbrochen. In diesem Falle muß ebenfalls nach der Korrektur des Netzproblemes eine Synchronisation der inzwischen angefallenen Operation auf dem NDS-Baum erfolgen.

Im Novell-NDS werden diese Probleme mit Hilfe von Zeitstempeln gelöst. Jedesmal, wenn ein zu synchronisierendes Ereignis eintritt, wird vom NDS-Server eine Zeitmarke angefordert und die Änderung mit dieser Zeitmarke versehen. Bei einer späteren Replikation der Daten können somit auftretende Inkonsistenten durch Zeitvergleich behoben werden.

Um eine globale Netzwerkzeit, die es ja eigentlich gar nicht gibt, zu etablieren, werden bei Novell Zeitserver eingesetzt. Einer der Zeitserver sollte typischerweise an ein externes Zeitnormal (z.B. DCF-77) angekoppelt sein. Die übrigen Zeitserver koordinieren ihre Zeit mit diesem Referenzserver und realisieren somit eine Netzzeit. Jeder NDS-Server kann sich nun bei einer Operation im NDS-Baum die aktuelle Zeit von einem dieser Server besorgen und sein Ereignis mit dieser Zeit als Zeitstempel versehen.

9.1.5 Bindery-Emulation

In Novell Versionen bis 3.x wurde die gesamte Information über Benutzeraccounts in einer einfachen Datenbank abgelegt. Jeder Server im Netz hatte eine eigene Binderydatenbank. Wenn sich ein Klient an einem Server autorisiert, wird in dieser Binderydatenbank der entsprechende Benutzerrecord ausgelesen und das Paßwort geprüft. Der entscheidende Unterschied zu NDS ist, daß sich die Klienten am Server und nicht am Netz (NDS) anmelden. Die Nutzung von NDS erfordert daher andere Klientensoftware. Es kann nun sicher nicht erwartet werden, daß ein großes Novell Netz einer Firma von heute auf morgen komplett mit neuen Klientensoftware auf jeder Arbeitsstation umgestellt wird. Es ist ein Migrationspfad notwendig. Diesem Zwecke dient die Bindery-Emulation.

Auf einem Novell-Server, der Teil eines NDS-Baumes ist, kann zusätzlich die Bindery-Emulation eingeschaltet werden. Ist dies aktiviert, so stellt er die Objekte des NDS, die in seinem Verantwortungsbereich liegen, zusätzlich mit der alten Bindery-API zur Verfügung, so daß alte Klienten nichts von der Umstellung merken.

9.2 Windows-NT Directory Services

Bei Windows-NT gibt es bislang keinen zentralen Verzeichnisdienst wie bei Novell. Viele Systemkomponenten nutzen sogar einen eigenen Verzeichnisdienst. Beispiele hierfür sind die Benutzerverwaltung, der WINS-Dienst oder der Exchange-Server. Ein Hauptkritikpunkt an Windows-NT beim Einsatz in größeren Netzen ist auch die umständliche Handhabung der Trust-Relationships, da bei n-Domänen prinzipiell n*(n-1) Beziehungen möglich sind. Aus diesem Grunde wird ab der Version 5 bei NT ebenfalls ein Verzeichnisdienst enthalten sein.

Mit Hilfe dieses Dienstes wird es möglich sein, bisherige, auf dem Domänenmodell basierende, Installationen beizubehalten, aber gleichzeitig die Vorteile eines Verzeichnisdienstes wie bei NDS zu nutzen. Ein Ausblick auf diesen Dienst findet sich in Abschnitt 11.3.2.4.

9.3 Literatur

[Novell1]   Netware 4.0 Planing Guide; Eine detaillierte Beschreibung der Netware-Directory-Services

[MSDN]   Microsoft Developer Network

10 Internet

Die zunehmende Bedeutung des Internet bzw. der Internet-Technologie hat auch ihre Auswirkungen auf Windows-NT. Die Integration des Internet in Windows-NT ist in vielen Ebenen bemerkbar. Die Grundlage dafür ist zunächst die Unterstützung des TCP/IP Protokollstapels als zentraler Bestandteil von NT. Darüber hinaus werden aber auch in zunehmendem Maße die „höheren" Internetprotokolle wie z.B. SMTP oder HTTP von NT unterstützt. Stichworte sind hierbei „Internet-Information-Server", Active-X, Inet-SDK, Internet-Mail usw. Auf Grund dieser zunehmenden Bedeutung wird in diesem Kapitel auf die Internetintegration näher eingegangen.

10.1 Internetprotokolle

Auf die Integration des TCP/IP Protokollstapel wurde bereits in Kapitel 2 eingegangen, daher werden hier vor allem die höheren Internetprotokolle bzw. deren Realisierung in Windows-NT angesprochen. Die höheren Protokolle (höher im Sinne von ISO/OSI-Level 4-7) sind i.A. relativ einfache ASCII-Protokolle. Wenn jemand ein neues Anwendungsprotokoll erfindet, so muß es dessen Spezifikation in einem sog. RFC (Request for Comment) ablegen. Nachdem die Internetgemeinde einen solchen Vorschlag akzeptiert hat, kann ein neues Protokoll allgemein eingeführt werden. RFC's finden sich auf verschiedenen FTP-Servern, z.B. http://www.globecom.net

Als Einführung dienen die Protokolle SMTP und HTTP.

10.1.1 SMTP

Eine der ersten Anwendungen im Internet war der Austausch von elektronischen Nachrichten. Um eine elektronische Nachricht abzusenden, wird diese zuerst mit Hilfe von geeigneten Frontendprogrammen erfaßt, lokal gespeichert und dann mit Hilfe von SMTP übertragen. Gängige Mailprogramme unter Unix (Linux) sind „mail" oder „elm", unter Windows 3.1 „Pmail" und „Eudora" oder unter Windows-NT „Exchange-Client".

Das SMTP-Protokoll (Simple Mail Transfer Protocol) ist ein sehr einfaches ASCII-basiertes Protokoll, das dazu dient, elektronische Nachrichten von einem Rechner zum anderen zu übertragen. Hat ein Rechner mit Hilfe des Internet-Domain-Namens oder mit Hilfe von MX-Records im DNS-System seinen Zielrechner bestimmt, so wird zum Übertragen der Daten eine TCP-Verbindung auf Port 25 aufgebaut und folgendes Protokoll benutzt:

Klient	Kommentar	Server
	Server gibt OK und meldet sich mit seinem Namen und evtl IP-Adresse	`220 Server ready`
`HELO MeinName`	Klient gibt seinen eigenen Rechnernamen bekannt	
	Server akzeptiert den angegebenen Namen	`250 Hello MeinName`
`MAIL FROM: name@domain`	Absender der Mail wird bekanntgegeben	
	Server bestätigt	`250 Sender OK`
`RCPT TO: rcvr@domain`	Empfänger wird angegeben	
	Server bestätigt den Empfänger	`250 rcvr@domain Recipient OK`
`DATA`	Beginn der Datenübertragung wird angezeigt	
	Server bestätigt	`354 Enter mail, end with "." on a line by itself`
`<daten>`	Übertragung der Maildaten. Einzelne ASCII-Zeilen ohne weitere Bestätigung.	
	Ende der Daten	
	Server akzeptiert Mail	`250 Mail accepted`
`QUIT`	Beenden der Verbindung	
	Server beendet die Verbindung und liefert die Mail ab.	`221 server delivering mail`

Der Empfang einer e-mail nach dem beschriebenen Verfahren ist eine typische Anwendung für einen Serviceprozeß bzw. bei Windows-NT einem Dienst im Hintergrund. Genauere Informationen zu SMTP finden sich in RFC-821.

10.2 WWW

Die wichtigste Bedeutung im Internet hat inzwischen sicher das WWW. Ursprünglich als einfaches System gedacht, mit dem einfach strukturierte Dokumente über langsame Übertragungskanäle transportiert werden konnten, hat es sich inzwischen zum bedeutendsten Wachstumsmotor für das Internet entwickelt. Die Dokumente, die im WWW übertragen werden, sind ASCII-Dateien, die durch Zusatzinformationen (Tags) strukturiert werden können. Diese Strukturierungsinformation ist im HTML-Standard abgelegt. In HTML-Dokumenten gibt es die Möglichkeit, Bilder (als GIF-Dateien) einzubinden und Hyperlinks auf andere Dokumente einzutragen. Diese beiden Tags sind sicher einige der wichtigsten Eigenschaften von HTML bzw. des WWW.

Folgendes Beispiel zeigt ein einfaches HTML-Dokument:

```
<HTML>
<BODY>
<IMG SRC = „logo.gif">
<HR>
<A  href="http://www.uni-ulm.de">Hier  geht's  zur  Seite  der
Universität Ulm</>
<HR>
<I>Erstellerinformation
</BODY></HTML>
```

Im Browserfenster könnte diese Seite z.B. wie folgt aussehen:

10.2.1 URL

Ein derartiges HTML-Dokument wird durch Angabe eines URL's referenziert. Ein URL hat folgenden Aufbau:

```
<protokoll>://<server-name>:<portnummer>/<dateiname>
```

„Protokoll" spezifiziert das zu verwendende Übertragungsprotokoll. Neben „http" ist z.B. auch „ftp" oder „gopher" möglich. Im WWW wird aber typischerweise „http" genutzt.

„Servername" gibt den Namen des Rechners in DNS-Notation an, auf dem das Dokument liegt.

Die Angabe „Portnummer" kann entfallen, wobei dann der für jedes Protokoll spezifische Port genutzt wird (http = Port80).

„Dateiname" schließlich gibt den Namen der zu übertragenden Datei an.

10.2.2 HTTP

Um nun eine durch einen URL spezifizierte Datei von einem Server zu übertragen, wurde das HTTP-Protokoll entwickelt. Da die einzige Aufgabe dieses Protokolls ist, eine Datei komplett zu übertragen, kann es sehr einfach gestaltet sein. In der ersten Version (0.9) des Protokolls bestand es daher aus nur einer einzigen Zeile. Nach dem Aufbau der TCP-Verbindung konnte mit Hilfe des GET-Kommandos eine Datei übertragen werden:

Klient	Kommentar	Server
GET <datei>	Anfordern der Datei	
	Server überträgt Datei	<HTML> ...
	Server beendet die Verbindung	

Auf diese Art werden sowohl ASCII-Dateien (typischerweise im HTML-Format) oder auch Binärdateien übertragen.

Die Version, die heute hauptsächlich verwendet wird, ist die Version 1.0. Die Version 1.0 ermöglicht die Übertragung von zusätzlichen Attributen vom Klienten zum Server (z.B. Browsername) als auch vom Server zu Klienten (z.B. Typ der Datei). Attribute werden als einzelne Zeilen nach dem eigentlichen HTTP-Kommando bzw. nach der HTTP-Antwort gesendet. Beendet wird die Liste der Attribute in beiden Richtungen immer mit einer Leerzeile. (RFC1945)

Folgendes Beispiel gibt eine HTTP 1.0 Transaktion wieder:

Klient	Kommentar	Server
GET <datei> HTTP/1.0	<datei> anfordern mit HTTP-Protokoll 1.0	
Accept: */*	Akzeptiere alle Dateitypen	
User-Agent: MeinBrowser	Übertragung des Namens des Browsers	
<Leere-Zeile>	Senden einer leeren Zeile	
	Server bestätigt die Anforderung	HTTP/1.0 200 OK
	Übertragung des Servernamens	Server: MeinServer
	Übertragung des Dateityps: ASCII-Text im HTML-Format	Content-Type: text/html
	Leere Zeile als Ende der Attribute	<Leere-Zeile>
	Übertragung der eigentlichen Datei. Hier könnten auch Binärdaten folgen.	<HTML> ...
	Server beendet die Verbindung	

10.2.3 WWW-Server

Da das HTTP-Protokoll im Grunde sehr einfach ist, ist auch die Implementierung eines WWW-Servers nicht besonders aufwendig. Ein WWW-Server muß im wesentlichen auf eine TCP-Verbindung auf Port 80 hören und nach dem Aufbau der Verbindung das HTTP-Kommando einlesen, interpretieren und die passende Datei über die gleiche TCP-Verbindung übertragen:

```
CreateSocket
Bind and Listen to Port 80
While TRUE
   accept connection
   read line from tcp
   parse http-request
   send file
```

Dies ist auch schon der Grundaufbau eines jeden WWW-Servers. Die einzelnen Implementierungen unterscheiden sich nur durch verschiedene Konfigurationsoptionen oder durch Optimierungen beim eigentlichen Server (Verwendung von Threads) und beim Übergang in CGI-Programme. Doch dazu mehr in den nun folgenden Abschnitten.

10.2.4 Linux WWW-Server

Linux ist sicher eine sehr gute Plattform zur Implementierung von WWW-Servern. Deshalb gibt es inzwischen auch einige verschiedene WWW-Server unter Linux. Da das Prinzip jedoch im wesentlichen immer das gleiche ist, wollen wir an Hand des NCSA-Servers die wichtigsten Grundlagen besprechen.

Der WWW-Server liegt als ausführbare Datei httpd (HTTP-Daemon) vor und wird üblicherweise beim Systemstart automatisch aufgerufen. Der Eintrag in der Startdatei rc.local könnte wie folgt lauten:

```
/usr/sbin/httpd &
```

Dadurch wird die ausführbare Datei httpd als Hintergrundprozeß im System ausgeführt. Nach dem Start muß sich der WWW-Server initialisieren. Dazu benötigt er eine Reihe von Angaben. Es muß ihm beispielsweise mitgeteilt werden, auf welchem IP Port er die http-Requests entgegen nehmen soll. Der Standardport für HTTP ist zwar Port 80, sollen aber mehrere Server auf einem Rechner gestartet werden, so müssen notwendigerweise alle Server auf einer anderen Portadresse hören. Weitere Angaben betreffen die Benutzerkennung, unter der der WWW-Server laufen soll. Aus Sicherheitsgründen ist es nicht sinnvoll, den WWW-Server mit vollen Root-Rechten auszustatten. Es sollte ein neuer Benutzer eingerichtet werden, unter dessen ID der WWW-Server dann arbeiten kann.

All diese Information entnimmt der WWW-Server der Konfigurationsdatei httpd.conf. Diese Datei könnte z.B. wie folgt aufgebaut sein:

```
ServerType standalone
Port 80
User wwwserver

ServerAdmin root@rz.firma.de

ServerRoot /var/httpd
ErrorLog logs/error_log
TransferLog logs/access_log
PidFile logs/httpd.pid
```

Neben den bereits erwähnten Angaben wie Portnummer und Benutzername enthält die Konfigurationsdatei auch Angaben über Pfade für Logdateien und ähnliches.

Nachdem der WWW-Server diese Datei gelesen hat, kann er HTTP-Requests entgegennehmen. Ein typischer WWW-Browser würde z.B. folgenden Request stellen:

```
GET /index.html HTTP/1.0
```

Die Angabe des Pfadnamens in diesem HTTP-Request entspricht jedoch nicht dem vollen Pfadnamen auf dem Server. Typischerweise will man die HTML-Dokumente nicht im Wurzelverzeichnis ablegen, wie dies nach der Angabe des Namens „/index.html" notwendig wäre. Es muß ein Mapping zwischen dem ankommenden und dem aktuellen Pfadnamen vorgenommen werden. Außerdem muß der Server noch zwischen Scriptverzeichnissen, in denen ausführbare Programme liegen, und normalen HTML-Dateien unterscheiden. Diese und andere Angaben finden sich in der Datei srm.conf. Folgendes Beispiel zeigt einen Ausschnitt aus dieser Datei:

```
...
DocumentRoot /var/httpd/htdocs
Alias /icons/ /var/httpd/icons/
ScriptAlias /cgi-bin/ /var/httpd/cgi-bin/
...
```

Die Angabe DocumentRoot gibt das Wurzelverzeichnis für alle Dokumente an. Der Request nach „/index.html" würde dann in den absoluten Pfad „/var/httpd/htdocs/index.html" übersetzt. Mit Hilfe von Alias-Zeilen können bestimmte Präfixe von URL's ebenfalls bestimmten Verzeichnissen zugeordnet werden. Nach obigem Beispiel würde bei jedem Request der Präfix „/icons/" durch den Pfadnamen „/var/httpd/icons/" ersetzt werden. Beim ScripAlias handelt es sich dann noch um einen besonderen Pfad. Alle Dateien, die in diesem Verzeichnis liegen, werden nicht „unbearbeitet" zum Klienten übertragen, sondern hierbei handelt es sich um ausführbare Programme, die vom Server gestartet werden, sobald die Datei in einem Request erscheint. Die Ausgabe (Standard-Ausgabe) eines solchen „CGI"-Programmes wird dann zum Klienten übertragen.

10.2.4.1 CGI

Mit Hilfe von CGI (Common Gateway Interface) ist es möglich, dynamische Webseiten zu gestalten. Da der Server für jeden CGI-Request ein Programm startet, kann dieses Programm die zu übertragende Seite sozusagen „online" erstellen. CGI-Programme können unter Linux prinzipiell alle Programme sein, die auch unter der Shell gestartet werden können. Ein einfaches Skript, welches die IP-Adresse des Browsers ausgibt könnte wie folgt aussehen:

```
#!/bin/sh
echo Content-type: text/plain
echo
echo REMOTE_ADDR = $REMOTE_ADDR
```

Die Verwendung von Shell-Skripts ist aus sicherheitstechnischen Gründen jedoch nicht ganz unproblematisch und sollte daher nur mit Vorsicht eingesetzt werden. Besser sind sicher eigene C-Programme. Da sich die CGI-Programmierung unter Linux nicht wesentlich von der bei Windows-NT unterscheidet, sei der Linux-Teil hiermit beendet und auf den folgenden Abschnitt verwiesen.

10.2.5 Internet Information Server

Nachdem auch im Hause Microsoft die Bedeutung des Internet erkannt wurde, wird seit der Version 4.0 bei Windows-NT ein integrierter WWW-Server mitgeliefert. Wie alle Serverdienste, so läuft auch der WWW-Server als Dienst im Hintergrund. Neben der einfachen Übertragung von Dateien hat der WWW-Server folgende Aufgaben:

- Directory-Mapping
- Protokollieren des HTTP-Verkehrs
- Überprüfung des Benutzernamens und Paßwort bei gesicherten Seiten
- Zugriffsbeschränkung auf bestimmte IP-Adressen
- Limitierung der TCP-Datenrate

Beim Directory-Mapping wird der Name einer über einen URL angeforderte Datei in einen physikalischen Dateinamen auf der Festplatte des Servers umgeändert. Typischerweise sollten alle WWW-Dokumente in einem bestimmten Unterverzeichnis gespeichert sein. Bei der Standardinstallation des WWW-Servers wird das Verzeichnis „InetPub" mit einem Unterverzeichnis „wwwroot" angelegt, in dem alle HTML-Dokumente gespeichert werden. Das Directory-Mapping sorgt nun dafür, daß bei der Angabe des Dateinamens „/default.htm" die physikalische Datei „C:\InetPub\wwwroot\default.htm" lautet.

```
/xxx    ->     c:\InetPub\wwwroot\xxx
```

Neben diesem Mapping ist auch die Einrichtung von „virtuellen Verzeichnissen" möglich. Beim virtuellen Verzeichnis wird ein (Anfangs-)Teil des Dateinamens eines URL's durch einen anderen physikalischen Verzeichnisnamen ersetzt. So zeigen beispielsweise alle virtuellen Verzeichnisse, die mit „/Script" beginnen in das physikalische Verzeichnis „c:\InetPub\Scripts". Mehrere dieser virtuellen Verzeichnisse sind möglich.

```
/Scripts/xxx      ->     c:\InetPub\Scripts\xxx
```

Eine andere Aufgabe des WWW-Servers ist das Protokollieren des HTTP-Verkehrs. Dies ist beispielsweise für WWW-Diensteanbieter sehr wichtig, um dem Kunden gegenüber eine detaillierte Abrechnung bieten zu können.

Eine Zugriffsbeschränkung auf bestimmte Seiten ist ebenfalls sinnvoll. Die erste Möglichkeit besteht darin, den Zugriff auf den kompletten WWW-Server nur von bestimmten Stationen (IP-Adressen) aus zu erlauben. Außerdem kann die normale NTFS-Sicherheitskontrolle genutzt werden, um bestimmte Seiten gezielt zu sperren. Der Zugriff auf die öffentlichen Seiten eines WWW-Servers erfolgt ohne Angabe eines Paßwortes. Weil dieser anonyme Zugriff aber auch kontrolliert werden muß, ist diesem anonymen Benutzer der NT-Benutzer `|USR_<rechnername>` zugeordnet. Alle Seiten, die dieser Benutzer als normaler NT-Benutzer lesen darf, können auch ohne Angabe eines Paßwortes als WWW-Dokument übertragen werden. Erst wenn diesem Benutzer der Zugriff auf eine Seite verwehrt ist, wird der WWW-Browser des Klienten dazu veranlaßt, nach einem Benutzernamen und einem Paßwort zu fragen. Mit diesen Angaben wird dann eine NT-Benutzeranmeldung durchgeführt und dem WWW-Browser im weiteren der Zugriff mit den neuen Benutzerrechten ermöglicht.

Eine letzte Möglichkeit ist die Beschränkung des durch den WWW-Server verursachten TCP-Verkehrs, um bei langsamen Leitungen einer Überlastung vorzubeugen.

10.2.5.1 Virtuelle Server

Bei virtuellen Servern handelt es sich um die Möglichkeit, einen physikalischen Rechner unter verschiedenen IP-Adressen anzusprechen. Da bei TCP/IP jeder Netzwerkkarte eine eigene IP-Adresse zugeordnet wird, kann einer einzigen Netzwerkkarte auch mehrere IP-Adressen zugeordnet werden. Bei einer ankommenden TCP-Verbindung wertet der WWW-Server die Zieladresse aus, und schaltet je nach IP-Adresse auf ein anderes Directory-Mapping um. Ein WWW-Browser hat somit den Eindruck, es handle sich um verschiedene Server, obwohl sie physikalisch auf dem gleichen Rechner liegen. Dieses Problem tritt z.B. dann auf, wenn ein Diensteanbieter für jeden Kunden einen eigenen WWW-Server einrichten will. Jeder Kunde erhält dann einen eigenen Domainnamen und eine eigene IP-Adresse, obwohl sich die Daten auf dem gleichen Rechner befinden.

10.2.5.2 CGI / ISAPI

Die Übertragung einer HTML-Seite im WWW ist zunächst sehr statisch. Die Seiten liegen auf einem Server und werden nicht verändert. Interessant ist aber vor allem die dynamische Erzeugung von HTML-Seiten, so daß z.B. für jeden Wochentag oder für jeden Kunden eine eigene angepaßte Seite erstellt werden kann. Ebenso sind interaktive Seiten interessant, die es dem Benutzer gestatten, Eingaben in Formularfeldern zu machen. Um eine dynamische Erzeugung von HTML-Seiten zu ermöglichen, wurde CGI definiert (CGI = Common Gateway Interface). Nahezu jeder WWW-Server unterstützt dieses Interface. Die Idee, die dahinter steht, ist recht einfach. Anstatt im Server lediglich eine HTML-Datei zu öffnen und diese zu übertragen, wird auf dem Server ein Programm gestartet. Die Ausgaben dieses Programmes werden über die TCP-Verbindung geleitet. Ein derartiges Programm kann nun sehr einfach den Inhalt einer HTML-Seite mit geeigneten „printf" Anweisungen erzeugen und diese vor allem auch variieren.

Die Unterscheidung, ob der Server eine Datei übertragen soll, oder ein Programm zu starten hat, wird typischerweise auf Grund des Dateinamens im URL getroffen. Für CGI-Programme wird ein eigenes virtuelles Verzeichnis reserviert (/cgi-bin bei Unix oder /Scripts bei NT). Sobald dieses Verzeichnis am Anfang des URL's auftritt, wird das entsprechende Programm gestartet.

Oftmals ist es notwendig, dem Programm Startparameter mitzugeben. Dies könnten z.B. die Mauskoordinaten bei einem „clickbaren-Image" oder die Felder eines HTML-Formulares sein.

Die CGI-Norm definiert dazu zwei Environmentvariablen (bei der HTTP GET-Methode), die den Inhalt von Parametern aufnehmen können:

QUERY_STRING   erhält alle Zeichen, die beim erweiterten URL nach dem „?" stehen.

QUERY_PATH   erhält den zusätzlichen Pfadstring zwischen Dateiname und „?".

Der erweiterte URL lautet folgendermaßen:

```
<proto>://<serv-name>:<portnummer>/<dateiname>/<zusatzpfad>?<parameter>
```

Dazu zwei kleine Beispiele: Bei der Auswahl der Hyperlinks in folgendem HTML-Dokument überträgt der Browser die relativen Mauskoordinaten innerhalb des Bildes als Parameter im ausgewählten URL:

```
<HTML>
...
<A href="/Scripts/test.exe">
<img src="test.gif" ISMAP>
</A>
```

```
...
</HTML>
```

Das Übertragen der Koordinaten wird durch das Schlüsselwort ISMAP bewirkt. Beim Klicken auf die linke obere Ecke des Bildes wird folgender URL an den Server übertragen:

```
/Scripts/test.exe?0,0
```

Die Variable QUERY_STRING erhält den Wert „0,0".

Im zweiten Beispiel wird dem Benutzer ein Eingabefeld präsentiert. Beim Drücken auf den OK-Button wird das Programm „formtest.exe" gerufen:

```
<HTML>
...
<FORM Method="GET" action="/Scripts/formtest.exe">
Eingabe: <input name="feld" width=32 type="text">
<hr>
<input type="submit" value="ok">
</FORM>
</HTML>
```

Gibt der Benutzer im Eingabefeld den String „abc" ein, so wird die Environmentvariable QUERY_STRING bei Aufruf der Programmes „formtest" den Wert „feld=abc" erhalten.

Auf diese Weise werden CGI-Programme mit Parametern versorgt. Die Aufgabe des aufgerufenen Programmes ist es nun, eine passende HTML-Seite als Antwort zu erzeugen. Wichtig ist aber zu vermerken, daß die gerufenen Programme auch den Attributheader des HTTP-Protokolls selbst erzeugen müssen. Beim Starten eines CGI-Programmes erzeugt der Server lediglich die erste Zeile der HTTP-Antwort (HTTP/1.0 200 OK). Den Rest muß das aufgerufene CGI-Programm selbst erzeugen, inklusive der anschließenden Leerzeile! Das wichtigste Attribut, das immer angegeben werden muß, ist „Content-Type". Dadurch wird der Typ der folgenden Übertragung dem Browser mitgeteilt. Das typische „helloworld"-Programm als CGI-Programm sieht wie folgt aus:

```
main()
{
  printf("content-type: text/plain\n\n");
  printf("hello world\n");
  return 0;
}
```

CGI-Programme nach dieser Methode haben den Nachteil, daß für jede Anfrage ein eigener Prozeß erzeugt wird. Da dies u.U. sehr langsam ist, gibt es beim IIS eine zweite Art von CGI-Programmierung, die ISAPI (Internet Server Application Programming Interface). ISAPI-Programme werden im Gegensatz zu CGI-Programmen als DLL compiliert. Diese DLL wird dann in den Adreßraum des Servers geladen und bleibt dort auch eine durch einen Timeout bestimmte Zeit. Dadurch wird die Antwortzeit bei hoher Serverlast deutlich verkürzt. In Visual C++ 4.2 ist ein Wizard eingebaut, der sehr einfach ISAPI-Dll's erzeugt. Der entsprechende Ausschnitt, der ein „hello-world" wie oben erzeugt, lautet wie folgt:

```
(* viel generierter Code ist hier weggelassen *)

void CXExtension::Default(CHttpServerContext* pCtxt)
{
  StartContent(pCtxt);
       WriteTitle(pCtxt);
       *pCtxt << _T("hello world");
       EndContent(pCtxt);
}
```

Das Debuggen von ISAPI-DLL's gestaltet sich leider etwas schwieriger, da es sich erstens um eine DLL handelt, die ein Umgebungsprogramm benötigt, und zweitens wird die DLL nach Beendigung der Serveranfrage nicht sofort wieder aus dem Speicher entfernt (was im Normalbetrieb durchaus wünschenswert ist).

10.2.5.3 Datenbankanbindung

Ein sehr häufig vorkommendes Problem ist die Anbindung von Datenbank-Tabellen an eine dynamische Web-Seite. Die Aufgabe besteht darin, das Ergebnis einer SQL-Anfrage mit dem Inhalt einer HTML-Seite zu mischen. Zu diesem Zweck wird beim IIS eine ISAPI-DLL mitgeliefert, die diese Aufgabe erfüllt. Diese Komponente wird als IDC (Internet Database Connector) bezeichnet. Der IDC arbeitet nach folgendem Prinzip:

Sobald ein URL eine Datei mit der Endung IDC referenziert, wird die IDC-DLL in den Speicher geladen. Der Inhalt der IDC-Datei besteht im wesentlichen aus der Angabe der ODBC-Datenquelle und dem zugehörigen SQL-String. Das Ergebnis einer Datenbankabfrage ist immer eine Tabelle. Diese Tabelle wird nun mit einer speziellen HTML-Datei mit der Extension HTX zusammengemischt. Die HTX-Datei enthält Platzhalter für die Elemente der einzelnen Zeilen der Datenbankabfrage. Folgendes Beispiel mag dies verdeutlichen:

Referenzierender URL:

```
http://MyServer/Scripts/Liste.idc?AbtNr=5
```

Die zugehörige IDC-Datei könnte wie folgt aussehen:

```
Datasource: odbc-source
Username: guest
Template: Liste.htx
SQLStatement:
+SELECT * from Abteilungen where AbtNr=%Abtnr%
```

Wie dem Beispiel zu entnehmen ist, können auch hier Parameter übergeben werden. Das Ergebnis dieser Anfrage wird am besten in einer HTML-Tabelle übergeben:

```
<H1>Abteilungsliste</H1>
<HR>
<table border>
<%begindetail%>
<tr>
  <td><%AbtNr%></td>
  <td><%AbtName%></td>
  <td><%AbtLeiter%></td>
</tr>
<%enddetail%>
</table>
```

10.2.6 Java Applets

Einen großen Schritt in Richtung interaktive WWW-Seiten brachte die Entwicklung der Sprache Java von Sun-Microsystems. Die Idee war, eine Möglichkeit zu schaffen, in einer WWW-Seite nicht nur Texte und Bilder zu laden, sondern auch das Ausführen eines Programmes zu ermöglichen. An der Stelle auf der HTML-Seite, an der sich ein Bild befinden könnte, läuft ein kleines Programm, welches beispielsweise irgendwelche animierten Logos darstellt. Um dies sinnvoll zu ermöglichen, muß eine derartige Sprache sicher sein, so daß eine Fehlprogrammierung nicht das komplette System zum Stehen bringt und der erzeugte Code muß plattformunabhängig sein, damit es auf Unix, VMS, DOS Windows o.ä. Plattformen läuft. Die erste Forderung (Sicherheit) wurde durch die Definition der Sprache an sich erreicht (Stichwort überprüfte Typecasts), die Plattformunabhängigkeit ist dadurch gewährleistet, daß ein Java-Applet als maschinenunabhängiger Bytecode geladen wird und dann im Browser in einer virtuellen Maschine interpretiert wird. (Für weitere Informationen zu Java siehe http://www.javasoft.com).

Ein Java Applet wird ähnlich wie ein Bild in eine HTML-Seite eingebunden. Ein „Hello-World"-Applet würde wie folgt aussehen:

```
import java.applet.*;
import java.awt.*;

public class Hello extends Applet
```

```
{
  public void paint(Graphics g)
  {
  g.drawString("Hello World", 10, 10);
  }
}
```

Die zugehörige HTML-Datei:

```
<html>
...
<applet code=Hello.class>
</applet>
<hr>
...
</html>
```

Interessant in diesem Zusammenhang ist die Integration von Java und OLE. Ein OLE oder COM-Objekt ist ein Speicherobjekt, dessen Methoden über Interfaces gerufen werden können. Das Interfacekonzept der COM-Objekte läßt sich nun aber sehr leicht auf das Interface-Konzept von Java abbilden. Somit kann ein COM-Objekt als Java-Klasse repräsentiert werden, die jedes der Interfaces des COM-Objektes als Java-Interface implementiert. Diese Integration ist in der Entwicklungsumgebung J++ realisiert.

10.2.7 ActiveX Controls

ActiveX ist die Microsoft-Erfindung in Konkurrenz zu Java. Eine Active-X Komponente ist im wesentlichen eine OCX-Komponente[27], die in der gleichen Weise wie ein Java-Applet benutzt wird. Im Gegensatz zu Java handelt es sich bei Active-X allerdings um echten Maschinencode mit den daraus resultierenden Problemen wie Virenbefall o.ä. Folgendes Beispiel zeigt das bekannte „hello-world" als Active-X Komponente.

```
(* viel generierter Code ist hier weggelassen *)
void CTestCtrl::OnDraw(CDC* pdc, const CRect& rcBounds, const
CRect& rcInvalid)
{
  pdc->TextOut(10,10,"hello world");
}
```

Ein Active-X Control wird folgendermaßen in eine HTML-Datei eingebunden:

```
<HTML>
```

---

[27] Dies wiederum ist ein COM-Objekt mit speziellen vorgegebenen Interfaces

```
<HEAD>
<TITLE>New Page</TITLE>
</HEAD>
<BODY>

<OBJECT ID="Test1" WIDTH=100 HEIGHT=51
 CLASSID="CLSID:4D4B9983-75F7-11D0-890F-0020182C0872">
</OBJECT>

</BODY>
</HTML>
```

10.2.8 Browser Skripts

Zusätzlich zum Einbetten von Java-Applets und Active-X Controls bieten die meisten Browser die Möglichkeit der Ausführung von Skripten. Ein Skript ist ein Stück Programm (im Quelltext), das in eine HTML-Seite eingebettet ist. Die Skriptsprachen sind typischerweise eine Untermenge einer echten Programmiersprache. So ist Java-Skript vom Aufbau zwar sehr an Java angelehnt, hat mit echtem Java aber nicht sehr viel gemeinsam.

Eine andere Skriptsprache, die vor allem im Internet-Explorer genutzt werden kann, ist Visual-Basic-Skript, ebenfalls eine Abart der gleichnamigen Programmiersprache.

Die durch die Skripte definierten Funktionen können bei unterschiedlichen Ereignissen, wie z.B. dem Laden der HTML-Seite, dem Drücken eines Knopfes usw. gerufen werden. Der Vorteil bei den Skripten ist vor allem darin zu suchen, daß viele Aktionen lokal im Browser vorgenommen werden (Überprüfung von Eingaben usw.) ohne daß der Server kontaktiert werden muß.

Folgendes Beispiel zeigt einen Knopf auf einer HTML-Seite an. Beim Drücken des Knopfes wird die Java-Skript-Funktion „hello" gerufen, die eine Meldungsbox am Bildschirm ausgibt:

```
<HEAD>
<SCRIPT LANGUAGE="JavaScript">

function hallo() {
  confirm("Hallo Java-Skript");
  }

</SCRIPT>
</HEAD>

<BODY>
<INPUT TYPE="button" VALUE="Hallo" ONCLICK="hallo()">
</BODY>
```

Alles was zwischen den HTML-Tags <Skript> und </Skript> steht, wird als Programmcode interpretiert und bei Bedarf ausgeführt. Das gleiche Beispiel in VBSkript sieht sehr ähnlich aus:

```
<HEAD>
<SCRIPT LANGUAGE="VBScript">

function hallo()
    confirm("Hallo Basic-Skript")
end function

</SCRIPT>
</HEAD>

<BODY>
<INPUT TYPE="button" VALUE="Hallo" ONCLICK="hallo()">
</BODY>
```

Hier wurde lediglich die Syntax von Java nach Basic geändert.

Eine weitere Möglichkeit der Skriptverarbeitung besteht darin, ein Skript nicht auf dem Browser, sondern statt dessen auf dem Server auszuführen. Diese Technik ist als „Active Server Pages" eingeführt.

10.2.9 Active Server Pages

Der Name „Active Server Pages" (ASP) rührt wohl daher, daß eine HTML-Seite Skriptanweisungen enthalten kann, die vor dem Versenden der Seite an den Klienten ausgeführt werden und mit Hilfe der Active-X Technik auf Objekte des Servers zugreifen kann. Bei ASP handelt es sich im Prinzip um einen Filter, der eine HTML-Seite vor der Auslieferung nach Basic-Anweisungen durchsucht und diese ausführt. Damit kann der Inhalt aktiv verändert werden.

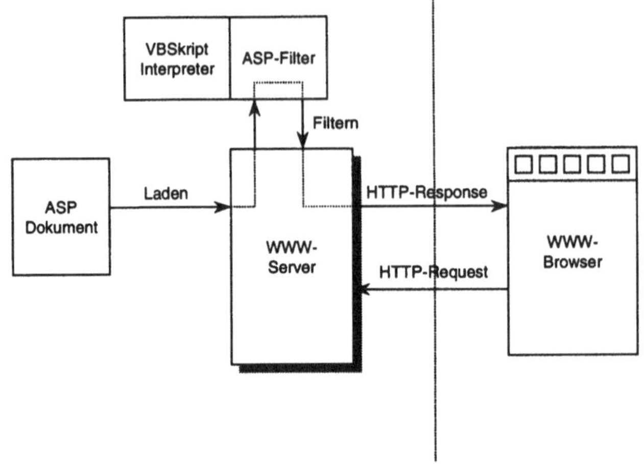

Abb. 10-1 Active Server Pages

VBSkript-Anweisungen, die auf dem Server anstatt auf dem Browser ausgeführt werden sollen, sind mit dem erweiterten Skript-Tag

```
<SCRIPT LANGUAGE="VBScript" RUNAT="Server">
```

gekennzeichnet. Die Option „RUNAT" gibt an, daß das Skript auf dem Server ausgeführt werden soll. Folgendes Beispiel zeigt ein ASP-Dokument, das in einer Schleife die Zahlen von 1 bis 10 ausgibt.

```
<HTML>
<h2>ASP Test Seite<hr>
<% for i=1 to 10 %>
<% =i %><br>
<% next %>
</HTML>
```

Zu diesem Beispiel noch zwei Bemerkungen. Die Zeichenfolge „<%" ist lediglich eine Abkürzung für den Ausdruck

```
<SCRIPT LANGUAGE="VBScript" RUNAT="Server">.
```

Folgt auf <% ein „="-Zeichen, so bedeutet dies, daß ein Ausdruck (in VBSkript) folgt, der als Ausgabe in der HTML-Seite erscheint. Alle Ausdrücke werden hierbei automatisch in einen String konvertiert.

Dieses kleine Beispiel zeigt zunächst die Grundfunktionalität von ASP. Seine volle Leistungsfähigkeit wird aber vor allem dadurch erreicht, daß VBSkript in der Lage ist, als OLE-Automatisierungscontroller COM-Objekte auf dem Server anzulegen und sich derer Funktionalität zu bedienen. Wir können uns beispielsweise unseres einfachen OLE-Servers aus Abschnitt 7.3 bedienen, und die Funktion `calc` aus ASP heraus aufrufen.

```
<html>
<h2>OLE-Automatisierung<HR>
<%  Set o = Server.CreateObject("simple.application") %>
 <% for i=1 to 10 %>
<% =o.calc(i,5) %><br>
<% next %>
</html>
```

In diesem Beispiel wird mit Hilfe der Anweisung `Server.CreateObject` eine Instanz unseres Automatisierungscontrollers angelegt und eine Referenz darauf der Variablen o zugewiesen. Danach kann dessen Funktion `calc` aufgerufen werden. Mit Hilfe dieser Technik läßt sich nun der WWW-Server um jede beliebige Applikation erweitern, wenn diese nur OLE-Automatisierung unterstützt.

ASP stellt noch eine ganze Reihe von Objekten zur Verfügung. Ein sehr nützliches Objekt ist das Session-Objekt. Mit Hilfe dieses Objektes ist es möglich, auch im WWW-Server eine Session-Semantik zu implementieren. Die Grundarchitektur eines WWW-Servers ist ja bekanntlich zustandslos. Eine Abfrage einer Seite hat keinen Einfluß auf die Abfrage von folgenden Seiten. Dies liegt in der Natur des HTTP-Protokolls begründet. Bei manchen WWW-Applikationen wäre es jedoch wünschenswert, eine Zustandsinformation über den Klienten über mehrere HTTP-Transaktionen hinweg zu speichern. Beispielsweise könnte ein Klient eine Sprache (englisch oder deutsch) auf der Startseite auswählen. Diese Einstellung kann sich der Server nun merken, und alle Folgeseiten geeignet formatieren. Sicher läßt sich der gleiche Effekt auch mit Hilfe von Cookies oder URL-Parametern erreichen, jedoch wesentlich umständlicher.

Erreicht werden kann diese Sessionsemantik dadurch, daß beim ersten Zugriff eines Klienten auf den WWW-Server ein neues Sessionobjekt angelegt wird. Dieses bleibt solange im Server bestehen, bis ein vorgegebener Timeout abläuft. Mit dem Sessionobjekt kann folgendermaßen gearbeitet werden:

Die Anweisung

```
<% Session.Timeout=20 %>
```

bewirkt, daß ein Sessionobjekt für einen Klienten 20 Sekunden bestehen bleibt. Während dieser Zeit merkt sich das Sessionobjekt Variablen, die ihm zugewiesen werden. Die Zuweisung einer Variablen im Sessionobjekt sieht wie folgt aus:

```
Session("VarName")=1
```

Daraufhin wird im Sessionobjekt die Variable VarName angelegt und ihr der Wert 1 zugewiesen. Dieser Wert bleibt bis zum Timeout bestehen. Andere ASP-Seiten können nun auf diese Variablen zugreifen und das Aussehen der HTML-Seite entsprechend anpassen:

```
<% If Session("VarName")=1 then %>
Wert war 1
<%else %>
Anderer Wert
<%end if %>
```

Die Active Server Pages sind sicher eine gute Alternative zur CGI-Programmierung. Nachteilig wird sich sicher die geringere Performance gegenüber einfachen HTTP-Requests bemerkbar machen. Vor allem die Einbindung von OLE-Objekten muß sorgfältig geprüft werden.

10.3 Literatur

[MSDN]   Microsoft Developer Network

11 Sicherheit

11.1 Einleitung

Die Problematik der Sicherheit und des Schutzes vor unberechtigten Angriffen, ist vor allem in verteilten Systemen sehr wichtig. Gerade durch die Verteiltheit des Systems ergeben sich potentiell viele Angriffspunkte.

Bei der Diskussion über Rechnersicherheit unterscheidet man zunächst zwischen „Subjekten" und „Objekten". Ein Objekt ist eine passive Ressource, wie z.B. eine Datei, ein Ausgabegerät oder ein Kommunikationskanal. Subjekte sind aktive Einheiten, wie z.B. Prozesse und damit implizit auch Benutzer, die Objekte nutzen. Wenn ein Benutzer eine Datei öffnet, wird das Objekt „Datei" vom Subjekt „Benutzer" genutzt. Das Ziel einer guten Sicherheit in einem Betriebssystem ist es nun, alle Objekte vor dem Zugriff von nicht berechtigten Subjekten zu schützen.

Die Sicherheit eines Systems kann wie folgt definiert werden:

Sicherheit ist die Fähigkeit eines Systems, für seine Objekte Vertraulichkeit (Confidentiality) und Integrität (Integrity) zu garantieren.

Vertraulichkeit bedeutet, daß der Zugriff auf die Objekte nur von berechtigten Subjekten erfolgen kann. Integrität bedeutet, daß ein Objekt vor absichtlicher und unbeabsichtigter Veränderung geschützt wird.

Die Vertraulichkeit und Integrität der Objekte eines Systems kann auf vielerlei Arten verletzt werden:

11.1.1 Angriffsformen

Um einen Angriff starten zu können, muß ein Zugang zu dem System bestehen. In den meisten Fällen geschieht dieser Zugriff über die Kommunikationskanäle. Die Angriffsformen lassen sich in vier Kategorien einteilen:

- Eavesdropping
  Unbemerktes Abhören und Mitschneiden des Kommunikationsstromes oder Lesen nicht geschützter Informationen im Speicher

- Masquerading

  Sich als jemand anderes ausgeben, meist unter Verwendung eines anderen Paßwortes oder sonstiger gestohlener Zugriffsberechtigungen

- Tampering

  Nachrichten im Verlauf der Übertragung verfälschen, so daß der Empfänger die Nachrichten anders erhält, als sie der ursprüngliche Sender abgeschickt hat.

- Replay

  Speichern von Nachrichten und späteres wiederholen. Auf diese Weise kann z.B. eine Autorisierung vorgetäuscht werden, die ein Sender gar nicht besitzt. Eine einfache Verschlüsselung der Daten reicht hierfür nicht aus, weil der Eindringling die Daten gar nicht lesen, sondern nur deren Besitz vortäuschen will.

Um nun die Sicherheit eines Systems zu garantieren gibt es eine Reihe von Maßnahmen, angefangen von architekturellen Maßnahmen bei dem Design eines Systems, bis zu kryptographischen Verfahren. Um Betriebssysteme überhaupt klassifizieren zu können wurde vom amerikanischen Verteidigungsministerium das „orange book" erarbeitet.

11.2 Orange Book

Wenn über Sicherheit von Rechnersystemen diskutiert wird, fallen immer wieder Begriffe wie C2-Sicherheit oder „orange book". Das nach der Farbe seines Umschlages benannte Orange-Book des amerikanischen Verteidigungsministeriums mit dem korrekten Titel:

```
DoD Trusted Computer System Evaluation Criteria
(DoD) 5200.28-STD)
```

ist ein Klassifizierungsschema für die Sicherheit von Computersystemen. Das Orange-Book definiert dazu verschiedene Klassen, die mit den Buchstaben von A-D bezeichnet werden. Die Klasse B ist dabei noch in die Unterklassen B1,B2,B3 und die Klasse C in die Unterklasse C1,C2 unterteilt. Die Reihenfolge der Sicherheitsklassen (von sicher nach unsicher) ist:

```
A,B3,B2,B1,C2,C1,D
sicher → unsicher
```

Die einzelnen Klassen sind wie folgt gekennzeichnet:

A	Verified Design
B3	Security Domains
B2	Structured Protection
B1	Labeled Security Protection

C2   Controlled Access Protection

C1   Discretionary Security Protection

D   Minimal Protection

Hierbei bedeutet z.B. A (Verified Design), daß die Implementierung des Betriebssystems theoretisch verifiziert sein muß. Dies ist auf absehbare Zeit kaum zu erreichen, wenn man bedenkt, wie schwierig schon kleinere Programme zu verifizieren sind. Klasse D bedeutet lediglich, daß ein Betriebsystem zur Evaluierung eingereicht wurde, bei allen Tests aber durchgefallen ist. Als Stand der Technik kann heute die Klasse C2 betrachtet werden. Diese Klasse (Controlled Access Protection) fordert, daß jeder Nutzer des Systems sich zunächst dem System gegenüber authentifizieren muß und alle Zugriffe auf Systemressourcen protokollierbar sind. Insbesondere kann ein illegaler Zugriff in einem Protokoll festgehalten werden. Betriebssysteme, die als C2-sicher gelten, sind DEC/VMS oder Windows-NT.

Man muß jedoch hier sehr vorsichtig sein. Die Tatsache allein, daß ein System C2-zertifiziert ist, gibt noch keine Gewähr dafür, daß es in auch allen Fällen wirklich C2-sicher ist. Beispielsweise muß der Zugriff auf die Massenspeicher (Festplatte) physikalisch verhindert werden. Wenn jemand eine Festplatte ausbauen kann, kann ein System so C2-sicher sein wie es will, dann können die Daten mit Hilfe eines anderen Computers einfach ausgelesen werden. Bei PC's muß ebenfalls das Floppy-Laufwerk ausgebaut oder mindestens deaktiviert werden, denn sonst könnte ein unsicheres System (MS-DOS o.ä.) gestartet werden und damit mit Hilfe von BIOS-Aufrufen die Festplatte gelesen werden.

Ebenfalls nicht C2-sicher ist Windows-NT, wenn es im Netzwerk benutzt wird. Windows-NT ist nur C2-sicher, wenn es als Einzelsystem ohne jegliche Netzankopplung genutzt wird.

11.3 Benutzerverwaltung

Die Verwaltung von Benutzerkonten ist sicher der Ausgangspunkt bei den meisten Sicherheitskonzepten. Viele PC-Betriebssysteme bieten keine oder nur sehr rudimentäre Benutzerverwaltungen (MS-DOS, Mac-OS, OS/2, Windows, Windows95). Erst beim Anmelden an einem Server wird bei diesen Systemen eine Authentifizierung durchgeführt. Lokales Arbeiten an einem Rechner ist bei diesen Systemen auch ohne Benutzerkonto möglich. Eine Ausnahme hiervon bilden lediglich Linux und Windows-NT. Beide Systeme unterstützen auch lokale Benutzerkonten. Eine Anmeldung ist immer notwendig.

11.3.1 Linux Benutzerverwaltung

Die Verwaltung der Benutzer unter Linux entspricht dem üblichen Standard bei Unix-Systemen. Alle dem System bekannten Benutzer sind in der Datei „/etc/passwd" gespeichert. Diese Datei hat folgenden Aufbau:

```
Name:Passwort:user-id:gruppen-id:Voller-Name:Verzeichnis:Shell
```

- *Name* ist der Loginname des Benutzers

- *Passwort* ist das Paßwort des Benutzers. Dieses Paßwort ist natürlich nicht im Klartext abgelegt, sondern mit Hilfe einer Einwegeverschlüsselung kodiert und dann gespeichert.

- *User-ID* ist eine eindeutige Nummer, die vom Systemverwalter für jeden Benutzer vergeben werden muß.

- *Gruppen-ID* ist eine eindeutige Nummer einer Gruppe. Jeder Benutzer gehört genau einer Gruppe an.

- *Voller-Name* ist der komplette Namen (Vor und Zunamen eines Benutzers).

- *Verzeichnis* ist das Dateiverzeichnis, das beim Anmelden des Benutzers zu dessen Standardverzeichnis wird.

- *Shell* ist schließlich der Kommandointerpreter, der für den Benutzer bei dessen Anmeldung gestartet wird.

Ein Beispiel ist folgende passwd-Datei:

```
root:ipHE.vVwvCqCQ:0:0:root:/root:/bin/bash
mayer:xYbsTfTQ:100:5:Hans Mayer:/home/mayer:/bin/bash
```

Problematisch bei allen Unix-Systemen ist, daß die Paßwortdatei für jeden lesbar ist. Die Sicherheit besteht lediglich darin, daß zum Verschlüsseln des Paßwortes eine Einwegfunktion genutzt wird. Aus dem verschlüsselten Paßwort kann nicht (auch nicht theoretisch) eindeutig auf das Paßwort im Klartext geschlossen werden.

Meldet sich ein Benutzer am System an, so gibt er das nur ihm bekannte Paßwort ein. Dies wird daraufhin mit dem gleichen Algorithmus (Einwegfunktion) verschlüsselt und mit dem Eintrag in der Paßwortdatei verglichen. Bei Übereinstimmung wird der Zugang gewährt.

Prinzipiell läßt sich in ein Unix-System dadurch einbrechen, daß man alle Buchstabenkombinationen eines möglichen Passwortes systematisch daraufhin prüft, ob die Verschlüsselung den gleichen Eintrag wie den in der Paßwortdatei ergibt. Jedoch ist der Erfolg eines Einbruches trotzdem sehr unwahrscheinlich. Verwendet man beispielsweise nur Buchstaben (Klein- und Großschreibung) so ergibt sich bei einem nur 6-stelligen Paßwort eine Kombinationsmöglichkeit von $52^6 = 19.770.609.664$ Versuchen. Erfolgreich sind Einbrüche typischerweise dann, wenn der Wertebereich der Versuche stark eingeschränkt werden kann. Wird beispielsweise ein Paßwort verwendet, das sich in jedem Lexikon findet (z.B. Hund, Katze, Maus), so ist durch einfache Anwendung aller in einem Lexikon gespeicherten Worte das Paßwort viel schneller zu finden. Aus diesem Grunde sollte als Paßwort immer ein Fantasiewort genutzt werden.

11.3.1.1 Rechtevergabe

Die Vergabe von Zugriffsrechten auf Dateien erfolgt bei Linux (Unix) mit Hilfe der User-und Gruppen-ID's. Jede Datei hat dazu einen Eigentümer. Dies ist der Benutzer, der die Datei angelegt hat. Ein Benutzer kann nun für seine Dateien folgende Rechte vergeben:

- *Lesen*: Lesen des Inhaltes einer Datei.

- *Schreiben*: Schreiben, Verändern und Löschen einer Datei.

- *Ausführen*: Ausführen einer Datei als Programm oder als Shell-Kommando, bzw. bei Verzeichnissen, Lesen des Inhaltes eines Unterverzeichnisses.

Diese Rechte kann nun folgenden „Personen" erteilt werden:

- *Owner*: Der Benutzer selbst.

- *Group*: Alle Benutzer mit der gleichen Gruppen ID.

- *Other*: Allen Benutzern des Systems.

Diese Sicherheitsinformation wird in einem Bitvektor bei jeder Datei gespeichert. Weitere fein abgestimmtere Zuordnungen von Rechten sind nicht möglich.

11.3.2 Windows-NT Sicherheit

Eine wichtige Designvorgabe bei Windows-NT war die Entwicklung eines „sicheren" Systems. Dies vor allem vor dem Hintergrund, daß alle anderen PC-Betriebssysteme, bis auf Linux, keine oder kaum Sicherheitskonzepte kannten. (Novell sei hier ausgenommen, da es sich bei Novell eigentlich um ein Netzwerkbetriebssystem handelt).

11.3.2.1 Benutzerverwaltung

Jede Windows NT Installation, egal ob Workstation oder Server, unterhält eine eigene Benutzerdatenbank. Diese Benutzerdatenbank wird vom Security-Account-Manager (SAM) verwaltet, eine zentrale Komponente im Executive. Jeder neu eingetragene Benutzer erhält eine eindeutige Identifikation (eindeutig über Raum und Zeit). Diese ID wird mit einem ähnlichen Algorithmus ermittelt wie die UUID im OLE-System. Ein Benutzer wird mit Hilfe dieser ID identifiziert. Dies bedeutet insbesondere, daß ein Benutzer gleichen Namens auf der gleichen Maschine aber nach einer Neuinstallation ein neuer Benutzer ist. Die Ausnahme hiervon bildet lediglich der Benutzer „Administrator", der immer die gleiche Sicherheits-ID bekommt. Auf jeder NT Installation läuft der Anmeldeprozeß (LSASS Local Security Authorithy SubSystem), der alle Anmeldungen mit Hilfe von SAM verifiziert.

11.3.2.2 Zugriffssteuerlisten

Im Gegensatz zu Linux wird bei Windows-NT mit Zugriffssteuerlisten gearbeitet. Jedem zu schützenden Objekt[28] wird eine Zugriffssteuerliste hinzugefügt. Diese Liste gibt Auskunft über die Art des erlaubten Zugriffes für jedes zugreifende Subjekt (Benutzer). Vergleiche hierzu auch die Abb. 1-7 weiter vorne in diesem Buche. Vor einem Zugriff auf ein Objekt wird die Liste solange abgesucht, bis ein Eintrag mit dem passenden Zugriffsmuster gefunden wird. Danach wird der Zugriff erlaubt oder ggf. verworfen.

11.3.2.3 Workgroup und Domainkonzept

Bei Microsoft-Netzen unterscheidet man zwei grundsätzliche Arten von Sicherheitskonzepten. Die erste und einfachere ist das Konzept der „Workgroups". Eine Workgroup ist eine Zusammenfassung von mehreren Rechnern unter dem gleichen Namen. Mehr aber auch nicht. Interessant in diesem Zusammenhang ist immer die Frage, an welchem Rechner sich ein Benutzer anmeldet (authentisiert). Innerhalb von Workgroups verwaltet jeder Rechner seine eigenen Benutzerkonten. Dies bedeutet, daß ein Benutzer, trotz gleichen Namens, auf zwei Rechnern auch als zwei unterschiedliche Benutzer verwaltet wird. Er muß sich beim Zugriff auf Ressourcen eines anderen Rechners an jedem dieser Rechner neu anmelden. Windows-95 oder NT ist aber an dieser Stelle so ausgelegt, daß, wenn Benutzername und Paßwort übereinstimmen, die Anmeldung automatisch erfolgt. Trotzdem bestehen zwei unterschiedliche Anmeldungen. Dies ist auch dann wichtig, wenn man den Zugriff auf Ressourcen beschränken will. Die Anmeldung erfolgt immer am lokalen Rechner mit dem lokalen Benutzeraccount.

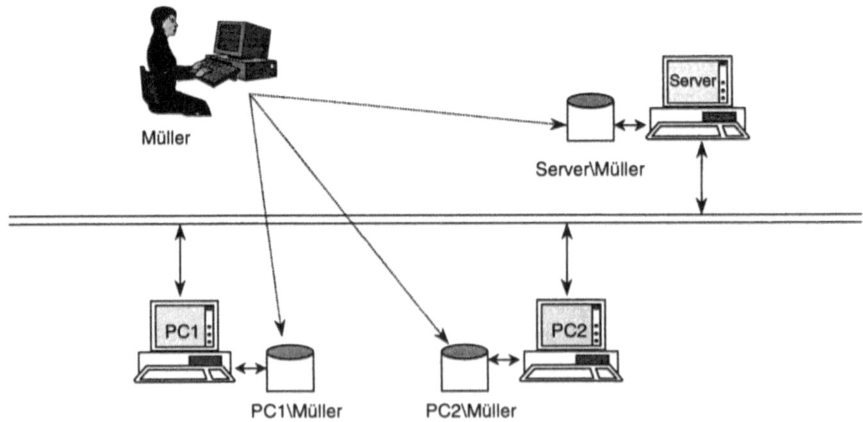

Abb. 11-1 Workgroupanmeldung

---

[28] Ein Objekt in diesem Sinne ist entweder ein Objekt des Executive (Dateihandle, Thread, Speicher usw.) oder eine Datei im Dateisystem NTFS

Das zweite weitergehende Konzept ist das Konzept der Domains. Eine Domain ist zunächst auch die Zusammenfassung von unterschiedlichen Rechnern, allerdings mit zwei wesentlichen Unterschieden: Für jeden Rechner wird in einem speziellen Server, dem Primary-Domain-Controller (PDC) ein Rechneraccount eingerichtet. Der Rechner wird damit Mitglied in dieser vom PDC verwalteten Domäne. Durch diese Mitgliedschaft wird es ermöglicht, daß ein Benutzer, der sich auf einem Rechner anmeldet, nicht auf dessen lokalen Benutzerdatenbank authentisiert wird, sondern die Anmeldung wird am PDC geprüft und bestätigt. Man meldet sich somit nicht auf einzelnen Rechnern an, sondern an der ganzen Domäne. Damit ist man sofort auf allen Rechner angemeldet, die ebenfalls Mitglied der Domäne sind. Beim Domänenkonzept muß die Benutzerdatenbank nur einmal am zentralen Server gehalten werden. Die Freigabe von Ressourcen auf den einzelnen Rechnern oder natürlich auch am Server erfolgt mit Hilfe des Domänennamens eines Benutzers. Dieser ist auf allen Rechnern aber gleich.

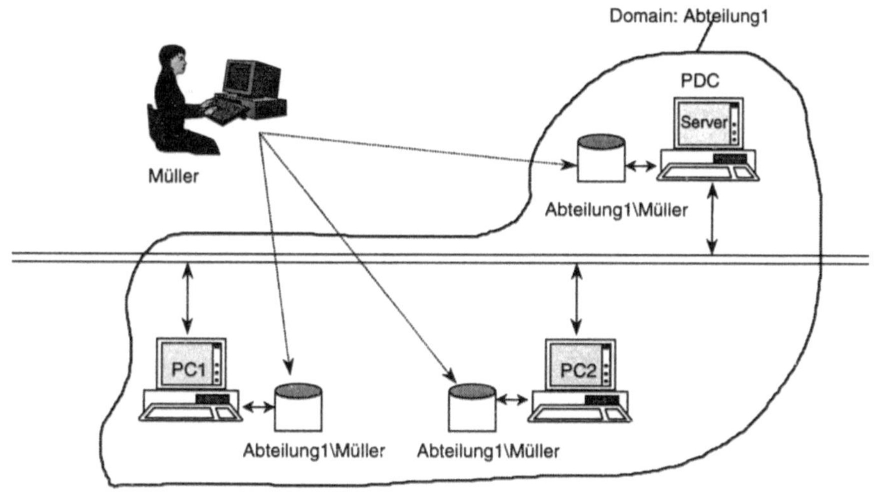

Abb. 11-2 Domänenanmeldung

Das Domänenkonzept ist aber eher für kleinere bis mittlere Abteilungen geeignet. Die Benutzer einer Domäne können zwar durch die Benutzung von Gruppen strukturiert werden, bei größeren Betrieben tritt aber bald das Problem ein, daß jede Abteilung die eigenen Benutzerdaten verwalten will, trotzdem aber ein beschränkter Zugriff auf die Daten einer anderen Abteilung stattfinden soll, sofern sich die beiden Abteilung gegenseitig trauen. Diese Vertrauensstellungen lassen sich ebenfalls mit Hilfe des Domänenkonzepts realisieren. Man kann einseitige oder beidseitige Vertrauensstellungen einrichten. Der Ausdruck Domäne A „traut" Domäne B bedeutet, daß alle Benutzeranmeldungen, die von Domäne B bestätigt wurden (Anmeldung am PDC von B) von Domäne A ebenfalls akzeptiert werden. Dies bedeutet z.B., daß ein Benutzer B\Mayer in der Domäne A ebenfalls als Benutzer

B\Mayer akzeptiert wird. Dies bedeutet aber noch keinesfalls, daß dieser Benutzer B\Mayer in der Domäne A bereits irgendwelche Rechte hätte. Diese müssen dem Benutzer B\Mayer explizit gegeben werden. Ein in der Domäne A vorhandener Benutzer A\Mayer ist aber ein völlig anderer Benutzer. Die einzige Ausnahme hiervon bildet die Gruppe „Jeder". Sobald ein Benutzer der Domäne B angemeldet ist, erhält er auch alle Rechte, die „Jeder" in der Domäne A hat.

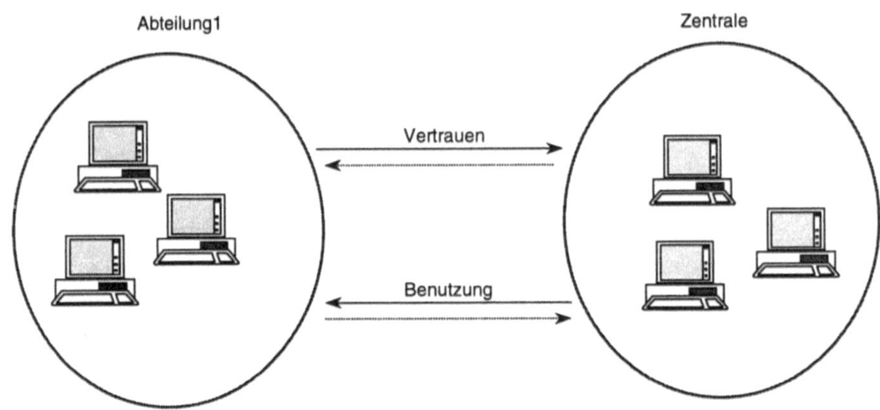

Abb. 11-3 Vertrauensstellungen

11.3.2.4 Verzeichnisdienst

Ein wesentlicher Kritikpunkt am Domänenkonzept bei Windows-NT ist der flache Namensraum. Innerhalb einer Domäne existiert keine hierarchische Gliederung. Die Beziehungen zwischen Domänen müssen umständlich mit Hilfe der Vertrauensstellungen eingegeben werden, was um so mühsamer ist, je größer ein derartiges Netz ist und desto unhandlicher wird dessen Verwaltung. Bei n Domänen sind prinzipiell n*(n-1) Beziehungen denkbar. Novell bietet hier seit einiger Zeit eine wesentlich bessere Lösung, die Directory-Services (siehe Abschnitt 9.1)

Ab Version 5.0 wird bei Windows-NT ebenfalls ein Verzeichnisdienst (Windows-NT Directory Services) implementiert werden, der ebenso wie die Novell-Directory-Services auf dem Standard X-500 basiert. Zusätzlich soll mit einer neuen Softwareschnittstelle, den „Active Directory Interfaces", der Zugriff auf unterschiedliche Verzeichnisdienste ermöglicht werden.

Die Windows-NT Directory Services haben folgende Eigenschaften:

- Unterstützung von verschiedenen Namensformaten. Es werden nicht nur die typischen X500 Namen wie z.B. (CN="Mayer",O="Firma",C="Germany") unterstützt, sondern auch alle anderen gängigen Formate wie RFC822-Namen in der Form

„Mayer@Firma.de" oder die bekannten URL's „http://firma/Mayer" und UNC-Namen „\\Server\Name".

- Kombination und Unterstützung anderer bekannter Verzeichnisdienste. Hierbei ist vor allem die Integration von DNS zu nennen.

- Erweiterbarkeit durch eigene Objekte. Im Verzeichnisdienst können neue eigene Objekte definiert und publiziert werden.

- Multimaster-Replikation. Es wird nicht nur einen Master geben, der alle Information enthält, sondern ein Update an der Verzeichnisdatenbank kann auf verschiedenen Master-Servern vorgenommen werden. Die Server synchronisieren sich untereinander mit Hilfe von Update-Sequence-Numbers.

- Kerberos-Sicherheit. Durch die Implementierung des Kerberos Authentifizierungsschema wird ein verteiltes Sicherheitsschema über alle Rechner und Domänen im Netz erreicht.

- Zugriff über verschiedene API's. Auf den Windows-NT Verzeichnisdienst kann mit Hilfe von unterschiedlichen API's zugegriffen werden. Unterstützt werden lokale C-Schittstellen und OLE-Automatisierungsobjekte und entfernte Zugriffe über DNS oder LDAP.

- Skalierbarkeit. Eine wichtige Forderung an einen Verzeichnisdienst ist dessen Skalierbarkeit auf sehr viele Einträge. Die bisherige Benutzerverwaltung von NT skalierte nur sehr mühsam auf mehrere tausend Benutzer. Der Verzeichnisdienst soll laut Angaben von Microsoft auf mehrere Millionen skalieren.

- Unterstützung von kurzlebigen Einträgen. Mit dem Aufkommen von immer mehr Diensten im verteilten System, wird es auch immer mehr „kurzlebige" Dienste geben. Dies könnte beispielsweise der Standort eines mobilen Computers sein. Dies widerspricht etwas den traditionellen Forderungen an einen Verzeichnisdienst. Doch auch diese Art von Einträgen muß in Zukunft unterstützt werden. Erreicht wird dies durch eine sogen. Push-Replikation, bei dem der kurzlebige Eintrag per Kommando schnell im gesamten Netz repliziert wird und nicht erst bei einer normalen Replikation, die typischerweise nur alle paar Stunden durchgeführt wird.

Um eine Kompatibilität zu dem bisherigen Domänenmodell zu erhalten und eine einfache Administrierbarkeit zu gewährleisten, sieht die Architektur etwa wie folgt aus:

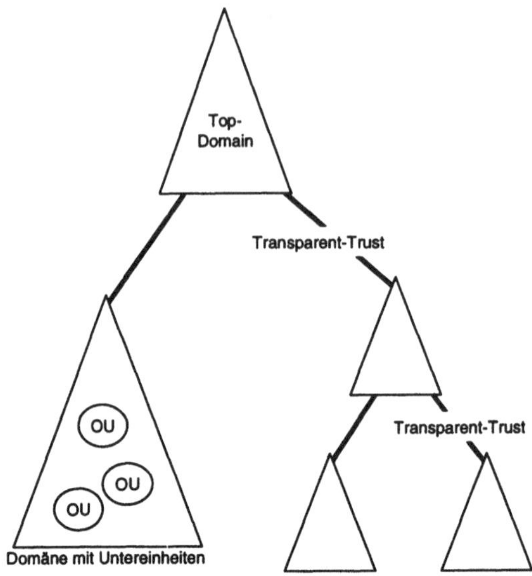

Abb. 11-4 Windows-NT Verzeichnisdienst

Zunächst bleibt das Domänenmodell erhalten. Innerhalb einer Domäne kann es nun aber weitere Unterteilungen (OU = Organizational Unit) geben. Diese Unterteilungen entsprechen in etwa dem, was bei Novell ein Verzeichnisbaum ist. Hier können Rechte vererbt und delegiert werden. Es ist beispielsweise möglich, daß das Recht Benutzer für eine bestimmte OU anzulegen, an einen bestimmten Benutzer in der OU delegiert wird. Dadurch läßt sich der Administrationsaufwand entsprechend den Gegebenheiten einer Firma auf deren Abteilungen verteilen.

Zwischen den Domänen wird es zwar weiter Vertrauensbeziehungen geben, diese sind nun aber transitiv, so daß aus A→B und B→C auch A→C folgt. Dadurch wird vermieden, daß Beziehungen zwischen allen möglichen Domänen definiert werden müssen. Aus den Vertrauensstellungen baut sich somit auch ein Vertrauensbaum auf.

11.4 Firewalls

Mit zunehmender Vernetzung der PC's und Öffnung der Firmen in Richtung Internet, gewinnt die Firewall-Technologie zunehmend an Bedeutung. Die Ausgabe eines Firewalls ist es, ein internes Firmennetz (Intranet) von Angriffen aus einem externen Netz (Internet) zu schützen. Ein potentieller Angreifer soll keinen Einblick in das interne Netz gewinnen. Nur ganz bestimmte ausgezeichnete Dienste, wie z.B. Maildienste, sollen die Firewall passieren.

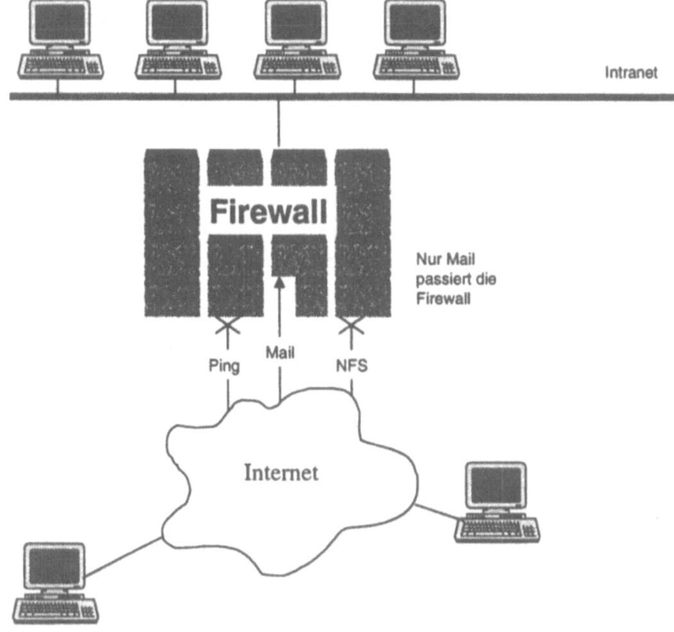

Abb. 11-5 Firewall

Die Notwendigkeit zum Einsatz von Firewalls kam eigentlich erst dann auf, als im Intranet die gleichen Protokolle wie im Internet, nämlich TCP/IP genutzt wurde. Solange keine gemeinsamen Protokolle und keine Gateways zwischen den Protokollen vorhanden sind, muß auch keine Firewall eingebaut werden.

Wir wollen nun im folgenden die wichtigsten Firewalltechniken ansprechen.

Bei einem Angriff auf ein Netz (und natürlich auch bei einem erlaubten Zugang) muß notwendigerweise immer eine Verbindung von *extern* nach *intern* bestehen. Eine Rechnerkommunikation klassifiziert man bekanntermaßen nach dem OSI/ISO-Schema. Im Prinzip kann nun eine Firewall auf jeder Ebene der ISO/OSI-Schichten eingreifen, um eine Kommunikation zu erlauben oder zu unterbinden.

Die bekannteste Form von Firewalls sind Paketfilter. Diese Art der Firewalls greift auf ISO/OSI-Ebene 3 (Netzwerkebene) ein, um die Pakete zu untersuchen. Eine komplette Netzwerkadresse besteht (nicht nur bei IP) aus Netzwerknummer, Rechnernummer und Portnummer. Da typischerweise jedem Dienst eine bestimmte Portnummer zugeordnet ist, kann ein auf Paketfilterbasis arbeitender Firewall sehr leicht untersuchen, ob es sich bei einem bestimmten Paket um eine Mailnachricht oder beispielsweise um eine Telnetverbindung handelt. Ein entsprechendes Paket wird daraufhin entweder weitergeleitet oder schlicht ignoriert. Weiteren Einfluß hat man auf dieser Ebene jedoch nicht. Man kann eine Verbindung zu einem bestimmten Socket entweder komplett freigeben oder komplett sperren. Außerdem sind manche Port gefährlicher als andere. Alle Ports, deren zugehörige Dienste die Ausführung von Programmen initiieren können, sind i.A. eher gefährlicher als andere (z.B. Telnet, Remote-Execute).

Eine andere Art von Firewalls greift auf ISO/OSI-Ebene 7, also aus Applikationsebene ein. Diese Firewalls werden dann auch als Applikation-Level Firewalls bezeichnet. Auf dieser Ebene hat man es nicht mehr mit Kommunikationspaketen, sondern mit Applikationsprotokollen zu tun. Für jeden Dienst, der freigeschaltet werden soll, läuft auf der Firewall ein passender Hilfsdienst, der die Aufgabe der Übermittlung der Daten übernimmt. Beispielsweise könnte ein Mail-Firewall wie folgt arbeiten. Ein „externer" Maildienst nimmt die Mail aus dem Internet entgegen und legt diese auf Platte ab. Ein zweiter Prozeß (oder besser zweiter Rechner) nimmt die Daten von der Platte und leitet diese in interne LAN weiter.

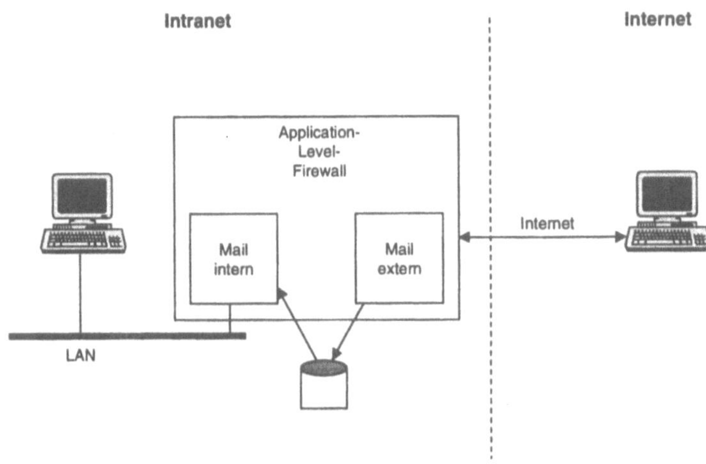

Abb. 11-6 Application-Level-Firewall

Somit besteht zwischen Intranet und Internet nur die Verbindung über die Mails auf der gemeinsamen Platte. Die beiden Mailprozesse haben volle Kontrolle über den Ablauf und evtl. auch über den Inhalt der Mails. Ein Einbruchsversuch über Telnet ist somit ausgeschlossen.

Zusätzlich werden bei Firewalls folgende Techniken eingesetzt:

- Masquarading.
  Unter Masquarading versteht man die Änderung der IP oder/und Portadressen eines Paketes während dessen Übertragung über einen Router. Dadurch lassen sich die internen Adressen eines LAN vollkommen vom Internet verstecken. Ein Ausspähen von Adressen ist somit unmöglich.

- Client-Authentification.

Diese Technik wird in Ergänzung zu Paketefiltern genutzt. Bevor ein Rechner (Benutzer) aus dem Internet Zugriff auf das Intranet wünscht, muß er sich mit einem bestimmten Login-Verfahren authentifizieren. Erst wenn Loginvorgang und IP-Adressen stimmen, wird ein Paket durchgelassen. Dies erhöht zusätzlich die Sicherheit bei Paketfiltern.

11.4.1 Linux Packetfilter

Mit Linux lassen sich natürlich alle Arten von Firewalls aufbauen. Seit der Version 2 ist im Kernel standardmäßig ein Paketfilter vorhanden. Mit Hilfe des Kommandos `ipfwadm` läßt sich der Paketfilter konfigurieren. Dazu ein paar einfache Beispiele:

```
ipfwadm -I -a deny -S 134.60.0.0/16 -D 0.0.0.0/0
```

Mit Hilfe dieses Kommandos wird der Paketfilter angewiesen, alle ankommenden Pakete (Option -I) von der Quelladresse (-S) 134.60.0.0, die an irgend eine Zieladresse (-D) gerichtet sind, abzulehnen. Die Option /16 ist die Netzmaske. Dies bedeutet, daß alle Pakete, deren Adresse mit 134.60 beginnen, abgelehnt werden.

Ein weiteres Beispiel erlaubt ausgehende Telnetverbindungen von der Adresse 134.60.77.30 zu allen Zielen:

```
ipfwadm -I -a accept -k -P tcp -S 0.0.0.0/0 telnet \
        -D 134.60.77.30 1024:65535
ipfwadm -O -a accept -P tcp -S 134.60.77.30 1024:65535 \
        -D 0.0.0.0/0 telnet
```

Für eine Telnetverbindung (wie auch für alle anderen TCP-Verbindungen), müssen die Pakete natürlich den Firewall in beide Richtungen passieren. In der Verbindung nach „draußen" darf der Telnetport (23) angesprochen werden, während ankommende Pakete nur auf „unpriviligierte" Ports (Bereich 1024-65535) weitergeleitet werden. Beim Aufbau einer externen Telnetverbindung wird eine TCP-Verbindung auf den Telnet-Port (23) aufgebaut und für die rücklaufenden Pakete ein beliebiger Port aus dem Bereich 1024-65535 reserviert.

Die erste Zeile akzeptiert alle ankommenden Pakete aus einer externen Telnet-Sitzung, während die zweite Zeile alle ausgehenden Pakete zu einer externen Telnet-Sitzung durchlassen. Leider funktioniert dies nicht bei allen Diensten so einfach. Problematisch sind vor allem Dienste, die Portnummern dynamisch zuweisen. Ein Beispiel hierfür sind z.B. die RPC's, deren Portnummern durch den Portmapper zugewiesen werden. Bei solchen Diensten ist man i.A. auf Application-Level-Firewalls angewiesen.

11.4.2 Windows-NT Firewalls

Windows-NT bietet standardmäßig keine Firewallunterstützung wie Linux. Es gibt jedoch kommerzielle Firewallprodukte, die Windows-NT als Basis nutzen. Dabei werden alle Arten von Firewalls von einfachen Paketfiltern bis zu Application-Level-Firewalls unterstützt.

11.5 Literatur

[Beck]   Michael Beck et.al; Linux-Kernel-Programmierung; Addison-Wesley 1997

[Custer1]   Helen Custer; Inside Windows NT; Microsoft Press 1993

[MSDN]   Microsoft Developer Network

[Siyan]   Karanjit S. Siyan; Windows NT Server Professional Reference; New Riders 1995

12 Ausfallsicherheit

Beim Betrieb von Servern ist oft eine hohe Ausfallsicherheit von entscheidender Bedeutung. PC-Betriebssysteme waren in Bezug auf Ausfallsicherheit bisher nicht brauchbar. Erst mit Windows NT (oder auch Linux) stehen Systeme zur Verfügung, die schon vom Konzept des Betriebssystems eine hohe Zuverlässigkeit bieten. Trotzdem kann natürlich auch ein Windows-NT System abstürzen. Außerdem ist bei Neuinstallationen oft ein Neustart des Systems notwendig. Mit einem einzigen Server lassen sich daher Betriebszeiten von vielleicht 98% erreichen. Je teurer aber die letzten 2% sind, desto notwendiger wird ein noch ausfallsicheres System.

12.1 Novell SFT

Novell nimmt wieder eine Sonderstellung ein, da es sich eigentlich um ein dediziertes Server oder Netzwerkbetriebssystem handelt. Als Serversystem wurde Novell auch schon immer mit bestimmten Ausfallsicherheiten ausgestattet. Bei Novell teilt man dazu die Systeme in verschiedene Ebenen ein, die als „System Fault Tolerance" (SFT) bezeichnet werden. Sie sind wie folgt definiert:

- SFT-I:

  Ein Servervolume wird mit einer Spiegelplatte betrieben. Beim Ausfall einer Platte wird automatisch und ohne Verzögerung auf die zweite Platte umgeschaltet.

- SFT-II:

  Hierbei wird ebenfalls mit einer Spiegelplatte gearbeitet, allerdings mit Hilfe eines zweiten SCSI-Controllers und daher auch eines zweiten SCSI-Busses. Bei Ausfall eines kompletten SCSI-Busses oder eines kompletten SCSI-Controllers kann immer noch weiter gearbeitet werden.

- SFT-III:

  Diese Ebene spiegelt nicht nur Platten, sondern ganze Server. Ein zweiter identischer Server wird mit Hilfe einer Hochgeschwindigkeitsleitung an einen primären Server angeschaltet. Der zweite Server ist im Normalfall nicht aktiv und führt lediglich die Änderungen des ersten, des primären Servers nach. Bei einem Ausfall des primären Servers übernimmt der Backupserver automatisch, so daß ein ununterbrochener Betrieb möglich wird.

Mit SFT-III lassen sich sehr ausfallsichere Serversysteme aufbauen. Nachteilig dabei ist lediglich, daß der Standbyserver nicht produktiv arbeitet und erst im Fehlerfall übernimmt. Die Clustertechnologie (siehe weiter unten) soll diesen Mangel beheben.

12.2 Windows-NT Replikation

Replikation von Daten kommt immer dann zum Einsatz, wenn die Datenbestände entweder auf Grund von Ausfallsicherheit oder aus Performancegründen auf mehreren Rechnern parallel gehalten werden müssen. Replikation bedeutet, daß bestimmte Daten (typischerweise bestimmte Verzeichnisebenen) auf ein oder mehrere Server kopiert, sowie jede Änderung an den Originaldaten automatisch nachgeführt werden. Windows-NT bietet dazu den nicht allzu schnellen Replikatorservice an. Hierbei wird ein Rechner als Exportrechner definiert. Ein Teil der dort gespeicherten Dateien werden automatisch auf einen oder mehrere Import-Server kopiert. Das Nachführen der Dateien dauert typischerweise 3-5 Minuten. Für viele Zwecke sollte dies ausreichend sein.

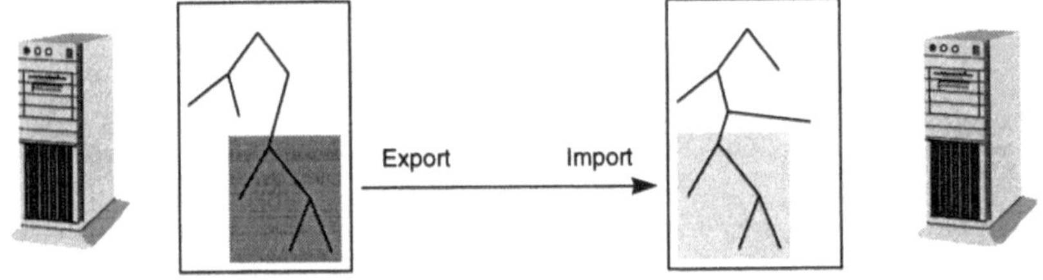

Abb. 12-1 Replikatordienst

12.3 Cluster

Bei VMS und Unix gibt es seit einigen Jahren die Cluster-Technologie. Damit lassen sich Betriebszeiten von 99,99% erreichen. Die Cluster-Technologie ist nun auch bei PC's unter Windows-NT verfügbar (Digital Cluster for Windows-NT, Wolfpack).

Den Clustern liegt folgende Idee zugrunde: Um ein hohes Maß an Ausfallsicherheit zu erreichen, werden zwei zusammengeschaltete Systeme benutzt, die auf gemeinsamen Ressourcen (Platten) arbeiten. Beim Ausfall eines Systems übernimmt automatisch das zweite System, ohne daß die Benutzer dies merken. Beide Systeme erscheinen außerdem als logische Einheit. Beim Nutzen von Ressourcen, z.B. beim Zugriff auf Plattenshares, verbindet der Nutzer sich mit dem Cluster als ganzen und nicht mit den einzelnen Rechnern.

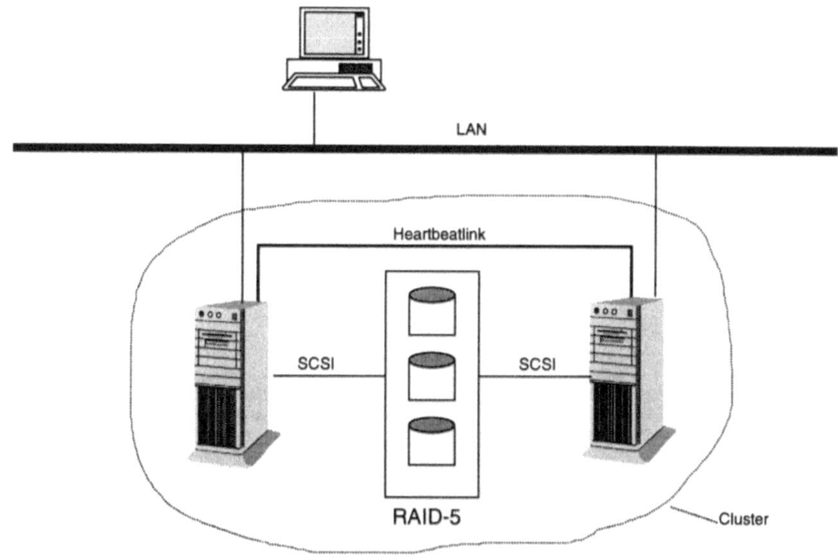

Abb. 12-2 NT-Cluster

Abb. 12-2 zeigt eine typische Konfiguration eines Clusters. Die zentrale Komponente ist ein Plattenstapel, der mit Hardware RAID-5 Level arbeitet. Die Ausfallsicherheit ist hier in Hardware implementiert. Durch Redundanz kann eine Platte ohne Beeinträchtigung der Funktion ausfallen. Die Platte kann während des Betriebes gewechselt werden und wird danach automatisch wieder eingefügt. Dieser Plattenstapel ist über Fast-Wide-Differential SCSI mit beiden Clusterrechnern verbunden. Die Platten werden in mehrere Partitionen unterteilt. Eine Partition kann als Failoverobject deklariert werden, was folgende Auswirkung hat: Diese Partition erscheint im Primaryserver als normale aktive Partition, im Secondaryserver hingegen als Offline-Partition. Im Fehlerfall „fällt" eine solche Partition von einem Rechner zum anderen und erscheint dort als Online-Partition. Sobald der Primaryserver wieder am Netz ist, fällt die Partition in umgekehrter Richtung wieder an den Primaryserver zurück. Sobald der Secondaryserver übernommen hat, stehen alle Daten der übernommenen Partition dort zur Verfügung. Um eine Übernahme zu ermöglichen, müssen natürlich auf beiden Rechnern die gleichen Applikationen laufen, die ihrerseits zum Einsatz im Cluster ausgelegt sein müssen. Zur Zeit sind dies die Datei- und Druckerdienste, sowie einige Datenbanken (SQL-Server, Oracle). Weitere Applikationen werden sicher folgen (Exchange, IIS usw.).

Beim Failover vom Primaryserver auf den Secondaryserver werden zusätzlich Failoverscripts ausgeführt (BAT-Dateien). Damit ist es unter anderem möglich, Applikationen, die noch nicht für den Clusterbetrieb ausgelegt sind, auf dem zweiten Rechner neu zu starten.

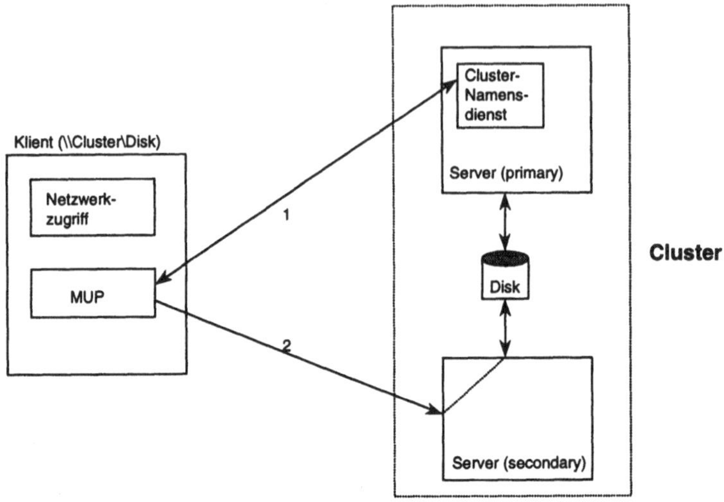

Abb. 12-3 Clusterklient

Während die Serverprogramme zum Einsatz im Cluster programmiert sein müssen, gilt dies für die Klientenprogramme nicht. Es muß lediglich ein zusätzlicher Netzwerkklient installiert werden, der in Zusammenarbeit mit dem MUP für den transparenten Zugriff sorgt. Das Verbinden mit Netzwerkressourcen (Shares) auf dem Cluster erfolgt über einen Clusteralias. Dies ist ein logischer Name, der den Cluster als Ganzes repräsentiert. Im Browserfenster der Computer erscheint dann auch das Cluster als virtueller Rechner mit freigegebenen Ressourcen. Sobald ein Klient einen UNC-Namen eingibt und dabei den Clusteralias benutzt, sorgt ein erweiterter MUP zunächst dafür, daß dieser Clusteralias mit Hilfe eines Cluster-Namensdienstes auf einen physikalischen Rechner abgebildet wird. Der Klient verbindet sich daraufhin mit dem ihm zugewiesenen Rechner. Mit Hilfe dieser Methode kann auch ein gewisses Maß an Lastbalancierung erreicht werden.

Einer der Vorteile der Clustertechnologie ist es, daß beide Rechner sinnvolle Aufgaben während des normalen Betriebes ausführen können, der zweite Rechner ist nicht nur ein Standbyrechner wie z.B. bei Novell SFT-III.

12.4 Literatur

[Custer1]   Helen Custer; Inside Windows NT; Microsoft Press 1993

[Pfister]   Gregory F. Pfister; In Search of Clusters; Prentice Hall 1995

[Siyan]   Karanjit S. Siyan; Windows NT Server Professional Reference; New Riders
                   1995

13 Codebeispiele

Im folgenden finden sich die Listings einiger im Buch angesprochenen Beispielprogramme. Ich möchte hier nochmals darauf hinweisen, daß die Beispiele so kurz wie möglich gehalten sind, um den Blick auf das wesentliche nicht zu verlieren. Im realen Einsatz müssen die Beispiele um zusätzlichen Code zur Fehlerbehandlung u.ä. ergänzt werden. Die entsprechenden Codes finden sich in den jeweiligen Progammdokumentationen.

13.1 Prozeß starten

Dieses Beispiel zeigt den Start eines neuen Prozesses unter Windows-NT. Es wird der Kommandointerpreter als eigenständiger Prozeß gestartet. Der Kommondoprozessor führt daraufhin das Kommando „DIR" aus.

```c
#include <windows.h>
#include <stdio.h>

#define EXENAME "c:\\winnt\\system32\\cmd.exe"

main()
{
    BOOL retv;
    PROCESS_INFORMATION prcinf;
    STARTUPINFO stinf;

    GetStartupInfo(&stinf);                      // Prozeßinformation
                                                 // des akt. Prozesses
    stinf.lpTitle = "new process";               // Titel ändern

    retv = CreateProcess(    EXENAME,            // Programmname
                             "/C DIR",            // Kommandozeilenstring
                             NULL,                // Prozeß-Sicherheit
                             NULL,                // Thread-Sicherheit
                             FALSE,               // Handle Vererbung
                             CREATE_NEW_CONSOLE|  // Neue Konsole
                             NORMAL_PRIORITY_CLASS, // Normale Priorität
                             NULL,                // Umgebungsvariablen
                             NULL,                // aktuelles Verzeichnis
                             &stinf,              // Startinformation
                             &prcinf);            // Prozeßinformation
    printf("CreateProcess ");
    if (retv)
        printf("%d erfolgreich\n",prcinf.dwProcessId);
    else
        printf("fehlgeschlagen\n");
    return 0;
}
```

13.2 Threads

Zur Demonstration von Threads unter Windows-NT, soll folgendes Beispiel dienen. Es handelt sich um das klassische Consumer/Producer-Problem, bei dem der Haupthread Daten in einen Puffer legt, die dann von einem weiteren Thread verbraucht, d.h. am Bildschirm ausgegeben werden. Die Synchronisation erfolgt mit Hilfe der normalen Semaphoroperationen.

```c
#include <windows.h>
#include <stdio.h>

#define MAX 256

HANDLE sem;
char buffer[MAX];

// Verbraucher-Thread. Ausgabe des Puffers am Bildschirm, sobald
// Daten vorhanden sind.
DWORD WINAPI ThreadProc(LPVOID arg)
{
    do {
        WaitForSingleObject(sem, INFINITE);
        printf("buffer = %s\n",buffer);
        } while(buffer[0]);
    return 0;
}

main()
{
    HANDLE th;
    DWORD tid;

    sem = CreateSemaphore(  NULL,        // Security-Attribute
                            0,           // Ausgangswert
                            1,           // Maximaler Wert
                            NULL);       // Kein Name

    if (sem == NULL) {
        printf("Fehler beim Anlegen der Semaphore\n");
        return 0;
    }

    th = CreateThread(  NULL,         // Sicherheitsattribute
                        0,            // Stack-Größe (default)
                        ThreadProc,   // Anfangsaddresse des Threads
                        NULL,         // Threadparameter
                        0,            // Flags
                        &tid);        // Variable für Threadidentifikation

    if (th == NULL) {
        printf("Anlegen des Threads fehlgeschlagen\n");
        return 0;
    }

// Hauptschleife: Daten einlesen und Ausgabethread aufwecken
    do {
        gets(buffer);
        ReleaseSemaphore(sem,1,NULL);
```

```
        } while (buffer[0]);

}
```

13.3 Dienste

Dienste sine ein wichtiger Bestandteil von Windows-NT. Dieses Beispiel zeigt die minimalen Anforderungen zum Anlegen eines Dienstes. Der Dienst tut nichts anderes als alle 3 Sekunden nachzusehen, ob er sich wieder beenden muß. Mit Hilfe der Systemsteuerung oder des Befehls

```
NET START
```

läßt sich nachsehen, ob der Dienst noch läuft.

Installiert wird der Dienst mit Hilfe des Befehls:

```
instsrv <name> <pfad>
```

Dieses Kommando findet sich im NT-Resource-Kit [Reskit].

```
#include <windows.h>
#include <stdio.h>

#define SZAPPNAME             "test"
#define SZSERVICENAME         "test"
#define SZSERVICEDISPLAYNAME  "test"
#define SZDEPENDENCIES        ""

BOOL stopit = FALSE;                    // Wird zum Beenden de Dienstes auf
TRUE
                                        // gesetzt.

SERVICE_STATUS          ssStatus;       // Aktueller Status des Dienstes
SERVICE_STATUS_HANDLE   sshStatusHandle;

// Hilfsfunktion zum Setzen des Status des Dienstes (vereinfachte Form)
BOOL SetStatus(DWORD dwCurrentState)
{
    ssStatus.dwControlsAccepted = SERVICE_ACCEPT_STOP;
    ssStatus.dwCurrentState = dwCurrentState;
    ssStatus.dwWin32ExitCode = NO_ERROR;
    ssStatus.dwWaitHint = 0;
    ssStatus.dwCheckPoint = 0;
    return SetServiceStatus( sshStatusHandle, &ssStatus);
}


// ServiceStart
// wird gerufen, wenn der Service gestartet wird.

VOID ServiceStart (DWORD dwArgc, LPTSTR *lpszArgv)
```

```c
{
    SetStatus(SERVICE_RUNNING);

    while (!stopit) {    // Hauptschleife: Warten auf Beendigung
        Sleep(3000);
    }
}


// ServiceStop
// Wird gerufen, wenn der Service beendet werden soll.

VOID ServiceStop()
{
    stopit = TRUE;
}


// Funktion zum Behandeln der Kontroll-Codes.
VOID WINAPI service_ctrl(DWORD dwCtrlCode)
{
    switch(dwCtrlCode) {
        case SERVICE_CONTROL_STOP:
            ssStatus.dwCurrentState = SERVICE_STOP_PENDING;
            ServiceStop();
            break;

        default:
            break;
    }
    SetStatus(ssStatus.dwCurrentState);
}


void WINAPI service_main(DWORD dwArgc, LPTSTR *lpszArgv)
{
    sshStatusHandle = RegisterServiceCtrlHandler( SZSERVICENAME, ser-
vice_ctrl);

    if (sshStatusHandle) {
        ssStatus.dwServiceType = SERVICE_WIN32_OWN_PROCESS;
        ssStatus.dwServiceSpecificExitCode = 0;

        ServiceStart( dwArgc, lpszArgv );
        SetStatus(SERVICE_STOPPED);
        }
    return;
}


void main(int argc, char **argv)
{
    SERVICE_TABLE_ENTRY dispatchTable[] =  {
        { SZSERVICENAME, (LPSERVICE_MAIN_FUNCTION)service_main },
        { NULL, NULL }};

    StartServiceCtrlDispatcher(dispatchTable);
}
```

13.4 Shared Memory unter Linux

Gemeinsamer Speicher ist eine Technik, um Daten zwichen zwei Prozessen auszutauschen. Die Daten werden in einem Bereich des logischen Adreßraumes abgelegt, auf den beide Prozesse Zugriff haben.

Dieses Beispiel erzeugt mit Hilfe des Systemaufrufes „fork" zwei Prozesse. Ein Prozeß liest Daten von der Tastatur ein und legt diese im gemeinsamen Speicherbereich an. Der zweite Prozeß wird mit Hilfe eines Signales von der Ankunft der Daten unterrichtet.

```c
#include <stdio.h>
#include <string.h>
#include <signal.h>
#include <unistd.h>
#include <fcntl.h>
#include <sys/mman.h>
#include <sys/types.h>
#include <sys/stat.h>

char * ptr;                    // Zeiger auf gemeinsamen Speicherbereich
extern int errno;

#define MAX 32

// Ausgabefunktion des zweiten Prozesses. Diese Funktion wird mit Hilfe
// des Signals SIGUSR1 aufgerufen.
void out(int p)
{
    char buffer[MAX+1];

    strncpy(buffer,ptr,MAX);
    buffer[MAX]=0;
    printf("Klient: %s\n",buffer);
    signal(SIGUSR1,out);
}

main()
{
    int fd;
    int pid;

    // Anlegen eines gemeinsamen Speicherbereiches mit Hilfe des
    // NULL-Devices
    fd = open("/dev/null", O_RDWR);
    if (fd == -1) { printf("/dev/null nicht geöffnet\n"); exit(1); }
    ptr = mmap( 0, getpagesize(), PROT_READ|PROT_WRITE,
                MAP_SHARED, fd, 0);
    *ptr = 1;

    if (ptr!=(char *)-1) {
        pid = fork();

        if (!pid) {        // Sohnprozeß
            signal(SIGUSR1,out);
            while (*ptr) sleep(1);

        } else {
            do {           // Vaterprozeß
                printf("> ");
```

```
                gets(ptr);
                kill(pid,SIGUSR1);
            } while (*ptr);
        }
    } else printf("error mmap: %s (%d)\n",strerror(errno),errno);

return 0;
}
```

13.5 Virtueller Speicher bei Windows-NT

Die Verwaltung des virtuellen Adreßraumes ist auch bei Windows-NT ein wichtiger
Punkt. Das folgende einfache Beispiel zeigt, wie man im logischen Adreßraum eines Prozesses eine neue Speicherseite anlegt und einblendet.

```
#include <windows.h>
#include <stdio.h>

#include "misc.h"

#define MEMBASE ((LPVOID)0x70000000)// logische Adresse der neuen Seite
#define PAGESIZE 4096

main()
{
    char * p;

    // Anlegen einer neuen Speicherseite im logischen Adreßraum
    p = (char *)VirtualAlloc(   MEMBASE,
                                PAGESIZE,
                                MEM_RESERVE|MEM_COMMIT,
                                PAGE_READWRITE);

    // Wenn ein gültiger Zeiger zurückgeliefert wurde,
    // wird der Zugriff auf diese neue Seite nun getestet.
    if (p) {
        *p = 'A';
        printf("*p=%c\n",*p);
    } else error("VirtualAlloc fehlgeschlagen");

    return 0;
}
```

13.6 Gemeinsamer Speicher bei Windows-NT

Genau wie unter Linux, läßt sich natürlich auch unter Windows-NT ein gemeinsamer
Speicherbereich zum Austausch von Informationen zwischen zwei Prozessen nutzen. Die-
ses Beispiel zeigt die dafür notwendigen Operationen. Nach dem Übersetzen sollten zwei
Prozesse erzeugt werden um einen Effekt zu erreichen.

```
#include <windows.h>
#include <stdio.h>

#define PAGESIZE 4096

main()
```

```c
{
    HANDLE fm;
    int * p;     .

    // Zuerst wird ein Mapping auf eine Datei erzeugt. Die Angabe
    // von "-1" bedeutet, daß an Stelle einer Datei das
    // Pagefile genutzt wird.
    fm = CreateFileMapping( (HANDLE)-1,           // Pagefile
                            NULL,                 // Sicherheritsattr.
                            PAGE_READWRITE,       // Zugriffsrechte
                            0,PAGESIZE,           // Offset und Länge
                            "MEMORY");            // Name des Objektes

    // Im Gegensatz zu Linux, muß bei NT noch ein View des Filemappings
    // erzeugt werden
    if (fm) {
        p = MapViewOfFile( fm,                    // FileMappingObject
                           FILE_MAP_WRITE,        // Zugriffsrechte
                           0,0,                   // Offset (low+high)
                           PAGESIZE);             // Größe

        if (p) {                                  // gültiger Zeiger?

            *p += 1;                              // Zugriff auf den Zeiger
            printf("*p=%d\n",*p);    //
            getchar();                            // Warten auf Tastendruck
            printf("*p=%d\n",*p);    // Und nochmals
            getchar();

        } else error("MapViewOfFile fehlgeschlagen");
        CloseHandle(fm);
    } else error("CreateFileMapping fehlgeschlagen ");
    return 0;
}
```

13.7 UDP-Socket

Eine der wichtigsten Kommunikationsschnittstellen sind sicher die Sockets. Folgendes
Beispiel zeigt die Kommunikation über einen UDP-Socket. Die Beispiel wurden für NT
entwickelt, laufen aber auch unter Linux. Hier müssen lediglich die Aufrufe `WSAStar-
tup` und `WSACleanup` entfallen.

Zuerst der Klient:

```c
#include <windows.h>
#include <stdio.h>

#define PORT 8080

int main(int argc, char * argv[])
{
    WSADATA wsa;
    SOCKET data_socket;
    SOCKADDR_IN addr;
    struct hostent * phe;
    BOOL true = TRUE;
```

```c
if (WSAStartup(MAKEWORD(1,1),&wsa)) {
    printf("Initialisierung fehlgeschlagen\n");
    return 0;
    }

data_socket = socket(   PF_INET,      // Protocol-Familie Internet
                        SOCK_DGRAM,      // Datagramm socket
                        0);              // Standard-Protokoll -> TCP

if (data_socket == INVALID_SOCKET) {
    printf("Socket kann nicht angelegt werden\n"); return 0; }

phe = gethostbyname((argc<3)?"localhost":argv[2]);
if (phe == NULL) { printf("Fehler: gethostbyname\n"); return 0; }

memcpy(&addr.sin_addr, phe->h_addr_list[0], phe->h_length);
addr.sin_family = AF_INET;
addr.sin_port   = htons(PORT);

sendto( data_socket, argv[1], strlen(argv[1])+1, 0,
        (struct sockaddr *)&addr,
        sizeof(addr));

WSACleanup();
return 0;
}
```

Und der Server:

```c
#include <windows.h>
#include <stdio.h>

#define PORT 8080
#define MAX 256

int main()
{
    WSADATA wsa;
    SOCKET sSocket;
    SOCKADDR_IN saiAddr;
    int iLen;
    char szBuffer[MAX];
    BOOL true = TRUE;

    if (WSAStartup(MAKEWORD(1,1),&wsa)) {
        printf("Initialisierung fehlgeschlagen\n"); return 0; }

    sSocket =   socket( PF_INET,     // Protocol-Familie, Internet
                        SOCK_DGRAM,      // Stream socket
                        0);              // Standardprotokoll -> UDP

    if (sSocket == INVALID_SOCKET) {
        printf("Kann Socket nicht anlegen\n"); return 0; }

    saiAddr.sin_family          = AF_INET;
    saiAddr.sin_port            = htons(PORT);
    saiAddr.sin_addr.S_un.S_addr= INADDR_ANY;

    if (bind(sSocket,(struct sockaddr *)&saiAddr,sizeof(saiAddr))) {
        printf("Fehler bei bind\n"); return 0; }
```

```
    do {
        iLen = recvfrom(sSocket, szBuffer, MAX-1, 0, NULL, NULL);

        if (iLen != SOCKET_ERROR) {
            szBuffer[iLen]=0;
            printf("Meldung: %s\n",szBuffer);
            } else {
            printf("** Fehler %d\n",WSAGetLastError());
            szBuffer[0]=0;
            }
        } while (szBuffer[0]);

    WSACleanup();
    return 0;
}
```

13.8 TCP-Socket

Das gleiche Beispiel wie bei UDP läßt sich natürlich auch auf TCP übertragen. Dies zeigt
folgendes Beispiel:

Der Klient:

```
#include <windows.h>
#include <stdio.h>

#define PORT 8080

int main()
{
    WSADATA wsa;
    SOCKET data_socket;
    SOCKADDR_IN addr;
    struct hostent * phe;
    char c;

    if (WSAStartup(MAKEWORD(1,1),&wsa)) {
        printf("Initialisierung fehlgeschlagen \n");
        return 0;
        }

    data_socket = socket(   PF_INET,     // Protokoll-Famile Internet
                            SOCK_STREAM, // Stream Socket
                            0);             // Standard-Protocol -> TCP

    if (data_socket == INVALID_SOCKET) {
        printf("Fehler: create socket\n");   return 0; }

    phe = gethostbyname("localhost");
    if (phe == NULL) {
        printf("Fehler: gethostbyname\n"); return 0; }

    memcpy(&addr.sin_addr, phe->h_addr_list[0], phe->h_length);
    addr.sin_family     = AF_INET;
    addr.sin_port       = htons(PORT);

    if (connect(data_socket, (struct sockaddr *)&addr, sizeof(addr))) {
        printf("Fehler: connect\n"); return 0;   }
```

```c
    printf("Verbindung hergestellt\n");
    while ((c = getchar()) != EOF) {      // Einlesen und
        send(data_socket, &c, 1, 0);      // Übertragen von Daten
        }
    closesocket(data_socket);

    WSACleanup();
    return 0;
}
```

Der Server:

```c
#include <windows.h>
#include <stdio.h>

#include "misc.h"

#define PORT 8080

int main()
{
    WSADATA wsa;
    SOCKET accept_socket;
    SOCKET data_socket;
    SOCKADDR_IN addr;
    SOCKADDR_IN remote_addr;
    int remote_addr_len;
    char c;

    if (WSAStartup(MAKEWORD(1,1),&wsa)) {
        printf("Initialisierung fehlgeschlagen\n"); return 0; }

    accept_socket = socket( PF_INET,     //Protokoll-Familie Internet
                            SOCK_STREAM, //Stream socket
                            0);              //Standard-Protocol -> TCP

    if (accept_socket == INVALID_SOCKET) {
        printf("Fehler: create socket\n"); return 0; }

    addr.sin_family            = AF_INET;
    addr.sin_port              = htons(PORT);
    addr.sin_addr.S_un.S_addr  = INADDR_ANY;

    if (bind(accept_socket,(struct sockaddr *)&addr,sizeof(addr))) {
        printf("Fehler bei bind\n"); return 0;  }

    if (listen(accept_socket,5)) {
        printf("Fehler bei listen\n"); return 0;      }

    printf("Warte auf Verbindung\n");
    remote_addr_len = sizeof(remote_addr);

    for (;;) {
        data_socket = accept(accept_socket,
                             (struct sockaddr *)&remote_addr,
                              &remote_addr_len);
        if (data_socket == INVALID_SOCKET) {
            printf("Fehler: accept\n"); return 0;}
```

```
        printf("*** Verbindung hergestellt\n");

        // Die Verbindung wurde zum Klienten hergestellt.
        // Es können Daten empfangen werden.
        while (recv(data_socket,&c,1,0)) putchar(c);

        printf("*** Verbindung getrennt\n");
        }

    WSACleanup();
    return 0;
}
```

13.9 Remote Procedure Call

Die „Remote Procedure Calls" sind schon etwas aufwendiger zu programmieren. Das folgende Beispiel definiert eine Prozedur „Print", die von einem entfernten Klienten genutzt werden kann.

ACF-Datei:

```
 [implicit_handle(handle_t hello_IfHandle),enable_allocate]
interface rpc_test {}
```

IDL-Datei:

```
[ uuid (906B0CE2-C70B-1067-B317-00DD010662DB),
  version(1.0),
  pointer_default(unique)]

interface rpc_test
{
void Print([in, string] unsigned char * pszString);
}
```

Der Server:

```
#include <stdlib.h>
#include <stdio.h>
#include <ctype.h>
#include <time.h>
#include "hello.h"      // Headerdatei von MIDL erzeugt

#define cMinCalls 1
#define cMaxCalls 20

#define error(t) if (status != RPC_S_OK) { \
        printf("Fehler: " t); \
        exit (status);}


void Print(unsigned char * pszString)
{
    printf("%s\n", pszString);
```

```c
}

int _CRTAPI1 main(int argc, char * argv[])
{
    RPC_STATUS status;

    status = RpcServerUseProtseqEp("ncacn_np",          // Protocol Sequence
                                   cMaxCalls,
                                   "\\pipe\\hello",  // Endpunkt
                                   NULL);               // Security

    error("RpcServerUseProtseqEp")

    status = RpcServerRegisterIf(rpc_test_ServerIfHandle,NULL,NULL);
    error("RpcServerRegisterIf")
    status = RpcServerListen(cMinCalls,cMaxCalls,FALSE);
    error("RpcServerListen")
    return 0;
}

void __RPC_FAR * __RPC_USER midl_user_allocate(size_t
len){return(malloc(len));}
void __RPC_USER midl_user_free(void __RPC_FAR * ptr){free(ptr);}
```

Der Klient:

```c
#include <windows.h>
#include <stdlib.h>
#include <stdio.h>
#include <ctype.h>
#include <time.h>

#include "..\rpcs\hello.h"     // header file generated by MIDL compiler

#define error(t) if (status != RPC_S_OK) { \
        printf("error: " t); \
        exit (status);}

void _CRTAPI1 main(int argc, char **argv)
{
    RPC_STATUS status;
    unsigned char * pszStringBinding    = NULL;
    unsigned char * pszString           = "hello, world";
    unsigned long ulCode;
    long server_time;

    status = RpcStringBindingCompose(NULL,
                                     "ncacn_np",
                                     NULL,
                                     "\\pipe\\hello",
                                     NULL,
                                     &pszStringBinding);

    error("RpcStringBindingCompose")

    status = RpcBindingFromStringBinding(   pszStringBinding,
                                            &hello_IfHandle);
    error("RpcBindingFromStringBinding")

    RpcTryExcept {
```

```
        Print(pszString);            // Aufruf der entfernten Prozedur
        }

    RpcExcept(1) {
        ulCode = RpcExceptionCode();
        printf("RPC-Fehler: %ld\n", ulCode);
        }
    RpcEndExcept

    // Beenden der RPC-Verbindung
    status = RpcStringFree(&pszStringBinding); error("RpcStringFree")
    status = RpcBindingFree(&hello_IfHandle); error("RpcBindingFree")
    exit(0);
}


void __RPC_FAR * __RPC_USER midl_user_allocate(size_t len){
    return(malloc(len));}

void __RPC_USER midl_user_free(void __RPC_FAR * ptr){
    free(ptr);}
```

13.10 DCOM-Beispiel

Der Aufruf einer entfernten Prozedur mit Hilfe von DCOM ist schließlich noch eine Stufe aufwendiger. Dies liegt im wesentlichen daran, daß die ClassFactory und die Interfaces jedesmal neu implementiert werden müssen. Hier könnte sicher eine bessere Programmierumgebung Abhilfe schaffen.

In diesem Beispiel wird ein neues Interface „ITest" definiert, das zwei Prozeduren „Read" und „Write" enthält. Diese Prozeduren können dazu werden, um einen String auf einem entferten Rechner auszugeben, bzw. Ein Datum einzulesen. Da bei einem DCOM-Aufruf auf einen entfernten Rechner der Serverprozeß im Hintergrund läuft, kann auf die Tastatur nicht zugegriffen werden. Die Read-Funktion liefert daher beispielhaft den Namen des Rechners, auf dem der Server ausgeführt wird.

Zuerst die Interfacedefinition in der IDL-Datei:

```
[uuid(6CA91590-4D2D-11d0-8907-0020182C0872), object]

interface ITest : IUnknown
    {
    import "unknwn.idl";

    HRESULT Read([out, string, size_is(max)] char *pv, [in] int max);
    HRESULT Write([in, string] char *pv);
    }
```

ITest.def für die Proxy-DLL:

```
LIBRARY          ITEST
DESCRIPTION      'ITest Interface DLL'
```

```
CODE              PRELOAD DISCARDABLE
DATA              PRELOAD SINGLE

EXPORTS
                  DllGetClassObject      @2
                  DllCanUnloadNow        @3
                  GetProxyDllInfo        @4
```

Guid.h zur Definition der GUID des neuen Objektes:

```c
// SimpleObject GUID
DEFINE_GUID(CLSID_SimpleObject, 0x5e9ddec7, 0x5767, 0x11cf, 0xbe, 0xab,
0x0, 0xaa, 0x0, 0x6c, 0x36, 0x6);
```

Der Server:

```cpp
#define INC_OLE2
#define STRICT
#include <stdio.h>
#include <windows.h>
#include <initguid.h>

#include "guid.h"
#include "../itest/itest.h"

#define HANDLE_ERROR if (FAILED(hr)) { exit(hr); }

HANDLE hevtDone;

// Class-Factory zum Anlegen von Klass ITest
class CClassFactory : public IClassFactory {
  public:
    // IUnknown
    STDMETHODIMP QueryInterface (REFIID riid, void** ppv);
    STDMETHODIMP_(ULONG) AddRef(void)  { return 1; };
    STDMETHODIMP_(ULONG) Release(void) { return 1; }

    // IClassFactory
    STDMETHODIMP CreateInstance (   LPUNKNOWN punkOuter,
                                    REFIID iid, void **ppv);
    STDMETHODIMP LockServer (BOOL fLock) { return E_FAIL; };
    };


class CSimpleObject : public ITest {
  public:
    // IUnknown
    STDMETHODIMP QueryInterface (REFIID iid, void **ppv);
    STDMETHODIMP_(ULONG) AddRef(void)  {
        return InterlockedIncrement(&m_cRef); };
    STDMETHODIMP_(ULONG) Release(void) {
        if (InterlockedDecrement(&m_cRef) == 0) {
           delete this; return 0;
           }
        return 1; }

    // ITest
    STDMETHODIMP Read(unsigned char __RPC_FAR *pv, int max);
```

```cpp
        STDMETHODIMP Write(unsigned char __RPC_FAR *pv);

        // constructors/destructors
        CSimpleObject()        { m_cRef = 1; }
        ~CSimpleObject()       { SetEvent(hevtDone); }

    private:
        LONG           m_cRef;
        };

CClassFactory   g_ClassFactory;        // Variable der Class-factory

// Interfacemethoden des Objektes

STDMETHODIMP CSimpleObject::QueryInterface(REFIID riid, void** ppv)
{
    if (ppv == NULL) return E_INVALIDARG;
    if (riid == IID_IUnknown || riid == IID_ITest) {
        *ppv = (IUnknown *) this; AddRef(); return S_OK; }

    *ppv = NULL;
    return E_NOINTERFACE;
}

// Die Read-Methode liefert den Namen des Rechners,
// auf dem der Server läuft.
STDMETHODIMP CSimpleObject::Read(unsigned char __RPC_FAR *pv, int max)
{
    DWORD dmax;

    dmax = max;
    if (!pv && max != 0)
        return E_INVALIDARG;

    GetComputerNameA((char *)pv, &dmax);
    pv[max-1]=0;
    return S_OK;
}

// Die Write-Methode gibt einen String am Bildschirm aus.
STDMETHODIMP CSimpleObject::Write(unsigned char __RPC_FAR *pv)
{
    if (!pv) return E_INVALIDARG;
    printf("data=/%s/\n",pv);
    return S_OK;
}

STDMETHODIMP CClassFactory::QueryInterface(REFIID riid, void** ppv)
{
    if (ppv == NULL) return E_INVALIDARG;
    if (riid == IID_IClassFactory || riid == IID_IUnknown) {
        *ppv = (IClassFactory *) this; AddRef(); return S_OK; }

    *ppv = NULL;
    return E_NOINTERFACE;
}

STDMETHODIMP CClassFactory::CreateInstance( LPUNKNOWN punkOuter,
                                            REFIID riid, void** ppv)
{
    LPUNKNOWN   punk;
    HRESULT     hr;
```

```cpp
    *ppv = NULL;

    if (punkOuter != NULL) return CLASS_E_NOAGGREGATION;

    punk = new CSimpleObject;

    if (punk == NULL) return E_OUTOFMEMORY;
    hr = punk->QueryInterface(riid, ppv);
    punk->Release();
    return hr;
}

void main()
{
    HRESULT hr;
    DWORD   dwRegister;

    // Der Hauptthread des Servers wird mit Hilfe eines Events vom Ende
    // aller Objekte benachrichtigt. Danach kann der Server terminieren.

    hevtDone = CreateEvent(NULL, FALSE, FALSE, NULL);
    if (hevtDone == NULL) {
        printf("Fehler bei CreateEvent\n");
        exit(hr);
        }

    // Initialisierung von COM (free-threading)
    hr = CoInitializeEx(NULL, COINIT_MULTITHREADED);
    HANDLE_ERROR

    // Registrierung des Class-Objektes
    hr = CoRegisterClassObject(CLSID_SimpleObject, &g_ClassFactory,
        CLSCTX_SERVER, REGCLS_SINGLEUSE, &dwRegister);
    HANDLE_ERROR

    printf("Server: Warten auf Verbindung\n");
    WaitForSingleObject(hevtDone, INFINITE);

    CloseHandle(hevtDone);

    CoUninitialize();
}
```

Der Kliententeil habe ich der besseren Übersichtlichkeit wegen in eine eigene Klasse unterteilt. Zuerst das zugehörige Headerfile:

cclient.h:

```cpp
class CSimple {
private:
        BOOL binitialized;
        WCHAR wsz [MAX_PATH];
        char * data;
        ITest * ptest;
public:
        CSimple(char * name);
        ~CSimple();
        char * Read();
```

```cpp
        void Write(char * s);
};
```

cclient.cpp:

```cpp
#define INC_OLE2
#include <stdio.h>
#include <windows.h>
#include <initguid.h>
#include <tchar.h>
#include <conio.h>

#include "../itest/itest.h"
#include "../sserver/guid.h"
#include "../sserver/message.h"
#include "cclient.h"

#define HANDLE_ERROR if (FAILED(hr)) { exit(hr); }

const ULONG cb = 512;

CSimple::CSimple(char * name)
{
    HRESULT hr;
    MULTI_QI    mq;
    COSERVERINFO csi, *pcsi=NULL;
    TCHAR servname[MAX_PATH];

    if (name) {
        MultiByteToWideChar(CP_ACP, MB_PRECOMPOSED,
                            name, -1, servname, MAX_PATH);
        csi.pwszName = servname;
        csi.dwReserved1 = 0;
        csi.pAuthInfo = NULL;
        csi.dwReserved2 = 0;
        pcsi = &csi;
        }

    // Initialisierung von COM (free-threading)
    hr = CoInitializeEx(NULL, COINIT_MULTITHREADED);
    HANDLE_ERROR

    mq.pIID = &IID_ITest;
    mq.pItf = NULL;
    mq.hr = S_OK;

    hr = CoCreateInstanceEx(CLSID_SimpleObject, NULL,
                            CLSCTX_SERVER, pcsi, 1, &mq);
    data = (char *)CoTaskMemAlloc(cb);

    if (FAILED(hr)) binitialized = FALSE;
    else { binitialized = TRUE; ptest = (ITest*)mq.pItf; }
}

CSimple::~CSimple()
{
    ptest->Release();
    CoUninitialize();
}
```

```
char * CSimple::Read()
{
    HRESULT hr;

    hr = ptest->Read((unsigned char *)data, cb-1);
    if (FAILED(hr)) data = "** error **";
    return (char *)data;
}

void CSimple::Write(char * s)
{
    HRESULT hr;
    hr = ptest->Write((unsigned char *)s);
}
```

Schließlich noch ein kleines Hauptprogramm zum testen des DCOM-Servers.

```
#define _UNICODE 1
#define UNICODE 1

#define INC_OLE2
#include <stdio.h>
#include <windows.h>
#include <initguid.h>
#include <tchar.h>
#include <conio.h>

#include "../itest/itest.h"
#include "cclient.h"

int main(int argc, char * argv[])
{
    CSimple o(argv[1]);

    printf("data : |%s|\n",o.Read());
    return 0;
}
```

14 Anhang

14.1 Literatur

14.1.1 Bücher

[Apple]   Apple Computer Inc.; Inside Macintosh Networking; Addison-Wesley 1994

[Albitz]   Paul Albitz, Cricket Liu; DNS and BIND; O'Reilly & Associates, Inc 1992

[Baker]   Art Baker; The Windows NT Device Driver Book; Prentice Hall 1997

[Beck]   Michael Beck et.al; Linux-Kernel-Programmierung; Addison-Wesley 1997

[Bloomer]   John Bloomer; Power Programming with RPC, Unix Network Programming; O'Reilly 1992

[Brain]   Marshall Brain; Win32 System Services, The Heart of Windows NT; Prentice Hall, 1994

[Brockschmidt] Kraig Brockschmidt; Inside OLE Second Edition; Microsoft Press 1995

[Custer1]   Helen Custer; Inside Windows NT; Microsoft Press 1993

[Custer2]   Helen Custer; Inside the Windows NT File System; Microsoft Press 1994

[Dapper]   Dapper, Dietrich, Klöppel; Windows NT 4.0 im professionellen Einsatz; Hanser 1996

[Göbel]   Nieder, Göbel; DOS 4.0 für Insider; Markt und Technik

[Goscinski]   A. Goscinski; Distributed Operating Systems, The Logical Design; Distributed Operating Systems, The Logical Design; 1991

[Gosling]   James Gosling et.al.; The Java Language Specification; Addison-Wesley 1996

[Jacobsen]   Congestion Avoidance and Control'. Proc. ACM SIGCOMM '88 Symposium on Communications Architectures and Protocols, pages 314-329. Stanford, CA, USA. August 1988. Van Jacobsen.

[Kauffels1]   Franz Joachim Kauffels; PC-Netze und Workgroup Computing; Markt & Technik

[Kauffels2]   Franz-Joachim Kauffels; Moderne Datenkommunikation; Thomson Publ. Co. 1997

[King]   A.King; Microsoft Windows 95, Die technische Referenz; Microsoft Press 1994

[Kirch]   Olaf Kirch; Linux, Wegweiser für Netzwerker; O'Reilly 1995

[Mullender]   Sape Mullender; Distributed Systems; Distributed Systems; 1993

[Natan]   Ron Ben-Natan; Corba, A Guide to Common Object Request Broker Architecture; McGraw-Hill 1995

[Novell1]   Netware 4.0 Planing Guide; Eine detaillierte Beschreibung der Netware-Directory-Services

[Novell2]	Netware 4.0 White Papers; A detailed strategic overview
[Petzold]	Charles Petzold; Programming Windows 3.1; Microsoft Press, 1992
[Pfister]	Gregory F. Pfister; In Search of Clusters; Prentice Hall 1995
[Pietrek1]	M.Pietrek; Windows Internals; Addison Wesley, 1993
[Pietrek2]	A. Pietrek; Windows-95 Programming Secrets; IDG Books
[Quinn]	Bob Quinn, Dave Shute; Windows Sockets Network Programming; Addison-Wesley 1995
[Richter]	Jeffrey M. Richter; Windows NT weiterführende Programmierung; Microsoft Press 1994
[Reskit]	Microsoft; Windows-NT Server Resource Guide; Microsoft Press 1996
[Schulmann1]	A.Schulmann, M.Pietrek, D.Maxey; Undocumented Windows; Addison Wesley, 1992
[Schulmann2]	A.Schulmann; Unauthorized Windows 95; IWT, 1995
[Silberschatz]	Silberschatz, Galvin; ; Operating System Concepts; 1994
[Sinha]	Alok K. Sinha; Network Programming in Windows NT; Addision Wesley 1996
[Siyan]	Karanjit S. Siyan; Windows NT Server Professional Reference; New Riders 1995
[Stevens1]	Richard W. Stevens; TCP/IP illustrated : The protocols : Vol 1; Addison Wesley 1997
[Tan1]	Andrew Tanenbaum; Modern Operating Systems
[Tan2]	Andrew Tanenbaum; Computer Networks
[Tan3]	Andrew S. Tanenbaum; Distributed Operating Systems; Distributed Operating Systems; 1995
[Weber2]	Ralf Weber; Vernetzung mit Windows-95; Sybex 1995
[Win95]	Programming Windows 95 unleashed; SAMS publishing 1995

14.1.2 Zeitschriften

[MSJ]	Microsoft System Journal
[Dobbs]	Dr.Dobbs Journal

14.1.3 Artikel

[Brockschmidt2]	What is OLE really about, Kraig Brockschmidt, Microsoft (http://www.microsoft.com/oledev)
[JavaCom]	Java & COM Integration, Microsoft

14.1.4 Software Doku's

[MSDN]	Microsoft Developer Network

14.1.5 WWW-Adressen

[oledev]   http:://www.microsoft.com/oledev
[osr]   http:://www.osr.com
[novell]   http://www.novell.com
[digital]   http://www.digital.com
[ntinern]   http://www.ntinternals.com

14.2 Abbildungsverzeichnis

14.3 Sachverzeichnis

A

Abschnittsobjekte 91
Active Server Pages 191
ActiveX 132; 189
ADSP 42
AEP 42
AFP 43
Apple Filing Protocol 68
Applet 188
Apple-Talk 39
Arc-Net 35
ASP 43
ATP 42

B

Bindery 175
BIOS 12

C

C2 26
CHAP 49
Cluster 210
Common Gateway Interface 183
Corba 129
CP/M 11

D

DCOM 131; 146
Deferred Procedure Calls 32
den 60
DFS 62
Dienste 81
Distributed File System 62
Domain 201
Domain Name Servics 160
Dynamic Invocation Interface 131

E

EMS 13
Ethernet 35
Event Control Block 97
Event-Control-Block 99
Events 79
Executive 25

F

Failoverobject 211
FIFO 102
Firewall 204

G

GNU 20

H

HAL 24
HTML 178

I

IDL 115; 131
In-Process-Server 137
Internet Information Server 183
IPX 94
IPXGetLocalTarget 97
IPXRelinquishControl 97
ISO/OSI 36
IUnknown 136

J

Java 122; 154; 188

K

Kernelmodule 21
Kommunikationsmodelle 93
kooperatives Multitasking 71

Dankert
Praxis der
C-Programmierung

**für UNIX, DOS und
MS-Windows 3.1/95/NT**

Das Buch wendet sich sowohl an Studenten aller Fachrichtungen, in denen die C-Programmierung behandelt wird als auch an Praktiker, die Programmierkenntnisse im Selbststudium erwerben bzw. vertiefen wollen.

Der Anfänger erlangt beim Durcharbeiten der Beispiel-Programme relativ schnell die Fähigkeiten, eigene Programme zu schreiben. Die strengen Regeln einer höheren Programmiersprache stehen dabei zunächst nicht im Mittelpunkt, obwohl sie zwangsläufig beachtet werden müssen. Anhand der ausführlichen Beispiele, an denen Sinn, Zweck und Auswirkung einer Programm-Konstruktion verdeutlicht werden, wird dem Leser dann die komplette Information darüber zugänglich gemacht.

Der Leser, der Vorkenntnisse besitzt, kann sehr schnell zu den anspruchsvolleren Kapiteln vordringen. File-Operationen, dynamische Speicherplatzverwaltung, Arbeiten mit verketteten Listen und binären Bäumen, rekursive Programmierung, betriebssystem-spezifische Operationen und eine Einführung in die Windows-Programmierung sind die Themen, die für ein effektives Arbeiten mit der Sprache C besonders interessant sind.

Von Prof. Dr.-Ing. habil.
Jürgen Dankert
Fachhochschule Hamburg

1997. 278 Seiten.
16,2 x 22,9 cm.
Kart. DM 44,80
ÖS 327,– / SFr 40,–
ISBN 3-519-02994-4

(Informatik & Praxis)

Preisänderungen vorbehalten.

Aus dem Inhalt

Betriebssysteme, Programmiersprachen – Hilfsmittel für die C-Programmierung – Grundlagen der Programmiersprache C – Arbeiten mit Libraries – Fortgeschrittene Programmiertechniken – File-Operationen und Speicherplatzverwaltung – Strukturen, verkettete Listen – Rekursionen, Baumstrukturen, Dateisysteme – Grundlagen der Windows-Programmierung – Ressourcen – C vertiefen oder C++ lernen? – Anhang A: Ein Blick in die Speicherzellen – Anhang B: »Stack« und »Heap«

B. G. Teubner Stuttgart · Leipzig